穿越石膏质岩地层高速公路隧道安全结构体系研究

李化云　吴洋帆　朱开宬　著

北　京

冶金工业出版社

2023

内 容 提 要

　　本书围绕石膏质岩地层高速公路隧道结构的受力特征及安全性问题开展研究，主要内容包括干湿循环作用下石膏质岩工程特性、石膏质岩干湿循环劣化及膨胀特征对隧道结构的影响、复掺改性材料对混凝土力学性能的影响、抗裂自修复二次衬砌混凝土配合比、钢纤维混凝土力学性能、钢纤维混凝土单层衬砌裂损规律及安全性应用等，为石膏质岩地层高速公路隧道的修建提供参考。

　　本书可供从事隧道工程设计、施工、建设管理的工程技术人员以及科研人员使用，也可作为高等院校相关专业的本科生和研究生的学习参考书。

图书在版编目(CIP)数据

　　穿越石膏质岩地层高速公路隧道安全结构体系研究/李化云，吴洋帆，朱开成著. —北京:冶金工业出版社，2023.8

　　ISBN 978-7-5024-9424-7

　　Ⅰ.①穿… Ⅱ.①李… ②吴… ③朱… Ⅲ.①高速公路—公路隧道—安全管理—研究 Ⅳ.①U459.2

　　中国国家版本馆 CIP 数据核字(2023)第 136804 号

穿越石膏质岩地层高速公路隧道安全结构体系研究

出版发行	冶金工业出版社	电　话	(010)64027926
地　址	北京市东城区嵩祝院北巷 39 号	邮　编	100009
网　址	www.mip1953.com	电子信箱	service@ mip1953.com

责任编辑　任咏玉　杨　敏　美术编辑　吕欣童　版式设计　郑小利
责任校对　郑　娟　责任印制　窦　唯
三河市双峰印刷装订有限公司印刷
2023 年 8 月第 1 版，2023 年 8 月第 1 次印刷
710mm×1000mm　1/16；18.25 印张；354 千字；277 页
定价 96.00 元

投稿电话　(010)64027932　投稿信箱　tougao@cnmip.com.cn
营销中心电话　(010)64044283
冶金工业出版社天猫旗舰店　yjgycbs.tmall.com
(本书如有印装质量问题，本社营销中心负责退换)

前　言

石膏质岩作为一种蒸发沉积岩，广泛活跃于整个地质沉积演变过程中。当石膏质岩受到吸水-失水循环作用时，将出现力学性质劣化问题；同时，石膏质岩吸水后会产生膨胀作用，并且会溶出硫酸根离子而具有侵蚀性。我国山地面积占比达2/3，尤其在中西部地区广泛分布。随着"一带一路"倡议和第二轮西部大开发战略的推进，尤其是交通基础设施建设发展的迫切需要，高速公路规划建设的重心逐渐由东部向中西部山区延伸，导致公路隧道的规模和数量日益增长，其"长、大、深"特点日趋显现，沿线将不可避免地出现大量穿越石膏质岩地层的隧道工程。在干湿循环作用下，石膏质岩所伴生的工程特性将严重影响隧道的安全修建和运营。因此，对穿越石膏质岩地层高速公路隧道安全结构体系开展相关研究，具有重要的工程实际意义。

本书在国内外有关研究的基础上，通过室内试验和结合数值模拟方法，揭示了石膏质岩膨胀及腐蚀特性对隧道衬砌结构的影响规律；采用室内试验方法，研发了一种适用于石膏质岩地层的高抗渗和高抗裂性混凝土；结合室内试验和数值模拟方法，提出了适用于高速公路隧道辅助坑道的钢纤维混凝土单层衬砌结构。作者及团队基于多年的研究经验，总结形成了穿越石膏质岩地层高速公路隧道安全结构体系，可为相关隧道工程的安全修建和运营提供参考。

本书共分14章。第1章为绪论；第2章为石膏质岩组分及干湿循环作用下物性指标研究；第3章为干湿循环作用下石膏质岩三轴力学特性研究；第4章为石膏质岩膨胀特性及膨胀潜势研究；第5章为石膏质岩隧道围岩膨胀及干湿循环劣化作用数值模拟研究；第6章为基于正交设计的混凝土渗裂性能影响因素的显著性研究；第 7 章为基于响应曲面法的混凝土自修复性能试验研究；第 8 章为复掺改性材料对混凝土性能影响的微观机理分析；第 9 章为荷载作用下隧道二次衬砌结构模型试验研究；第 10 章为钢纤维混凝土单层衬砌支护作用及破坏机理分析；第 11 章为 CF35 强度的钢纤维混凝土力学性能试验研究；第 12 章为钢纤维混凝土单层衬砌裂损规律及安全性模型试验研究；第 13 章为基于 XFEM 的钢纤维混凝土单层衬砌裂损规律研究；第 14 章为本书的研究结论。其中，第 1~8、10~14 章由李化云撰写（约 31 万字），第 9 章由吴洋帆和朱开宬共同撰写。全书由李化云统稿。

特别感谢雷中成、付钧福、邓来三位硕士，他们参与了部分室内试验和计算工作，以及制图和校对工作。同时本书引用和参考了有关文献，在此对文献作者致以衷心的感谢。

由于作者水平所限，书中难免有不足和疏漏之处，敬请读者批评指正。

李化云

2023 年 4 月于成都

目　录

1 绪 论

1.1 研究背景及意义

我国幅员辽阔且多崇山峻岭,随着各线铁路和公路的不断发展,隧道作为一种能有效缩短两地距离及行车时间的结构,在交通建设中扮演着不可或缺的角色。自 1949 年新中国成立至 2020 年脱贫攻坚完成期间,我国隧道数量从 429 座剧增到 21316 座,总长度从 112km 跃迁至 21999.3km。随着我国隧道工程建设规模逐年递增,受到地质、运输载具速度和设计要求提高等条件的限制,隧道修建不可避免地遭遇复杂不良岩层。石膏质岩作为复杂岩层中的蒸发沉积岩在全世界广泛分布,奇霍伊电力隧道、杜公岭隧道、瑞士 Chienberg 隧道、礼让隧道、十字娅隧道和吕梁山隧道等围岩中均被发现含石膏和硬石膏的石膏质岩。位于奥陶系中统地层的杜公岭隧道,经过研究人员对其围岩钻孔取芯,发现该隧道地层含有罕见的石膏泥灰岩,在这种既有石膏岩又有泥灰岩的地层中,围岩遇水后易破碎,且溶出的硫酸盐和碳酸盐将共同腐蚀隧道结构,导致后期运营安全性降低;杜公岭隧道通车一段时间后衬砌发生开裂,隧道左线加右线共计 1379m 的病害技术状况评定为 A 类,2016 年病害处治工程动工,直至 2018 年才再次恢复通车,造成上千万的经济损失。位于巴东县的十字娅隧道在通车两年后出现衬砌开裂、底板隆起等病害,在维护工程结束半年后,再次发生类似病害。位于瑞士的 Chienberg 隧道在施工期间就发生底板隆起的情况,经治理后仍无法控制。经过对工程实例的分析,石膏质岩对隧道结构产生如下损害:石膏质岩中的硬石膏($CaSO_4$)和半水石膏($CaSO_4 \cdot 0.5H_2O$)遇水会转换成石膏($CaSO_4 \cdot 2H_2O$),将产生膨胀作用,导致衬砌结构破坏;石膏质岩产生的溶蚀现象会破坏围岩的完整性,降低围岩的强度,且溶出硫酸根离子腐蚀混凝土结构,进一步降低隧道结构的安全性。这些危害不仅造成工程项目产生巨额经济损失且极度影响隧道后期的安全运营。

在隧道后期运营中,隧道结构极易出现渗漏水问题,不仅直接影响行车安全,而且还会降低隧道内部各种基础配套设施的工作效率,诱发运营设施锈蚀,严重影响隧道的服役性能。在复杂地质水文区域,具有腐蚀性的各种离子也会随地下水侵入衬砌混凝土内部,造成钢筋锈蚀,影响衬砌结构的耐久性及承载能力。在高海拔地区,隧道渗漏水还与混凝土结构的冻融破坏互为因果,渗水病害常常演化为衬砌挂冰，道路冻害等次生灾害，形成恶性循环，严重影响运营安全，且防治难度更大。因此，在隧道工程的建造过程中，必须重视混凝土的抗渗阻裂性能及衬砌结构的渗漏水问题。

隧道渗漏水病害的发生机理有很多种，主要与隧道结构的两道"防水防线"失效有关。其中第一道防线是指位于初期支护与二次衬砌之间的柔性防水层，其失效诱因有很多。首先，在复杂地质水文条件下，柔性防水层长时间与地下水接触，极易被硫酸根离子及氯离子腐蚀，造成材料老化，从而导致防水失效；其次，当隧道结构在运营期间产生过大的不均匀沉降或者过大的应力集中时，防水层很容易破坏，成为地下水突破第一道防线的通道；防水材料选择不合理，防水层铺设不达标等因素，都将成为第一道防水防线失效的原因。值得注意的是，由于柔性防水层属于隐蔽工程，一旦在隧道运营期间失效，将很难进行维修，此时就完全依靠第二道防水防线，即二次衬砌结构。因此，如何在第一道防水系统失效的情况下，使隧道工程依然具备较好的防水性能，是目前隧道建设中亟待解决的问题。"衬砌结构自防水"对隧道工程应用具有深远意义。

对山岭隧道结构而言，将喷射混凝土作为初期支护，然后铺设防水卷材，再施作混凝土二次衬砌的复合式衬砌支护方法在国内隧道建设工程中被广泛使用，并且积累了丰富的工程经验。但这种复合式衬砌支护结构形式也存在一些不足，例如围岩与初期支护之间、初期支护与二次衬砌之间很难保证完好的密贴性，当存在密贴缺陷时，衬砌的受力条件就发生了改变，衬砌对围岩的支护作用出现恶化的趋势；并且复合式衬砌施工工序复杂、工期长、耗材量大、经济效益较差，相对于复合式衬砌，单层衬砌的优点更加突出。对于衬砌结构材料而言，基本都采用钢筋混凝土或素混凝土，但这两种衬砌材料均表现出抗拉性能差、脆性大、抗裂性能低等缺点，在混凝土的应用发展过程中，为了克服这些缺点，许多学者从结构、材料等方面入手做了大量研究工作，其中，在混凝土中添加乱向分布的钢纤维是改变混凝土力学性能的一个重要手段，钢纤维的掺入使得混凝土的抗裂性、耐久性、弯曲韧性、抗拉强度等大大提高。钢纤维混凝土（steel fiber reinforced concrete，SFRC）是现阶段纤维混凝土结构材料用途最广、发展较快的一种新型复合材料。钢纤维的掺入限制了基体混凝土裂缝的发展和变形特性，改变了混凝土的破坏模式，很大程度上提高了普通混凝土的物理和力学性能，故钢纤维混凝土广泛应用于隧道单层衬砌结构中。国内外学者针对单层衬砌的研究主要集中在结构形式、作用机理、平整度及设计方法等方面，对单层衬砌的承载特性、裂损规律的研究还相对较少，因此开展钢纤维混凝土单层衬砌结构裂损规律、承载特性和安全性等相关问题的研究，对钢纤维混凝土单层衬砌的理论研究及其在工程中的应用推广都具有重要意义。

因此，本书以高速公路隧道为依托工程，研究石膏质岩经历干湿循环后的物性指标和强度特性变化规律，以及石膏质岩干湿循环后的损伤效应对隧道结构的影响；其次，研究一种新型防水材料——CCCW（水泥基渗透结晶型防水剂）与纤维和矿物掺合料进行复掺，利用渗透结晶型防水剂遇水结晶、填充孔隙的特性，来提高纤维与混凝土基体之间的黏结强度，并利用矿物掺合料进一步改善混凝土内部结构的密实度，以期制备出一种高抗渗、高抗裂且具有一定自修复性能的混凝土，以满足衬砌结构自防水的要求。最后，对钢纤维混凝土单层衬砌裂损规律、承载特性及工程应用开展相关研究。研究成果可为类似石膏质岩隧道的建设提供依据，为提高石膏质岩隧道的安全性、降低该类隧道衬砌结构破坏的风险、减少因石膏质岩引起的隧道灾害、保障工程施工及维护效益提供一定的参考。

1.2 研究现状及存在的问题

1.2.1 石膏质岩物性指标及强度特性研究现状

石膏质岩作为一种蒸发沉积岩，在自然界中种类多且分布广，几乎所有地质时代都有其存在，但它的成分并不是单一由硬石膏和石膏两种物质组成，随着所处的地区不同，其成分组成也随之发生变化。

1972年，第四纪地质研究组在西南某地层中检测出该地的石膏质岩中含有大量的芒硝。1989年，王得林在库车盆地始新小库孜拜组的石膏岩中发现海相介形类化石、海相腹足类化石、沙褐色细砂岩、瓣鳃类化石和深灰色白云岩；喀什-莎车盆地的古新统石膏岩层不光含有库车盆地石膏岩层中的矿物，还含有厚层红色泥岩、灰黄色白云岩和泥灰岩；费尔干纳盆地、塔吉克盆地和塔里木盆地的石膏岩层中的部分矿物与喀什-莎车盆地的石膏岩层同源，但还独有小个体软体动物化石。

2021年，魏柳斌等对鄂尔多斯盆地进行钻井勘探，将勘查结果绘制成剖面图；从盆地中部奥陶系-寒武系进井剖面可以看出，桃59钻井中的硬石膏主要集中在马三段和马二段，且该硬石膏中夹杂着大量白云岩；统100、靳6和麒44钻井的马三段、马二段和张夏组中沉积着大量硬石膏，同时含有白云岩、砂岩和辉绿岩。

由于不同区域地层的石膏质岩中石膏（$CaSO_4 \cdot 2H_2O$）和硬石膏（$CaSO_4$）的占比不同，导致其物理性质大相径庭。因此，进行针对性的物性指标研究显得尤为重要。20世纪60年代，学者针对石膏质岩物理性质的研究还停留在从颜色、条痕、光泽、解理、透明度、硬度、断口和形态这些方面。随着技术的进步，岩石的干密度、含水率、结晶水率、吸水率和相对密度等方面的物性指标也引起了学者们的关注。1989年，潘忠华采用地质学手段对金顶铅锌矿区的硬石膏进行评价；矿区的硬石膏岩颜色在青灰色和白色两种之间过渡，其中夹杂着紫色和棕红色颗粒，部分岩体呈糜棱状；硬石膏岩均重结晶且晶体体积大。

　　杨新亚等通过离子交换法测出硬石膏的溶解度随着时间的增长而增加，到第七天时达到 1.67g/L；试验所用硬石膏的 pH 为 6.78，密度在 2.98g/cm^3 左右；晶胞参数 a_0 = 0.6238nm、b_0 = 0.6991nm 和 c_0 = 0.6996nm，属正交晶系；使用 Seige 显微镜对硬石膏的晶粒度进行分析，晶粒度最大为 24.63μm，最小为 0.96μm，平均达到 8.08μm，差异性较大。

　　2011 年，刘艳敏等探究十字娅隧道内硬石膏岩的基本物理特征，取裸露在隧道外表面的硬石膏进行分析，岩样未经风化呈灰白色或白色，在风化作用下呈灰黑色或黑色；硬度在 2~3 之间；岩样具有纹层状构造，晶粒状结构，表面明显可见滑石和透闪石；工程址内硬石膏岩密度在 1.35~1.51g/cm^3 之间；吸水率最高为 26.12%，最低为 14.06%。

　　马宏发对四种石膏岩的物理性质进行研究；纤维石膏岩表面有纤维状条纹且分散着大小不一颗粒，它的密度在 2300~2321kg/m^3 之间，颜色呈半透明，天然含水率为 0.03%；透明石膏岩同纤维状石膏岩呈同一颜色，岩石表面有白色微颗粒且无明显裂隙和凹陷，密度平均为 2314kg/m^3，天然含水率为 0.05%；普通石膏岩的物性与透明石膏岩类似；雪花石膏岩颜色为雪白色，表面有肉眼可见的大体积晶粒，裂隙和凹陷相比透明石膏岩更多，且胶结程度相对更低，密度在 2277~2316kg/m^3 之间，天然含水率为 0.06%。

　　国内外关于石膏质岩成分与物理性质方面已有诸多研究，但由于石膏质岩成分的复杂性，不同区域地层导致石膏质岩的成分各不相同，使得其物理性质与已有研究偏离。因此，研究依托工程所含石膏质岩的成分和物性指标十分必要。

　　石膏质岩相较于单一的石膏岩或硬石膏岩在高温、火烧、酸碱腐蚀、干湿循环、浸水或动态水流侵蚀等环境下其强度特性迥然不同。对此，国内外学者对不同状态下石膏质岩进行了大量的研究。

　　2000 年，刘新荣等对某岩盐矿的五种岩石在饱和状态下进行单轴压缩试验，其中硬石膏岩的单轴抗压极限强度为五种岩石中最低，仅 39.6MPa；当量软化系数为 0.65；初始、割线和切线三种弹性模量分别为 3.07GPa、3.90GPa 和 4.60GPa。

　　2010 年，梁卫国等对含有石膏岩的储气库稳定性进行研究，设计饱和盐水浸泡、半饱和盐水浸泡和干试件三种状态（盐溶液浸泡时间均浸泡 20d），配合单轴循环加卸载和常规单调加载两种方式；各岩样中，经干处理且在单调加载方式下的峰值强度与弹性模量最高，分别达到 14.6MPa、6.8GPa，对半饱和石膏岩试件进行循环加载时，应变最高，达到 4.70×10^{-3}；在该试验中，浸泡于半饱和盐溶液的石膏岩质量损失最大，平均达到 10g 左右，是饱和浸泡的 3 倍以上。2017 年，刘秀敏等对天然状态以及饱和水状态下的石膏岩进行蠕变试验，结果显示：饱和状态下岩样稳定时间、总蠕变量、衰减蠕变量和等速蠕变量分别约为天然状态的 2 倍、4 倍、3 倍和 5 倍；饱水软化作用对试样的蠕变强度影响十分明显，天然状态下的石膏岩样蠕变强度平均值为 21.5MPa，而饱和状态下蠕变强度缩小接近一半，仅有 11MPa。李亚等对巴东十字娅隧道的石膏岩进行干湿循环处理，随着干湿循环次数的增加，石膏岩内的孔隙和裂隙也随之增加；为进一步探究干湿循环作用下对各个因素的劣化效应影响程度，将干湿循环次数与各个因素进行拟合，根据拟合公式的变化率判定得出：干湿循环作用下对吸水率影响最大，对孔隙度影响最低。

许崇帮等通过控制烘干温度和浸水时间来确定岩样中 $CaSO_2 \cdot 2H_2O$ 的含量以及水化率，对硬石膏含量和水化率不同的 105 个试样进行单轴抗压强度试验，水化率在 0.41%~0.65% 区间时，硬石膏含量与单轴抗压强度之间的关系曲线呈"凸"型，而水化率在 0.70%~0.80% 区间时，二者的关系曲线呈"凹"型，但当水化率在 0.84%~0.93% 区间时，单轴抗压强度最大且与硬石膏含量之间的关系曲线又呈"凸"型，并没有统一的关系式来描述硬石膏含量与单轴抗压强度之间的耦合；硬石膏含量不同时，水化率与单轴抗压强度之间的关系曲线也有"凸"型和"凹"型两种情况。

2021 年，马宏发对纤维石膏、透明石膏、雪花石膏、普通石膏进行巴西劈裂和单轴压缩试验，得出抗压和抗拉强度最大的是普通石膏，其强度分别为 4.35MPa 和 26.52MPa；为进一步研究不同类型石膏岩的水化特征规律，进行了不同含水率、不同浸水时长和不同干湿循环次数的力学试验，得出含水率和浸水时长越大，其强度越低，并且强度降低速率先快后慢，干湿循环次数的增加，导致石膏岩的劣化加强，与水的作用也随之加强，强度进一步降低。

据现有研究资料显示，石膏质岩在不同状态下，其强度特性是不相同的；因此，针对石膏质岩所处地质环境，在室内模拟其可能出现的状态，再进行强度特性研究，以期符合工程实际。目前，关于石膏质岩的强度特性测试多集中在单轴，而隧道围岩大多处于三轴应力状态，三轴强度测试相比单轴更加符合事实；在某些特殊情况下，隧道围岩经历循环往复的吸水—失水状态，而针对经历这种状态之后的石膏质岩三轴强度研究还相对较少。

1.2.2　石膏质岩膨胀特性研究现状

在大连的中国膨胀岩学术会议上，专家们将膨胀岩定义为：与水接触可长时间产生一系列物理化学反应导致体积增大的岩石。石膏质岩的膨胀主要是由于岩石中含有的硬石膏（$CaSO_4$）、熟石膏（$CaSO_4 \cdot H_2O$）和半水石膏（$CaSO_4 \cdot 0.5H_2O$）遇水会转换成石膏（$CaSO_4 \cdot 2H_2O$），使岩样体积增加；从而引起的膨压效应将导致工程结构产生灾害。因此，石膏质岩的膨胀特性引起了学者们的广泛关注。

1978 年，M. Gysel 对膨胀岩在隧道中产生的危害进行了研究，他认为围岩产生膨胀是由于某种黏土矿物的吸水和岩体内孔隙体积的产生使硬石膏转变为石膏，并提出一种可供隧道衬砌设计参考的二次岩石应力状态模型。

1980 年，罗健在百家岭隧道进行现场试验再一次研究石膏岩的膨胀特性，通过在衬砌结构主要部位设置一定数量的土压力盒和沥青胶囊对膨胀力进行长达 13 个月的观测，结果显示，边墙在第 6 个月的膨胀力就达到 22.5kPa，后墙的膨胀力最高为 10kPa，拱顶的膨胀力是所有位置中最高的，达到 384kPa，仰拱的膨胀力最高为 115kPa。

2007 年，徐晗等将取自南水北调某段的膨胀岩进行重塑，配制成压实度和含水率不同的试样；当压实度为 98% 和含水率为 14.3% 时，试样的膨胀力以及膨胀率均最高，其中膨胀力高达 120.4kPa；所有试样的有荷膨胀率从压力为 0kPa 到 12.5kPa 时变化极大。

2018 年，陈钒等对取自礼让隧道的岩样进行 X 衍射分析得出，岩样中 $CaSO_4$ 的含量在 90% 以上，是典型的硬石膏岩；在室内进行不同初始湿度的膨胀试验、不同时间的膨胀试验和巴西劈裂试验，推导出了含有时间效应的膨胀本构模型，对后续研究具有指导意义。吴建勋等将取自蒋家沟福源石膏矿的石膏和硬石膏制成高固结仪所要求的圆饼状试样，并且通过烘干箱对石膏进行脱水处理，获得了脱水率为 16.2%、23.4% 和 28.8% 的三种脱水石膏；侧限自由膨胀试验结果显示，脱水率与膨胀应变呈正比，脱水率为 28.8% 的石膏岩的膨胀应变最大，达到 21% 左右，硬石膏第六天的膨胀应变在 0.7% 左右，在膨胀应变速率的数据中，脱水率依然与膨胀应变速率呈正相关，脱水率为 28.8% 的石膏岩的膨胀应变速率最大，可达 0.38%/min，而硬石膏仅仅为 1.29×10^{-2}%/min；根据石膏质岩膨胀应变与时间之间的关系规律，建立了特有的"S"曲线模型；提出了适用于石膏岩的"凹"型膨胀应力-应变模型，并用该模型分析仰拱的受力，提出了针对性的控制措施。

2019 年，李强等将取自梁忠高速礼让隧道的石膏岩块制成高 20mm，直径为 61mm 的试件，通过单杠三联高压固结仪和岩石膨胀仪对制成的试样进行膨胀力和膨胀率测试；在膨胀应变与时间的关系曲线中，膨胀应变在前 100min 急剧增加，后 500min 缓慢增加，整个曲线呈"S"形；在膨胀力与时间的关系曲线中，两者呈正相关；根据已有关于膨胀变形和应变的关系式作为参考，结合时间变量，建立了时间、膨胀变形和应变的关系式，对石膏岩隧道的后期运营有指导作用；针对围岩的膨胀变形提出了：加固围岩、选择合理的洞形、先柔性支护后刚性支护、先应力释放后支护、预留足够的变形量、提高仰拱的强度。

2020 年，陈志明等取山西吕梁山隧道的石膏质岩和地下水分别进行膨胀力试验和地下水成分检测，发现该地层的石膏质岩平均膨胀力能达到 410.04kPa，地下水中 SO_4^{2-} 离子含量在 410~470mg/L 之间；为进一步探究隧道稳定性变化，用 MIDAS-GTS-NX 软件模拟二衬在膨胀力为 $100n$（$n=1$，3，5，10）时的受力情况，在这 4 种受力下，受影响最大的是墙角，受影响最小的是仰拱底。许崇帮等对位于奥陶系中统地层的杜公岭隧道进行钻孔取芯，发现该隧道地层出现罕见的石膏泥灰岩，在这种既有石膏岩又有泥灰岩的地层中，其各自的硫酸盐和碳酸盐将共同腐蚀隧道结构；通过对两种岩样进行室内试验后，发现硬石膏岩的体积膨胀在 65%~70% 之间，膨胀力在 572~824kPa 之间，而泥灰岩的自由膨胀率仅仅在 0.001~0.094 之间，其膨胀力最大也只有 20.6kPa，泥灰岩的膨胀率和膨胀力远远低于硬石膏岩。

国内外学者关于石膏质岩的膨胀特性及膨胀潜势已有诸多研究，但由于石膏质岩是基于化学反应产生膨胀，而这种膨胀机理复杂且耗时长；据文献记载，石膏质岩在室内几十小时内的膨胀应力最大为 3kPa 左右，而数年后的膨胀应力能达到 500kPa 以上。因此，根据室内试验短时间所得的膨胀率和膨胀力来评价石膏质岩的膨胀潜势并不准确。

1.2.3　干湿循环作用下隧道结构受力特征数值模拟研究现状

自 1953 年数值模拟技术诞生以来，从航天到基建，该项技术逐渐被学者们广泛关注并使用。对于隧道而言，传统的室内模型试验只能对主要结构部位进行监测，而数值模拟可快速精确地获得模型中任一点的受力情况和位移变化。因此，数值模拟能够弥补室内试验的短板之处。

2007 年，周坤采用有限元程序 ANSYS 对襄渝线新七里沟隧道中膨胀土地层对支护结构的影响进行了研究，提出应增加初期支护结构的预留变形量来降低膨胀对支护结构的影响。

杨洪鸿用 ANSYS 软件研究了吴坑隧道膨胀性辉绿岩地层支护结构的受力特性，制定了"主内辅外"的加固原则。2014 年，曾仲毅通过 FLAC 3D 软件模拟降雨后膨胀性黄土隧道的围岩变形以及分析衬砌结构的受力特征，发现降雨后围岩位移增大的主要部位为拱部和边墙。马庆涛使用 Midas GTS NX 软件模拟礼让隧道石膏岩地层的膨胀特性对衬砌结构的影响，发现在膨胀作用下，衬砌的拱顶和仰拱位移增加。2020 年，吴亚飞利用 ABAQUS 有限元软件分析泥岩吸水膨胀后隧道仰拱的应力和位移，提出相应整治措施。

若石膏质岩地层中地下水经历周期性变化，枯水季节水位下降，梅雨季节水位上升，隧道的建设和后期运营会受到膨胀作用和干湿循环作用的影响，而关于结构受膨胀作用和干湿循环作用影响分析的数值模拟研究主要集中于边坡，在隧道方面的研究还较少。

1.2.4　矿物掺合料混凝土抗渗阻裂特性研究现状

为了改变新拌混凝土和硬化混凝土的各项性能，在配制混凝土时加入的无机矿物细粉称为矿物掺合料。国外将这种材料称为辅助胶凝材料，目前已经成为高性能混凝土不可缺少的第六组分。矿物掺合料以氧化硅、氧化铝为主要活性成分，其本身不具有或只有极低的胶凝特性，但在常温下能与水泥水化产物（氢氧化钙）作用生成胶凝性水化物，并在空气中或水中硬化。刚开始，粉煤灰等工业废渣只是被当作节约水泥、降低成本的一种措施，甚至认为掺入矿物掺合料是以牺牲混凝土性能为代价。但随着对粉煤灰等材料研究的不断完善，人们发现，经过一定技术控制所制备出的优质矿物掺合料，能够明显改善硅酸盐水泥自身难以克服的微观结构缺陷，包括界面劣化区、耐久性不良的晶体结构以及由于高水化热所形成的微裂缝等，赋予了混凝土优异的耐久性能和工作性能。相关研究表明，矿物掺合料在混凝土中发挥的作用如表 1-1 所示。

表 1-1　矿物掺合料在混凝土中的作用

效应	作　　用
形态效应	利用矿物掺合料的颗粒形态，即圆形度比水泥颗粒大，起到减水的作用
微细集料效应	利用微细集料的填充性，提高混凝土内部结构的致密性，减少浆体与集料界面的缺陷
化学活性效应	利用掺合料的胶凝性和火山灰质性，水化反应生成大量的 C-S-H 凝胶，改善界面缺陷

矿物掺合料因其优异的改性效果，已经成为了一种配制防水混凝土不可或缺的材料。国内外学者对此展开了大量的研究，并取得了显著的研究成果。李厚祥将粉煤灰、膨胀剂和聚丙烯纤维按照一定掺量进行复掺，通过一系列正交试验和力学性能试验，最终确定了三者的最佳复合掺量，制备出了一种自密实防水混凝土。研究发现，当粉煤灰掺量在 25% 以内时，混凝土的早期强度和工作性能均能满足要求，当掺量超过 35% 时，其早期强度不能满足脱模要求。随后的足尺模型试验也验证了所制备出的自密实防水混凝土能够在实际工程中起到很好的防水效果，在取消防水板的情况下，依然能够满足隧道工程的防水要求。吴耀鹏等对不同粉煤灰掺量的再生混凝土高温后的抗冲击性能和抗渗性能进行了研究。研究发现，在相同温度下，随着粉煤灰掺量的提高，再生混凝土的抗冲击性能降低，但抗渗性能得到了提高。詹世左将粉煤灰与矿渣进行双掺，探究其对混凝土抗渗性能的影响。研究表明，单掺粉煤灰时，随着掺量的提高，混凝土强度会略有降低，但抗渗性能将会提高。当粉煤灰掺量为 25% 时，既能保证隧道衬砌混凝土的

强度要求，又能使电通量的值最小，为单掺粉煤灰时的最佳掺量。当粉煤灰与矿渣进行复掺时，粉煤灰与矿渣之间起到了良好的"超叠效应"，即两者的颗粒粒径大小不同，可以实现互相填充、连续级配的效果，使生成的水化产物更为密实。试验结果表明，双掺的电通量比单掺的最低电通量还降低了17.9%，足以说明粉煤灰与矿渣复掺的优越性。

混凝土的抗渗性能与抗裂性能密不可分，两者互为因果，在研究混凝土抗渗性能的同时，不能忽略其抗裂性能。因此，一些学者也对矿物掺合料和外加剂对混凝土抗裂性能的改性效果进行了大量的研究。杨朋等利用正交试验的分析方法，分析了粉煤灰与膨胀剂、减缩剂进行复掺时，对二次衬砌混凝土抗裂性能的影响。结果表明，按一定配比将三种材料进行复掺，能够显著改善砂石界面黏结过渡区的黏结强度，使混凝土内部缺陷减少，从而提高混凝土的密实性，这无疑会提高混凝土的抗裂性能。此外，由于骨料界面过渡区的黏结度提高，抑制了衬砌混凝土收缩裂缝的产生和发展，其抗渗性能也将会得到提高。

混凝土在水化反应过程中的自收缩是导致微裂缝产生的主要原因，有大量研究表明，不同矿物掺合料的掺入能够对混凝土的自收缩产生显著影响。郝成伟等研究发现，粉煤灰的掺量为15%~45%时，水泥净浆的3d自收缩相较于基准试验组减少了36%~82%，这是因为粉煤灰的掺入提高了水泥净浆的有效水灰比，使水化反应过程中的自由水增多，从而降低了水化反应产物的自收缩。Shen等采用温度-应力试验机研究了磨细高炉矿渣的掺量为0%、20%、35%和50%时，对高性能混凝土早期开裂性能的影响。试验结果表明，随着矿渣掺量的提高，混凝土早期温升、开裂应力和开裂温度降低，但高性能混凝土的自收缩率显著提高，提出矿渣的合理掺量为20%。乔艳静等同时研究了矿渣和粉煤灰对混凝土的自收缩、开裂性能的影响，发现相较于矿渣而言，粉煤灰对混凝土的自收缩和早期开裂的抑制作用更为显著。也有大量研究表明，硅灰的掺入也会增加混凝土的自收缩。Mazloom等研究表明，当硅灰与水泥的置换率从6%增加到15%时，其58d自收缩率相较于基准混凝土增加了16.7%~50%。

综上所述，矿物掺合料对混凝土的自收缩和早期开裂性能的影响主要与掺合料的活性效应和形态效应有关。活性较高的矿物掺合料加快了水泥的水化进程，使拌合物中的水分消耗速度加快，增加了毛细管负压，从而提高了自收缩率和开裂潜力，基于此原因，可以得出活性较低且颗粒形状为圆形的粉煤灰更适用于制备防水混凝土的结论。混凝土的抗渗性能存在诸多影响因素，它与混凝土的强度、工作性、抗冻性、干缩性等性能都有一定的关联，这些方面应当得到足够的重视。并且由于胶凝材料与粗细骨料之间物理吸附及化学作用对混凝土的渗透性有很大的影响，试验过程中需要对混凝土的水化产物进行微观层面的分析。对于评价混凝土渗透性的相关试验，国内外学者已经提出较多的方法，每种方法均有其利弊。因此，如何根据需求来选取合适的试验方法，使得试验结果更为准确和贴近实际也是需要进一步研究的内容。

1.2.5　聚丙烯纤维混凝土抗渗阻裂特性研究现状

纤维增强混凝土是指以水泥净浆、砂浆或混凝土作基体，以非连续的短纤维或连续的长纤维作为增强材料所组成的水泥基复合材料的总称，通常称之为纤维混凝土。中国工程院资深院士吴中伟教授曾指出，复合化是混凝土材料高性能化的主要途径，而纤维增强是其核心。混凝土是目前工程界应用最为广泛的材料，但其本身存在抗拉强度低、韧性差、易开裂、抗渗性能差等缺陷。将各种纤维以一定掺量加入到混凝土中，可以显著改善其各种性能，目前已经成为制备高性能混凝土的必要手段之一。国内外学者已经针对纤维增强混凝土的抗渗阻裂特性开展了大量的试验和理论研究，并取得了很多有意义的研究成果。早在 20 世纪 60 年代中期，Goldfein 就对合成纤维作为砂浆增强材料的可能性进行了探究，并发现聚丙烯纤维和尼龙纤维的掺入能够改善水泥砂浆的抗冲击性能。到了 20 世纪 80 年代初，聚丙烯纤维就已经被大量应用于机场跑道和地下建筑物的混凝土结构中，聚丙烯纤维混凝土也表现出了其优秀的韧性和抗冲击性。随后的大量研究表明，聚丙烯纤维的掺入不仅能够显著提高混凝土的力学性能，还能大幅改善混凝土的耐久性能，其中就包括抗渗性能、抗冻性能及抗离子侵蚀性能。

针对隧道工程而言，地下水和侵蚀性离子进入到混凝土衬砌结构中，主要有三种传输途径：由于浓度梯度而产生的扩散作用、由于压力梯度而产生的渗透作用以及由于毛细吸水效应而产生的毛细吸水作用。三种传输方式在复杂的地质水文条件下可能同时存在，而对于富水隧道衬砌结构而言，由于高水压而形成的水力渗透作用通常占据主导地位。在围岩荷载和水荷载的共同作用下，衬砌结构很容易开裂，裂缝贯通后就会成为渗水通道，造成隧道渗漏水。纤维的掺入将在很大程度上解决这一问题。C. Desmettre 等利用一种新型抗渗性能试验装置，研究了普通混凝土（NSC）与纤维增强混凝土（FRC）在承受恒定拉伸荷载作用下的透水性。试验结果表明，在静态拉伸荷载作用下，FRC 拉杆试件的透水性比 NSC 拉杆试件在钢筋相同应力水平下的透水性低 60%~70%，证明了纤维对钢筋混凝土结构耐久性方面的积极贡献。

王志钊对聚丙烯纤维混凝土的工作性能、力学性能及耐久性能开展了系统性的研究，提出合理的纤维掺量能够提高混凝土的抗拉强度及抗渗性能。试验结果表明，当聚丙烯纤维的掺量为 $1200g/m^3$ 时，混凝土的抗渗性能达到最佳。赵兵兵等分别对玄武岩纤维和聚丙烯纤维进行单掺和复掺，研究各组混凝土的抗水渗透性能，发现纤维混凝土的抗渗性能明显优于素混凝土，且聚丙烯纤维混凝土的渗透高度低于玄武岩纤维，聚丙烯纤维的最优掺量为 0.6%。Wang 等同样对玄武岩纤维混凝土和聚丙烯纤维混凝土的抗渗性能进行了比较。研究发现，在普通混凝土中加入上述两种纤维均能使混凝土的渗透高度降低，且聚丙烯纤维优于玄武岩纤维，长纤维优于短切纤维，当聚丙烯纤维长度为 12mm，掺量为 $0.9kg/m^3$ 时，渗透高度比普通混凝土降低了 59.44%。郭哲奇等采用多种试验方法，将粗细不同的聚丙烯纤维进行复掺，研究多尺寸聚丙烯纤维混合掺入对混凝土抗渗性能的影响。抗压强度试验和渗透高度试验结果表明：聚丙烯纤维的掺入能够显著改善混凝土的强度和渗透性，且单独掺入同一尺寸的纤维不及多尺寸混合掺入时的改善效果明显。混凝土的核磁共振和压泵试验结果表明：掺入纤维能够明显降低混凝土的临界孔径、最可几孔径和有害孔径的占比，改善基体孔结构。且粗细尺寸不同的聚丙烯纤维，在混凝土内部起到正协同作用，对不同时期、不同孔隙的产生和发展起到了不同程度的抑制作用。

此外，聚丙烯纤维对混凝土力学性能的影响也较为显著。胡杨对聚丙烯纤维混凝土梁进行了正截面抗弯强度试验以及斜截面抗剪强度试验，发现多尺寸聚丙烯纤维的掺入能够显著提高混凝土梁的开裂荷载，其抗弯极限荷载提高了 11.95%，斜截面抗剪强度提高了 17.07%。梁宁慧等针对聚丙烯粗、细纤维开展了混凝土梁的弯曲韧性试验，发现粗、细纤维均能提高混凝土的断裂能，粗纤维和细纤维混合掺入时，改善效果最佳，可以起到阶段抗裂、层次抗裂的效果。Bagherzadeh 等通过试验研究发现，PPF 的掺入对混凝土的抗压强度没有明显改善，但纤维的体积分数为 0.1%~0.3% 时，有助于提高劈裂抗拉强度及弯曲韧性。作者认为，高长径比的纤维在控制混凝土微观结构方面有较大贡献，在不影响混凝土工作性能的前提下，纤维的最佳长径比为 86.36。Zhang 等研究了 PPF 对粉煤灰和硅灰混凝土力学性能的影响，研究结果表明，纤维的掺入虽然降低了 15% 粉煤灰和 3% 硅灰混凝土的抗压强度，但提高了混凝土的劈裂抗拉强度，显著改善了混凝土的延性。

随着对纤维混凝土耐久性能的研究深入，纤维的掺入形式已经由单一掺入发展为多元复掺，抗渗试验加载形式也由无荷载发展为预加荷载。吴海林等以钢-聚丙烯混杂纤维为研究对象，通过混凝土轴心拉伸试验，以开裂荷载，平均裂缝宽度为指标，综合判定钢-聚丙烯纤维对混凝土抗裂性能的改善作用。研究发现，纤维的掺入显著提高了混凝土的开裂荷载，且当钢筋的应力水平在 320MPa 以下时，钢-聚丙烯纤维复掺比单掺钢纤维时的平均裂缝宽度要小，说明此时聚丙烯纤维的掺入能与钢纤维起到正混杂效应，进一步提高混凝土的抗拉强度。

梁宁慧等将聚丙烯纤维混凝土进行预加载，探究聚丙烯纤维混凝土在荷载作用下的抗氯离子渗透性能。研究结果表明，当预先施加的应力水平在 0.2 以下时，素混凝土与纤维混凝土的渗透性与未施加荷载时的情况相差不大，这是因为此时混凝土处于弹性阶段，内部还未产生裂缝；当应力比达到 0.6 时，氯离子扩散系数急剧增大，相较于未施加荷载时的扩散系数，纤维混凝土的增长率为55.89%，而素混凝土的增长率为90.8%，证明纤维的掺入能够提高混凝土在荷载作用下的抗氯离子渗透性。其原因正是在于聚丙烯纤维在混凝土承受荷载状态下的阻裂作用。武汉大学教授何亚伯等同样对荷载作用下聚丙烯纤维混凝土的抗渗性进行了研究，发现当应力水平在0.2以下时，氯离子渗透系数出现略微下降，但当应力比超过0.4时，渗透系数随荷载的增加而迅速增大。但纤维的掺入改善了混凝土的裂纹形态分布，减少了裂纹尖端的应力集中。

综上所述，聚丙烯纤维对提升混凝土的力学性能及耐久性能方面都发挥着举足轻重的作用。目前普遍认为纤维增强机理主要包括：纤维间距理论、复合材料理论及三维乱向分布增强机理。这些原理的应用使纤维增强混凝土的研究更上了一个台阶，但目前的研究主要集中在不同种类纤维的单掺和复掺之上，对于纤维与矿物掺合料及外加剂之间的相容关系的研究还相对较少，多种材料的混合掺入是否能够发挥各自优势并起到正协同作用还需要进一步验证。因此本书将在前人的研究基础之上，继续研究聚丙烯纤维与粉煤灰及渗透结晶型防水剂之间的相容关系，尝试利用三种材料各自的独特优势，制备出一种高性能防水混凝土，并将其应用于隧道工程，以改善隧道渗漏水问题。

1.2.6   水泥基渗透结晶型防水剂研究进展

水泥基渗透结晶型防水剂（cementitious capillary crystalline waterproofing）简称CCCW。其最早由德国化学家劳伦斯·杰逊在二战期间为修补水泥船而发明，后来由欧洲传入我国。CCCW由普通硅酸盐水泥、石英砂和化学活性物质制成。在近百年的发展历程中，CCCW的应用已扩展到水利、地下建筑、隧道和蓄水池等工程邻域。水泥基渗透结晶型防水材料按使用方法可分为防水涂料和防水剂两类。目前工程中多以防水涂料的形式使用，用于修补裂缝，治理漏水。将CCCW直接掺入混凝土中的用法还未普及。两种用法的作用原理类似，即活性材料在干燥时处于休眠状态，当混凝土发生渗漏时，活性物质就会被激活，与混凝土中游离的Ca^{2+}发生化学反应，生成枝蔓状的结晶体。目前，关于其修复机理的解释还尚未统一，普遍受到认可的反应机理有两种：沉淀反应机理和络合-沉淀反应机理。由于国外对核心技术的保密，我国仅能依靠进口活性母料来实现水泥基渗透结晶型防水材料的半国产化。近年来，CCCW出色的抗渗性能及自愈合性能受到国内外学者的广泛关注，并对此开展了大量的试验研究和分析，其研究主要集中在以下几个方面。

1.2.6.1   掺入CCCW对混凝土抗渗性能及力学性能的影响

陈晓雨等研究了渗透结晶型外加剂对混凝土抗氯离子侵蚀性能的影响。研究表明：CCCW的掺入显著改善了混凝土抗氯离子渗透性能，且CCCW与粉煤灰或矿渣等矿物掺合料进行复掺时，其改性效果更加明显，但其机理还尚未明确。通过 SEM 电镜扫描发现，CCCW 混凝土在高倍放大下可见枝蔓状的结晶体。正是这些结晶体起到了填充孔隙，修补裂缝的作用。

Zheng 等将一种渗透结晶型防水材料（PA）掺入到水泥净浆中，研究其对水泥净浆抗渗性能的影响，发现当 PA 的含量为 1.6% 时，水泥净浆的渗透系数相较于基准下降了 93.2%。余剑英等采用平板开裂试验，研究了 CCCW 对混凝土早期开裂性能的影响，发现掺有 CCCW 的混凝土的早期裂缝宽度和数量均比普通混凝土要小，证明了渗透结晶型防水剂对混凝土抗裂性能的改善作用。

1.2.6.2 掺入 CCCW 对混凝土自修复性能的影响

水泥基渗透结晶型防水材料因其特有的活性化学物质，使混凝土具备一定的自修复性能，其应用具有广阔的发展前景。

张民庆等采用现场试验的方式验证隧道衬砌内掺 CCCW 的自愈性能。研究发现，试验观察的六条裂缝中，在滴水养护 30d 后，裂缝深度都发生了不同程度的变化，其中变化最大的一条裂缝深度由最开始的 342mm 减少为 254mm，张民庆建议防水剂的适宜掺量为胶凝材料的 1%~1.5%。

Roig-Flores 等将带有初始裂缝的混凝土试件暴露于四种不同的环境中，探究不同环境对掺有 CCCW 混凝土的自愈性能的影响。研究发现，处于浸水条件下的混凝土试件的自修复率最高，即使是初始裂缝较大的试件，其自修复率也能达到 0.95 左右，证实了水是混凝土自修复的必要条件。

Cuenca 等也得到了类似的结论。向混凝土中掺入 0.8% 的结晶外加剂，并利用楔形夹具人为制造裂缝，研究混凝土在长期循环开裂状态下的自愈合性能，重复开裂和愈合的持续时间为一年。研究发现，尽管结晶外加剂的掺量很低，但依然能够起到持续修复的作用，且处于浸水环境下的试件裂缝闭合情况最明显。

1.2.6.3 CCCW 的作用机理

如前所述，由于国外对核心技术的保密，CCCW 的作用机理还未完全明确。沉淀反应和络合-沉淀反应是目前得到普遍认可的两种反应机理。沉淀反应机理的核心思想是渗透结晶型防水材料中的某种活性化学物质能够在水渗入混凝土内部时被激活，促进游离的 Ca^{2+} 与未完全水化的水泥颗粒发生二次水化反应，生成新的水化产物，从而起到阻断渗水通道，修补裂缝的目的。这种机理认为活性化学物质承担的是一种"催化剂"的角色，而整个反应流程是单向的，可以用图 1-1 表示。

可以发现，沉淀反应消耗了 $Ca(OH)_2$、Ca^{2+} 等不利于混凝土强度的物质，生成了更加稳定的结晶体，使水化反应更加彻底，这种反应通常发生在骨料-基体界面黏结区或裂缝处，使混凝土内部结构变得更为密实，有害孔隙减少，这也是掺入 CCCW 后，二次抗渗性能得到提高的原因。

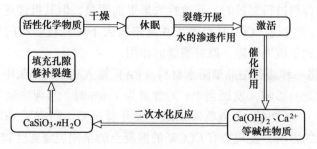

图 1-1 沉淀反应机理

络合-沉淀反应机理认为 CCCW 中的活性物质参与的是一种循环反应。当混凝土发生渗透时，活性物质会溶于水中，且在 $Ca(OH)_2$ 和 Ca^{2+} 的富集区发生络合反应，生成一种带有 Ca^{2+} 的络合物（$Ca^{2+} = A^{2-}$），当 $Ca^{2+} = A^{2-}$ 在渗透过程中遇到未完全水化的胶凝材料时，络合物中的阴离子就会被 SiO_3^{2-} 取代，生成稳定的水化硅酸钙晶体。在络合沉淀反应中，活性物质承担的是"搬运工"的角色，当 Ca^{2+} 完成沉淀结晶后，活性物质中的阴离子又会在渗透作用或浓度梯度作用下去寻找其他的钙离子，完成络合反应。如此循环往复，生成足量的稳定结晶体，填补缺陷，实现混凝土裂缝的自修复。在整个反应过程中，活性物质的量并不会被消耗，这也是这种材料能够实现持久修复的原因，其反应流程如图 1-2 所示。

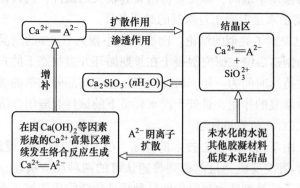

图 1-2 络合-沉淀反应机理

孙毅等深入探讨了 CCCW 的反应机理，认为各类渗透结晶型防水材料的工作原理都离不开与混凝土中游离的 Ca^{2+} 进行络合反应，生成一种络合阴离子，作者以 [C-H-X]$^{2+}$ 来代表这种阴离子，并给出了整个络合-沉淀-解离的过程，如图 1-3 所示。

国内外学者的研究表明，水泥基渗透结晶型防水剂在混凝土力学性能、抗渗性能及自修复性能方面都具有较好的改善作用。与传统防水材料相比，其主要的优点包括：施工简单、环保无污染、抗渗能力强、耐老化；能够达到长期防水的

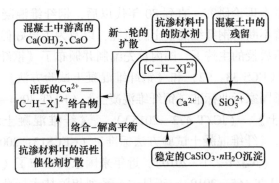

图 1-3 络合-沉淀-解离反应的基本流程

目的，且具有独特的自修复功能。但国内对于渗透结晶型防水材料的研究还处于起步阶段，所得出的最优掺量也各有出入，CCCW 与其他增强材料的相容特性更是鲜有报道。此外，既有研究成果大多建立在对混凝土试块的试验研究基础之上，在混凝土结构和模型试验方面还有所欠缺，因此有必要对渗透结晶型防水材料进行更深入的研究。

综上所述，众多学者已对各类混凝土增强材料的改性效果做出了充分的肯定，且在大量试验的基础上对增强材料的作用机理进行了分析与阐述。前人的研究为混凝土抗渗性能的进一步研究奠定了坚实的基础，但依然还存在许多不足，或者说还有很多改性方法没有进行尝试，比如纤维及矿物掺合料与渗透结晶型防水材料的复合掺入方案就鲜有报道。因此本研究将对此改性方案进行研究，丰富防水混凝土领域的研究成果。

1.2.7 钢纤维混凝土单层衬砌受力特征及应用研究现状

1.2.7.1 钢纤维混凝土应用发展研究现状

在 20 世纪初期，普通钢纤维混凝土这种复合材料问世，在国外，1907 年俄罗斯帝国研究者在混凝土中添加钢纤维，从此开始了钢纤维混凝土的发展史，美国学者 H. F. Poeter 在 1910 年提出把短纤维均匀地添加在混凝土中来提高材料强度，在 1911 年 H. F. Poeter 的想法被美国研究者 Graham 证实，他把钢纤维掺入到普通混凝土中，试验表明钢纤维可以提高混凝土强度和体积稳定性。由此这种复合材料的优良特性引起了各国研究者广泛关注，并且进行了大量的相关试验研究。到 20 世纪 40 年代，美、英、法、德等国家的研究者在钢纤维混凝土的耐磨性、抗剪性能以及钢纤维的形状与基体混凝土的黏结强度方面取得了重要的研究成果。到 20 世纪 70 年代，钢纤维混凝土的发展促进了美、英、日等国家对钢纤维混凝土相关标准和规程的建立。

我国对钢纤维混凝土的研究起步相对较晚，在 20 世纪 70 年代才开始着手于钢纤维混凝土的基本理论研究，直到 80 年代以后，钢纤维混凝土在国内才有了迅速的发展，随着不断对钢纤维混凝土的研究，以及为了更好促进钢纤维混凝土的发展，在赵国藩教授的主持下，国内首先编制并颁布了《钢纤维混凝土结构设计与施工规程》（CECS 38：92）和《钢纤维混凝土试验方法》（CECS13：89）。后来相继又建立了国家行业标准《钢纤维混凝土》（JG/T 3064—1999）（现行规范《钢纤维混凝土》 （JG/T 472—2015））、《纤维混凝土结构技术规程》（CECS38—2004）、《纤维混凝土试验方法标准》（CECS13：2009）、《纤维混凝土应用技术规程》（JGJ/T 221—2010），近年来国家又颁布了《钢纤维混凝土结构设计标准》（JGJ/T 465—2019）。正是这一系列相关技术标准的出台使得钢纤维混凝土有了明确的试验方法、力学评价指标、结构设计的理论依据。近年来，许多国内外学者对该复合材料的大量研究和相关技术标准的不断完善，进一步推动了钢纤维混凝土在各个工程领域的扩展应用。

1.2.7.2　钢纤维混凝土力学性能研究现状

对钢纤维混凝土基本性能和基础理论的研究对其在工程中的实际应用具有十分重要的意义。而力学问题在基础理论的研究中扮演着十分重要的角色，许多国内外学者在钢纤维混凝土抗压、抗剪、弯曲韧性、疲劳试验和抗冲击试验等力学性能试验与荷载作用下钢纤维混凝土的断裂能方面进行了大量研究，并取得了丰硕的研究成果。

在国外，通过 Ding 的研究发现，添加纤维材料对早龄期混凝土抗压强度的提高不明显，但增加了混凝土的延性，即延长了峰值荷载的持荷时间，在隧道工程领域中，该特性对衬砌结构的早期安全具有重要的意义。在抗弯和韧性性能方面，Jeng 和 Ming 等人通过钢纤维喷射混凝土三分梁试验，得出钢纤维喷射混凝土弯曲韧性的影响因素有纤维掺量、混凝土基体强度、外加剂和硅粉掺量，得出的弯曲韧性指标 $R_{30,\,50}$、$(f_e)_{150}$、$(f_e)_{200}$、$(f)_{1mm}$、$(f)_{3mm}$ 以及 $(f_m)_{1mm}$ 可以很好地作为抗弯性能的评价指标；另外 O. C. Choi 和 C. Lee 通过环形钢纤维混凝土抗弯性能试验，得到纤维直径越小韧性指数越大、钢纤维混凝土比素混凝土初裂荷载提高不明显的结论；后来，Banthia 和 Nemkurnar 等人在三种不同抗压强度与四种不同纤维体积含量（0、0.5%、1.0%和2%）时开展了钢纤维混凝土梁抗弯韧性试验，得到构件的韧性和弯曲性能都随钢纤维掺量的增加而提高，钢纤维的掺入同时也提高了构件损伤后的残余弯曲性能，抗弯强度对应变速率的敏感性随混凝土强度的增加而降低；Tan 和 Mithun 通过持续十年的持荷载试验探究了钢纤维混凝土梁的力学性能，在此期间，钢纤维混凝土梁承受了 0.35~0.8 倍抗弯承载力的持续弯曲荷载，试验结果表明长期挠度和最大裂缝宽度随钢纤维含量的增加而减小，钢纤维对结构的变形和阻裂效果良好；Tefaruk Haktanir 和 Kamuran Ari 等人通过对直径为 500mm 的混凝土管、钢筋混凝土管和钢纤维混凝土管进行三边承载力对比试验，试验结果表明钢纤维掺量为 25kg/m³ 圆管的承载强度和阻裂效果最佳，且钢纤维混凝土管比钢筋混凝土管更经济，机械和物理性能都优于钢筋混凝土管。

在国内，虽然对钢纤维混凝土相关理论的研究相对于国外较晚，但在过去几十年的学术探索历程中，国内许多学者针对钢纤维混凝土基本力学性能展开了一系列研究，获得了大量富有价值和创造性的研究成果。在抗压、抗剪和抗弯等性能方面，章文纲等采用 26 组尺寸为 150mm×150mm×600mm 的钢纤维混凝土试件，经过抗弯强度研究发现，钢纤维混凝土的极限抗弯强度远高于素混凝土，分析了影响钢纤维混凝土极限抗弯强度的主要因素；姚庭舟和李作圣等按照《普通混凝土基本性能试验方法》技术标准，研究了三种不同钢纤维含量、纤维直径和长度对混凝土抗压、抗弯、抗拉力学性能的影响和破坏机理，验证了钢纤维在脆性基体中的增强规律，其中抗弯强度可提高 135%，劈裂抗拉强度提高了 40%；赵国藩教授总结了国内外有关钢纤维混凝土研究和应用的学术会议和有关文献，综合阐述了国内外研究和发展钢纤维混凝土的情况，对发展我国钢纤维混凝土技术提出了具体建议，由此对后来我国钢纤维混凝土的发展和应用研究起到了极大的推动作用；宋玉普、赵国藩等人利用自主研发的混凝土三轴试验系统，对钢纤维混凝土试件在三向受压、两向受拉、两向受拉一向受压、三向受拉等应力状态下的强度进行了试验研究，提出了钢纤维混凝土三向应力状态下空间破坏准则的数学表达式；在隧道支护结构中，丁琳基于湿喷钢纤维混凝土的性质，讨论了喷射混凝土的特点。在钢纤维损伤行为方面，宋玉普和赵国藩等人，在引入损伤变量影响系数的基础上，建立了钢纤维混凝土损伤本构模型；李志业、王志杰等通过 36 个圆环结构模型试验，研究了钢纤维混凝土不同轴压下的压剪强度以及轴心受压、小偏心受压、初裂弯曲抗拉强度的影响，结果表明钢纤维混凝土能够适应于所需要的强度和变形的要求。

进入到 21 世纪以后，对钢纤维混凝土各方面的研究越来越广泛，研究成果越是丰富。严少华和钱七虎等人采用 MTS815.03 型液压伺服刚性压力试验机，研究了在单轴压缩荷载作用下的钢纤维高强混凝土应力-应变关系，并结合该曲线方程分析了钢纤维对抗压强度、弹性模量、韧度、泊松比等的影响；高尔新、李元生等针对钢纤维喷射混凝土的力学特性，探明了钢纤维在混凝土中的分布规律；李方元和赵人达研究了 C80 高强混凝土（HSC）和钢纤维高强混凝土（SFHSC）试件断裂性能，探讨了两类混凝土断裂性能特性，通过多指标与普通混凝土进行了比较，总结了 HSC 和 SFHSC 断裂性能的差异性；为了研究钢纤维喷射混凝土支护结构抗常规爆炸震塌能力，范新等人采用一维震塌模型，运用拉应力累积损伤破坏准则，推导出了震塌剥落层的速度实用计算方法，量化了钢纤维喷射混凝土支护抗爆炸震塌的能力；杨萌和黄承逵通过对钢纤维高强混凝土试件的轴拉试验研究，提出了钢纤维高强混凝土轴拉应力-应变全曲线的数学模型，根据试验数据的回归分析确定了曲线相关的参数；王志杰等人通过构件试验及数值模拟手段对钢纤维混凝土裂缝宽度影响系数进行了试验研究，修正了裂缝宽度影响系数；韩菊红、李明轩等人进行了混杂钢纤维二级配混凝土的三点切口梁断裂试验，研究了不同钢纤维体积掺量、长度对混凝土断裂性能的影响。

1.2.7.3　钢纤维混凝土增强机理研究现状

在 20 世纪中叶，学术界对钢纤维混凝土的力学性能已有一定的研究，此时，国外学者已开始热衷于纤维增强机理方面的研究，后来纤维复合材料增强机理的发展主要受两种思路的影响：一种是基于复合材料力学的混合定律；另一种是建立在断裂力学基础上的纤维间距理论。Kernchel 提出了两相混合定律，在纤维增强水泥基复合材料的性能方面可用此定律进行预测，Romualdi、Batson 和 Mandel 等人基于线弹性力学提出了纤维间距理论，混合定律和纤维间距理论从两个不同侧面解释了钢纤维对混凝土的增强作用，为纤维混凝土的扩大应用奠定了重要理论基础。关丽秋和赵国藩对两相混合定律和纤维间距理论作了详细的讨论，在钢纤维混凝土单向拉伸试验与理论研究中，提出了乱向短钢纤维混凝土抗拉强度公式；罗章、李夕兵和凌同华讨论了钢纤维混凝土的增强机理以及裂纹尖端微裂区的力学行为，在一系列理论分析与试验观察的基础上，提出了一个新的钢纤维混凝土材料断裂力学模型；后来，刘新荣和祝云华等人基于两相复合材料的界面性能，分析了纤维与基体混凝土之间界面应力的形成机理和纤维增强混凝土的力学效果，并采用有限元方法验证了该模型的可靠性，从细观界面力学的角度分析了纤维对混凝土基体的增强机理。

1.2.7.4　钢纤维混凝土在单层衬砌中的应用研究现状

（1）单层衬砌概念及结构设计方法研究现状。单层衬砌（single shell lining）是 20 世纪 70 年代才发展起来的新型衬砌结构形式，在文献中，对单层衬砌是这样定义的："由单层或多层混凝土构成的支护体系，支护层与衬砌层是一体的，各层间能够充分传递剪力的支护体系称为单层衬砌"，王彬又将其命名为"单层衬砌施工法"，即硐室开挖后立即施作喷射混凝土层，并设置相应的支护措施，如钢筋、锚杆和钢拱架等，根据需要再施作第二层或多层喷射混凝土层，张俊儒与仇文革为了避免混淆与前两种单层衬砌的定义，在此基础上作出了新的定义："在取消防水板的前提下，隧道开挖后立即喷射一层具有防水性能的混凝土，并根据围岩级别设置必要的支护构件，如锚杆、钢拱架等，然后根据耐久性及平整度的要求，再施作（喷射或模筑）一层或多层混凝土，构成层间具有黏接力并可充分传递剪力的支护体系"，单层衬砌基本构造如图 1-4 所示。单层衬砌与复合式衬砌的本质区别就是取消了各支护层间的防水板，其承载机理是通过各混凝土层间径向和纵向的抗滑移作用，使各混凝土层形成共同承载体系，其结构类似于"叠合梁"的力学行为，如图 1-5 所示。

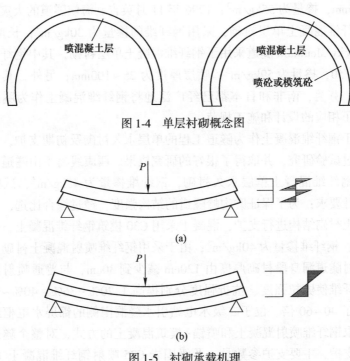

图 1-4　单层衬砌概念图

图 1-5　衬砌承载机理
(a) 复合衬砌；(b) 单层衬砌

　　单层衬砌设计方法及结构形式，主要依据隧道结构的稳定性评价分析结果来进行确定。在国际上，单层衬砌典型设计方法有挪威隧道修建法（norwegian method of tunneling），即"Q 值法"、极限状态法及能量原理设计法，而国内尚未形成自己成熟的设计体系，更多借鉴挪威 Q 值法与德国在 1995 年提出的单层衬砌结构技术规定。后来张俊儒通过室内试验研究，提出了单层衬砌的喷射混凝土力学性能控制指标，并在此基础上提出了隧道单层衬砌详细的设计原则和具体设计流程，初步形成一套具有理论支撑的单层衬砌设计方法。

　　（2）钢纤维混凝单层衬砌应用研究现状。钢纤维混凝土弯拉强度高，韧性好，具有良好的变形能力，在隧道支护结构中，不仅能可靠地防止岩土塌落，还能很好地适应围岩变形，钢纤维的阻裂作用，减少了混凝土的收缩裂缝，提高了混凝土耐久性，因此，钢纤维混凝土单层衬砌作为永久衬砌取代复合式衬砌是一种较为理想的衬砌形式，也是当今国内外隧道工程领域中广泛使用的衬砌结构。

　　在国外，挪威是最早使用单层衬砌的国家，20 世纪 60 年代，挪威在地下工程中广泛使用钢纤维混凝土，1984 年以后完全取代钢筋网喷射混凝土；1992 年 3 月成功贯通的挪威比非奥德（Byfjord）隧道是当时世界上最长、最深的海底隧道，全长 5830m，采用锚杆加钢纤维喷射混凝土作为永久衬砌支护，所用钢纤维直径为 0.25mm，掺量为 55kg/m³；1996 年 11 月英吉利海峡隧道的火灾整治方法采用喷射钢纤维混凝土单层衬砌，采用钢纤维的掺量为 30kg/m³；长度为 370m 的加拿大 Rocky Mountain 隧道采用了钢纤维混凝土单层衬砌，其中钢纤维型号为 Dramix ZL30/50，掺量为 59kg/m³，喷层厚度为 25～100mm；另外，其他许多国家如奥地利、芬兰、南非和日本都已经广泛地将钢纤维混凝土作为隧道单层衬砌，还制定了相应的设计和施工规范。

　　我国对于钢纤维混凝土作为隧道工程的单层永久衬砌及初期支护，已在实际工程中进行过试验研究，并取得了很好的研究成果。西康线椅子山隧道中试验段部分设计为钢纤维混凝土单层永久衬砌，钢纤维掺量为 45kg/m³，试验效果良好，满足设计要求；为了保证磨沟岭隧道的结构强度，经过综合比选，采用模筑钢纤维混凝土衬砌结构进行支护，混凝土采用 C30 模筑钢纤维混凝土，衬砌厚度为 14～20cm，钢纤维掺量为 40kg/m³；由于采用钢纤维喷射混凝土衬砌支护，南昆铁路乐善村隧道洞身段衬砌厚度由 120cm 减少到 30cm，与普通喷射混凝土相比，掺入钢纤维使劈拉强度、抗折强度分别提高了 20%～36%、40%～70%，弯曲韧性提高了 40～60 倍。位于二级水电站引水隧洞南侧的锦屏水电枢纽工程的辅助洞，采取钢纤维喷射混凝土和喷锚+模筑混凝土的方式，对整个隧道进行单层衬砌永久支护，主要支护参数是：Ⅱ级围岩 C25 喷射钢纤维混凝土 10cm，Ⅲ级围岩喷射钢纤维混凝土 15cm；Ⅳ级围岩喷射 15cm 后，再模筑 60cm 厚的 C25 混凝土，Ⅴ级围岩喷射 18cm 再模筑 60cm 厚 C25 混凝土。

　　综合以上分析可知，在钢纤维混凝土发展应用过程中，国内外学者对钢纤维混凝土的基本力学性能、增强机理做了许多研究工作，取得了不少成果，但仍存在许多问题需要进一步研究探讨，特别是钢纤维混凝土在隧道初期支护、单层衬砌韧性性能的研究，这一系列问题影响了钢纤维混凝土的进一步发展和推广应用，尤其阻碍了钢纤维混凝土在隧道单层衬砌中的广泛应用。在隧道单层衬砌研究历程中，国内外学者主要集中在单层衬砌结构形式、作用机理、平整度和设计方法等方面的研究，对单层衬砌的承载特性、破坏裂损规律及安全性仍有较大探究空间，故针对以上问题，开展系列相关研究。

1.3　主要研究内容

1.3.1　干湿循环作用下石膏质岩隧道衬砌结构受力特征及安全性研究

　　隧道穿越石膏质岩地层时，由于石膏质岩的膨胀特性和溶蚀特性会导致隧道修建难度加大以及对后期运营产生一系列危害，尤其当所处地区四季分明具有干湿循环特征时将进一步降低隧道结构的安全性。因此，根据国内外文献调研的结果，本书以仁沐新高速五指山隧道为依托工程，围绕干湿循环作用下石膏质岩工程特性对隧道衬砌结构力学特性及安全性进行分析，主要研究内容如下所述：

（1）石膏质岩成分分析及干湿循环作用下物理性质。运用 X 射线光电子能谱和 X 射线荧光光谱分析依托工程所处地层石膏质岩的组分；通过室内试验对石膏质岩的天然含水率、天然密度和干密度以及不同干湿循环次数的结晶水率、水化率、吸水率进行研究。

（2）干湿循环作用下石膏质岩强度特性研究。通过现场对仁沐新高速五指山隧道石膏岩段地层进行取样，在室内对岩样经过干湿循环处理后再进行常规三轴压缩试验，确定强度参数；并对石膏质岩经历不同次数干湿循环作用后的力学特性和损伤效应进行分析，为后续数值模拟提供依据。

（3）石膏质岩膨胀特性及膨胀潜势研究。在室内对石膏质岩进行膨胀特性试验，并引入比表面积试验分析石膏质岩的膨胀潜势；建立以膨胀力、膨胀率和 BET 比表面积指标判定石膏质岩膨胀潜势的标准，以求较快且准确地获得石膏质岩长时间的膨胀潜势等级，可为后续数值模拟以及隧道结构初期设计提供一定的数据支持。

（4）石膏质岩隧道膨胀及干湿循环劣化作用数值模拟研究。基于石膏质岩室内常规三轴强度试验和膨胀特性试验所获数据，利用 ABAQUS 有限元软件模拟依托工程五指山隧道的膨胀和干湿循环环境，分析膨胀和干湿循环在单一作用下，以及二者耦合作用下，隧道初期支护结构的应力、位移、内力和安全系数的变化规律，并对隧道后期运营的安全性进行评价。

（5）石膏质岩地层玄武岩纤维混凝土衬砌耐侵蚀性能研究。通过在室内配置含有硫酸根离子的溶液侵蚀不同玄武岩纤维掺量的混凝土，对侵蚀后的玄武岩纤维混凝土进行抗压性能试验和弹性模量测试，分析其强度特性，获取适合于依托工程的玄武岩纤维最优掺量，并通过数值模拟研究隧道二衬结构使用玄武岩纤维混凝土前后的受力特征。以期为依托工程结构防侵蚀设计提供参考。

1.3.2 隧道衬砌结构自防水混凝土的研发及其抗渗阻裂特性研究

本书在总结前人的研究基础之上，提出通过对粉煤灰、水泥基渗透结晶型防水材料和聚丙烯纤维进行复掺的方法，制备出一种高抗渗、高抗裂、并具有一定自修复性能的混凝土，为隧道渗漏水问题的解决方案提供参考。基于正交设计及响应曲面试验设计原理，对不同配合比的混凝土试件进行分组，并进行力学性能、抗渗性能及自修复性能试验，最终确定三类材料的最优复合掺量，再以缩尺模型试验的手段，综合评价所制备的混凝土是否符合隧道衬砌结构的抗渗及承载力要求。具体研究内容如下：

（1）基于正交设计的混凝土抗渗阻裂性能影响因素显著性研究。研究的首要目的是得出渗透结晶型防水材料、粉煤灰和聚丙烯纤维的最佳复合掺量。在大量总结相关文献的基础上，确定出三种材料的适宜掺量范围，进而采用三因素三水平的正交试验方案，对混凝土试件进行抗压强度试验、劈裂抗拉强度试验及渗透高度试验，分析三种材料的掺量对混凝土力学性能及抗渗性能的影响规律，并进行影响因素的显著性分析，提出合理的复掺方案。

（2）基于响应曲面法的混凝土自修复性能研究。如前所述，水泥基渗透结晶型防水剂因其遇水结晶、封堵裂缝的特性，已经成为近些年混凝土工作者的重点研究对象。有研究表明，掺入 CCCW 的混凝土，在开裂遇水过后，能够修复宽度小于 0.4mm 的裂缝，并且使混凝土强度得到一定的回复。因此本书将采用响应曲面试验设计方法对混凝土试件进行分组，并开展抗压强度回复率试验、劈裂抗拉强度回复率试验及二次抗渗性能试验，以强度回复率和抗渗压力比为指标，评价所制备混凝土的自修复性能。利用"Design-Expert"软件建立数学模型，分析三种材料之间的交互作用关系。

（3）混凝土水化硬化过程的微观结构分析。对掺入不同增强材料和不同龄期的混凝土开展 SEM 扫描电镜试验及 XRD 物相分析试验，分析各组混凝土试样的水化进程及内部缺陷情况。从微观层面上解释粉煤灰颗粒的形态效应、聚丙烯纤维的阻裂原理以及渗透结晶型防水材料的自修复原理。进一步分析三种材料在混凝土内部所起到的协同作用。

（4）隧道二次衬砌结构模型试验研究。本书将会在对前期所有研究成果的分析和总结的基础上，确定衬砌模型配合比，设计模型试验方案，并结合隧道结构的受力特性、衬砌模型的裂缝演化规律及渗透特性，综合评价所制备混凝土的抗裂性能、承载能力及变形特性。检验所制备混凝土是否能够满足衬砌结构自防水要求。

1.3.3　钢纤维混凝土单层衬砌结构裂缝演化规律及安全性研究

根据文献调研结果，针对钢纤维混凝土单层衬砌的承载特性、破坏时裂损规律及安全性，采用四点弯曲试验、模型试验与数值模型等方法开展相关研究，定量分析钢纤维对混凝土抗弯韧性的影响规律、钢纤维混凝土单层衬砌的承载力学特性与破坏时的裂缝演化规律，并对其安全性进行评价。具体研究内容如下所述：

（1）钢纤维混凝土开裂荷载及开裂后力学性能研究。参照我国《纤维混凝土试验方法标准》（CECS13：2009）、《纤维混凝土应用技术规程》（JGJ/T 221—2010）和国际材料与结构研究试验联合会推荐的标准 RILEMTC162-TDF 中的规定和要求，对不同掺量和不同长径比的钢纤维混凝土进行试验研究，重点讨论钢纤维参量、长径比对基体混凝土的开裂荷载和荷载-挠度曲线的影响规律。

（2）钢纤维混凝土弯曲韧性研究。采用文献中相关要求对试验及数值模拟获取的荷载-挠度全曲线进行弯曲韧性指标的计算，探究钢纤维掺量、钢纤维长径比对混凝土弯曲韧性与断裂能的影响效果，并对裂缝的扩展规律进行评价分析，对数值模拟方法的可行性进行验证，探究最优钢纤维掺量及长径比。

（3）模型试验相似材料的配合比研究。采用室内试验方法，对Ⅳ级围岩相似材料开展物理力学性能试验，对围岩相似材料的最佳配合比进行研究；基于最优钢纤维掺量及类型，采用几何相似比为1∶20的模型试验方法，选取高强石膏、试验用特细钢纤维、细砂、重晶石粉等材料开展配合比试验研究，探究符合相似比要求的衬砌模型相似材料及配合比。

（4）模型试验加载量测装置设计与衬砌结构承载特性及裂损规律研究。为了模拟实际环境下钢纤维混凝土单层衬砌的承载特性以及破坏裂损规律，设计一套加载及量测装置，该装置在模型试验中可满足对模型的分级加载、位移与内力监控量测的要求。采用模型试验和数值模拟手段，对钢纤维混凝土单层衬砌的承载特性和衬砌结构裂缝的产生、演化到衬砌最终破坏全程进行研究，评价钢纤维混凝土单层衬砌的承载性能、裂损规律以及安全性，对数值模拟的可行性与结果的合理性进行验证。

1.4 技术路线

本书研究技术路线图如图1-6所示。

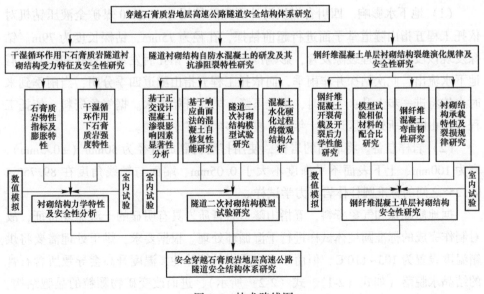

图1-6 技术路线图

2 石膏质岩组分及干湿循环作用下物性指标研究

2.1 问题的提出

石膏质岩是一种主要由石膏（$CaSO_4 \cdot 2H_2O$）和硬石膏（$CaSO_4$）以及少量其他沉积岩类组成的特殊岩石，它比单一的石膏岩或硬石膏岩成分更为杂乱。据现有资料显示，由于地理环境的差别，石膏质岩中石膏和硬石膏的占比不同，导致岩石的物理性质出现多样性，进一步影响其膨胀和强度等力学性质，故石膏质岩的组分和物理性质分析是对其进一步深入研究的基础。

本章首先对五指山隧道的石膏质岩样在室内进行干湿循环处理，再通过 X 射线光电子能谱和 X 射线荧光光谱对石膏质岩元素组分及含量进行分析，最后研究干湿循环作用下石膏质岩的物性指标。本章内容可为后续研究奠定基础。

2.2 石膏质岩干湿循环处理

（1）地下水影响。四川省煤炭设计研究院使用 ZDY-1250 煤矿全液压钻机对依托工程五指山隧道掌子面进行超前钻探，孔径为 75mm，钻探长度为 79m。钻探发现该段岩层节理裂隙发育，影响围岩稳定性。钻孔后发现 1 号孔和 2 号孔有地下水流出，此次钻探并非雨季，而依托工程五指山隧道四季分明，当雨季到来时水位将进一步上升；冬季时，水位下降，岩体开始失水。据气象资料，依托工程五指山隧道所处地区近几十年来，夏季多雨而冬季少雨。

（2）岩样制备。将取回的岩样，使用打磨机制成直径为 50mm（±0.3mm）、高为 100mm、上下表面不平衡度不大于 0.05mm、端面与轴线角度在 89.75°~90.25°之间的标准圆柱体岩石力学试样。

据地质勘探和气象资料，五指山隧道石膏质岩具有明显的干湿循环特征，故对制作完成的标准圆柱体试样进行干湿循环处理。根据要求，烘干处理需要将烘箱温度设置为 105~110℃，但由于石膏质岩的特殊性，温度升高会导致所含石膏的结晶水脱落（如式（2-1）、式（2-2）所示），进而改变矿物颗粒的晶胞结构，导致石膏质岩性质产生变化。

$$CaSO_4 \cdot 2H_2O \xrightarrow{\text{107℃ 左右}} (\beta \text{型}) CaSO_4 \cdot \frac{1}{2}H_2O \tag{2-1}$$

$$(\beta \text{型}) CaSO_4 \cdot \frac{1}{2}H_2O \xrightarrow{\text{115℃ 左右}} (\alpha \text{型}) CaSO_4 \cdot \frac{1}{2}H_2O \tag{2-2}$$

因此，本书将石膏质岩的烘干温度设置为75℃。天然岩样烘干后静置至室温，随即进行干湿循环处理。具体处理步骤如下：

1）将试样置于正常大气压下自然浸泡，每2h提升水位25mm，直至完全浸没岩样，浸水时间持续48h，如图2-1所示。

2）浸水完成后，将试样于室温静置2h。

3）晾置处理后，将试样放入烘箱中以75℃干燥48h，如图2-2所示。

图2-1　浸泡试样

图2-2　烘干试样

4）将干燥后的试样取出，放于室温静置2h，如图2-3所示。

此1）～4）步骤为干湿循环一次完整流程，即在实际工程表上四季循环一次，如图2-4所示。

图2-3　室温静置

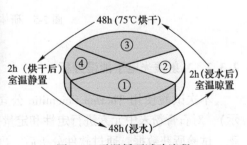

图2-4　干湿循环试验流程

本书干湿循环次数设置为0、2、4、8、12、16次，干湿循环次数与试样编号如表2-1所示。

表 2-1   试样编号

干湿循环次数	0	2	4	8	12	16
试样编号	H-01 H-02	H-21 H-22	H-41 H-42	H-81 H-82	H-121 H-122	H-161 H-162

2.3   石膏质岩元素组分及含量分析

2.3.1   试样制备

目前，X射线荧光光谱分析和X射线光电子能谱分析要求样品至少为粒度不大于0.074mm（200目）的粉末状试样。样品粒径的大小直接影响测试结果的准确性；粒径越小，测试结果越精确。因此，首先使用小型粉碎机将石膏质岩样粉碎至0.074mm左右；随后使用天然玛瑙研体对粉末继续研磨30min，如图2-5所示；再把研磨完成后的粉末过孔径为0.013mm（500目）的标准筛；最后将过筛后的样品装入离心管备用。为保证样品充足，本次试验准备15g粉末试样。

图 2-5   研体及粉末样品

2.3.2   X射线光电子能谱分析

本次试验使用Thermo Scientific公司的ESCALAB Xi+型XPS（如图2-6所示），对石膏粉末中元素进行定性和定量分析。X射线枪选用强度相对较高的Al靶。试验所获数据，通过软件分析后，再与已知元素数据库对比，可得到石膏质岩XPS图谱，如图2-7所示。

由图2-7可知，样品中O元素的结合能（binding energy）范围为538.55～524.05eV，Ca元素的结合能范围为355.55～348.15eV，S元素的BE范围为174.55～169.19eV，C元素的结合能范围为294.55～286.04eV。将各元素的峰面积与灵敏度因子代入式（2-3）中进行定量分析，归一化处理后得到石膏质岩元素含量，如表 2-2 所示。

$$C_i = \frac{I_i / S_i}{\sum I_i / S_i} \qquad (2\text{-}3)$$

式中，I_i 为各元素图谱对应的峰面积；S_i 为各元素对应的灵敏度因子。

图 2-6　XPS 试验系统

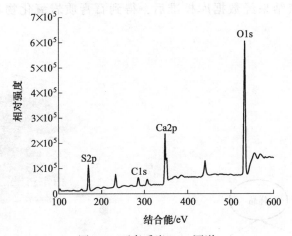

图 2-7　石膏质岩 XPS 图谱

表 2-2　石膏质岩元素含量

元素	O	Ca	S	C
含量（原子分数）/%	61.61	12.20	13.65	12.54

据表 2-2 可知，O 元素的原子百分比最高为 61.61%，Ca 元素的原子百分比最低为 12.20%，S 元素与 Ca 元素含量接近 1:1，说明岩样主要由 $CaSO_4 \cdot 2H_2O$ 和 $CaSO_4$ 组成，同时还含有少量其他硫化合物；O 元素与 Ca 元素之比大于 4:1，但是又小于 6:1，说明 $CaSO_4$ 的含量比 $CaSO_4 \cdot 2H_2O$ 更高。但 XPS 属于半定量分析，为了进一步准确分析 $CaSO_4$ 与 $CaSO_4 \cdot 2H_2O$ 含量，接下来还需进行 X 射线荧光光谱分析（XRF）。

2.3.3　X 射线荧光光谱分析

XRF 的基本机理是激发源向样品射入 X 射线，使原子处于高能态，同时导致内层电子极不稳定，为使原子重新回归基态，外层电子迁徙到内层填补空缺，在迁徙过程中产生的能量以 X 射线荧光的形式释放，如图 2-8 所示。每个元素都有自己特定的迁徙能量，经探测器收集后与数据库进行对比，即可得到样品的元素组成。

X 射线荧光光谱分析元素适用范围为 4Be-95Am。XPS 分析技术只能测试石膏质岩粉样品中指定的某个元素，而 XRF 可以测试样品中所有氧化物的含量。根据所测到的各个氧化物占比，可以分析石膏（$CaSO_4 \cdot 2H_2O$）与硬石膏（$CaSO_4$）含量。

本次 XRF 分析使用荷兰帕纳科 Zetium（XRF）仪器进行试验，仪器如图 2-9 所示。试验所获结果经数据库校准后，得到石膏质岩氧化物含量，如表 2-3 所示。

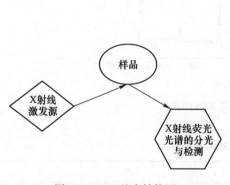

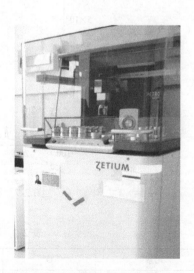

图 2-8　XRF 基本结构图　　　　　　　　图 2-9　XRF 试验系统

表 2-3 石膏质岩氧化物含量

氧化物	SO_3	CaO	SiO_2	MgO	SrO	Al_2O_3	Fe_2O_3	Na_2O	K_2O
含量(原子分数)/%	56.44	39.70	1.96	1.22	0.40	0.14	0.06	0.05	0.02

石膏（$CaSO_4 \cdot 2H_2O$）、硬石膏（$CaSO_4$）与水结合的状态不一，各自的晶胞大小和形态有差距，导致 CaO 与 SO_3 的含量不同。据现有资料表明，石膏（$CaSO_4 \cdot 2H_2O$）中 CaO、SO_3 的理论含量分别为 32.6%、46.5%；硬石膏（$CaSO_4$）中 CaO、SO_3 的理论含量分别为 41.2%、58.8%。

如表 2-3 所示，五指山隧道石膏质岩样中 CaO 的含量为 39.70%，SO_3 的含量为 56.44%。CaO、SO_3 的含量在石膏与硬石膏的理论含量之间，但接近于硬石膏的理论含量，进一步验证了 XPS 分析得到的结论，故该岩样并不是单一的石膏岩或者硬石膏岩，而是两者混合组成的石膏质岩，且硬石膏（$CaSO_4$）含量比石膏（$CaSO_4 \cdot 2H_2O$）含量更高。

2.4 干湿循环作用下石膏质岩物性指标研究

2.4.1 天然含水率和干密度分析

2.4.1.1 天然含水率分析

（1）试验仪器：电子秤（1000g/0.01g）、烘箱（0~300℃）。

（2）试验步骤：

1）试样采用 2.1 节所制作的岩样，测其质量，记 M_1。

2）将试样放入烘箱内，在 75℃下烘干，直至试样质量无变化时，记此时质量为 M_2。

3）试验数据按下式处理：

$$w_1 = \frac{M_1 - M_2}{M_2} \times 100\% \tag{2-4}$$

式中，w_1 为天然含水率，%；M_1 为天然质量，g；M_2 为以 75℃烘干后的质量，g。

（3）试验结果：五指山隧道石膏质岩天然含水率，如表 2-4 所示。

通过表 2-4 可知，试样的天然含水率在 0.172% ~ 0.197% 之间，平均值在 0.182% ~ 0.188% 之间，并无天然含水率差异较大的情况出现。

表 2-4 石膏质岩天然含水率

试样编号	M_1/g	M_2/g	天然含水率/%	平均值/%
H-01	512.37	511.36	0.197	0.188
H-02	521.28	520.34	0.180	

试样编号	M_1/g	M_2/g	天然含水率/%	平均值/%
H-21	508.82	507.92	0.177	0.184
H-22	525.15	524.15	0.191	
H-41	523.34	522.33	0.193	0.185
H-42	512.45	511.54	0.178	
H-81	521.52	520.52	0.192	0.182
H-82	522.43	521.53	0.172	
H-121	517.05	516.15	0.174	0.184
H-122	512.52	511.52	0.194	
H-161	511.52	510.62	0.177	0.187
H-162	511.59	510.58	0.197	

2.4.1.2 干密度分析

（1）试验仪器：电子秤（1000g/0.01g）、游标卡尺（150mm/0.01mm）。

（2）试验步骤：

1）将试样放入烘箱内以 75℃烘干，直至试样质量无变化时，记此时质量为 M_2。

2）为保证体积的准确性，使用游标卡尺测圆柱体的上、中、下直径，其平均值为圆柱体的直径。

3）使用游标卡尺测圆柱体的高度，并计算圆柱体的体积，记为 V。

4）试验数据按下式处理：

$$\rho_d = \frac{M_2}{V} \times 100\% \tag{2-5}$$

式中，ρ_d 为岩样干密度，g/cm^3；M_2 为岩样以 75℃烘干后的质量，g；V 为岩样体积，cm^3。

（3）试验结果：通过试验数据结合式（2-5）得出五指山隧道石膏质岩样干密度，如表 2-5 所示。

表 2-5 石膏质岩干密度

试样编号	直径/mm			高/mm	体积/cm^3	干密度/g·cm^{-3}	平均干密度/g·cm^{-3}
	上	中	下				
H-01	49.84	49.88	49.85	100.95	196.98	2.596	2.625
H-02	49.87	49.86	49.88	100.41	196.03	2.654	
H-21	49.93	50.08	49.85	100.29	196.45	2.585	2.626
H-22	49.96	49.84	49.84	100.68	196.64	2.666	

试样编号	直径/mm			高/mm	体积/cm³	干密度/g·cm⁻³	平均干密度/g·cm⁻³
	上	中	下				
H-41	49.80	49.86	49.83	100.21	195.33	2.674	2.642
H-42	49.87	50.00	49.79	100.29	195.93	2.611	
H-81	49.83	49.88	49.85	100.02	195.14	2.667	2.673
H-82	49.78	49.83	49.85	99.93	194.70	2.679	
H-121	49.90	49.83	49.94	100.49	196.34	2.629	2.619
H-122	49.81	50.11	49.70	100.41	196.06	2.609	
H-161	49.89	49.81	49.80	100.11	195.16	2.616	2.613
H-162	49.88	49.93	49.89	100.10	195.66	2.610	

由表 2-5 可知，五指山隧道石膏质岩干密度在 $2.596 \sim 2.679 \mathrm{g/cm^3}$ 之间，平均值在 $2.613 \sim 2.673 \mathrm{g/cm^3}$ 之间。0 次至 8 次干湿循环期间，试样干密度随着干湿循环次数的增加而增加；8 次干湿循环之后，试样的干密度与干湿循环次数呈负相关。

2.4.2 结晶水率和水化率分析

石膏质岩的主要矿物成分为硬石膏和石膏；一定自然环境下，硬石膏可吸水转化为石膏，而石膏也可脱离结晶水变成硬石膏。在这种转变中，岩样的晶系结构将发生巨大变化，直接影响其膨胀特性和力学特性。因此，结晶水率和水化率的分析，对于石膏质岩进一步研究必不可少。

2.4.2.1 结晶水率分析

（1）试验仪器：电子秤（1000g/0.01g）、烘箱（0~300℃）。

（2）试验步骤：

1）在 200℃ 下，石膏会失去全部结晶水转化为硬石膏，反应如下：

$$\mathrm{CaSO_4 \cdot 2H_2O} \xrightarrow{200℃ \ 左右} \mathrm{CaSO_4} \tag{2-6}$$

故将试样放入烘箱内，在 200℃ 下烘干，直至试样质量无变化时，记此时质量为 M_3。

2）试验数据按下式处理：

$$w_j = \frac{M_2 - M_3}{M_3} \times 100\% \tag{2-7}$$

式中，w_j 为石膏质岩结晶水率；M_2 为岩样以 75℃ 烘干后的质量，g；M_3 为岩样以 200℃ 烘干后的质量，g。

3）试验结果：将试验数据通过式（2-7）处理后，得到不同干湿循环次数下石膏质岩的结晶水率，如表 2-6 所示。

表 2-6　不同干湿循环次数下石膏质岩结晶水率

试样编号	M_2/g	M_3/g	结晶水率/%	平均值/%
H-01	511.36	508.61	0.541	0.526
H-02	520.34	517.69	0.512	
H-21	507.92	505.27	0.524	0.542
H-22	524.15	521.23	0.560	
H-41	522.33	519.36	0.572	0.591
H-42	511.54	508.44	0.610	
H-81	520.52	517.12	0.657	0.665
H-82	521.53	518.05	0.672	
H-121	516.15	512.35	0.742	0.786
H-122	511.52	507.31	0.830	
H-161	510.62	507.75	0.963	0.847
H-162	510.58	506.87	0.732	

由表 2-6 可知，未经历干湿循环作用的石膏质岩其结晶水率最低，平均值为
0.526%；石膏质岩经历 16 次干湿循环作用后结晶水率最高，平均值为 0.847%。
随着干湿循环的增加，结晶水率同步增长，两者呈正相关。

通过表 2-6 不同干湿循环次数下石膏质岩结晶水率，绘制干湿循环次数与石
膏质岩结晶水率关系图，如图 2-10 所示。

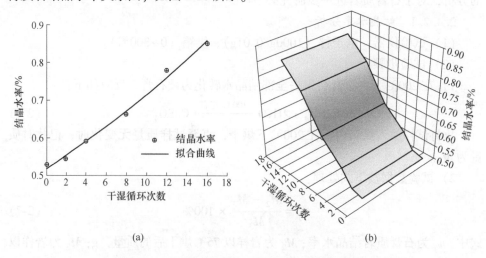

(a)　　　　　　　　　　　(b)

图 2-10　干湿循环次数与石膏质岩结晶水率关系图
(a) 结晶水率拟合曲线图；(b) 结晶水率变化速率图

据图 2-10 可知，干湿循环次数与结晶水率相关性为正；石膏质岩样在 8 次和 12 次干湿循环时，结晶水率增长速率最高；这是因为在干湿循环作用下，石膏质岩表观与内部产生部分微裂隙，使岩样与水的接触面增大，进而转化更多结晶水。进一步分析可得出，石膏质岩的结晶水率与干湿循环次数呈明显的函数关系，如下式所示：

$$w = 1.20 - \frac{0.67}{1 + \left(\dfrac{n}{16.75}\right)^{1.78}} \qquad R^2 = 0.987 \qquad (2\text{-}8)$$

式中，n 为干湿循环次数。

2.4.2.2 水化率分析

石膏质岩中含有的 $CaSO_4$ 可水化成为 $CaSO_4 \cdot 2H_2O$，而参与水化反应的这一部分 $CaSO_4$ 质量与硬石膏干质量之比，以百分数计，称为水化率。水化率可根据上文式（2-7）与石膏化学分子式计算得到，公式如下所示：

$$w_w = w_j \times \frac{172}{36} \times 100\% \qquad (2\text{-}9)$$

式中，w_w 为水化率，%。将结晶水率的数据代入式（2-9）中，得到不同干湿循环次数下石膏质岩的水化率，如表 2-7 所示。

表 2-7　不同干湿循环次数下石膏质岩水化率

试样编号	水化率/%	平均值/%
H-01	2.448	2.383
H-02	2.318	
H-21	2.375	2.456
H-22	2.537	
H-41	2.589	2.675
H-42	2.761	
H-81	2.977	3.009
H-82	3.042	
H-121	3.358	3.558
H-122	3.757	
H-161	4.360	3.837
H-162	3.314	

由表 2-7 可知，自然状态未经处理的石膏质岩样水化率最低，平均值为 2.392%，经过 16 次干湿循环的石膏质岩样水化率最高，平均值为 3.827%。水化率与结晶水率是正比例关系，故与干湿循环也呈正相关。根据表 2-7 不同干湿

循环次数下石膏质岩水化率，绘制干湿循环次数与石膏质岩水化率关系图，如图 2-11 所示。

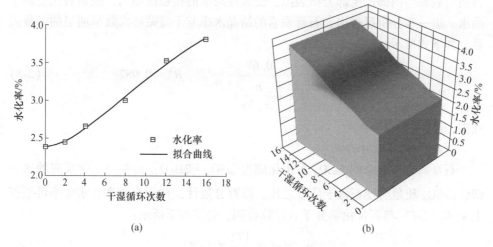

图 2-11　干湿循环次数与石膏质岩水化率关系图
（a）水化率拟合曲线图；（b）水化率变化速率图

由图 2-11 可知，发现石膏质岩的水化率与干湿循环次数为正相关；且水化率在 8 次和 12 次干湿循环时增长率最高；同时水化率与干湿循环次数的关系式也可用结晶水率与干湿循环次数的广义线性模型进行数据拟合，拟合方程式如下：

$$w_w = 5.27 - \frac{2.88}{1 + \left(\dfrac{n}{15.85}\right)^{1.74}} \qquad R^2 = 0.987 \qquad (2\text{-}10)$$

式中，n 为干湿循环次数。

2.4.3　吸水率分析

因水而引起的岩石膨胀现象中，无论是何种膨胀效应，吸水率都可作为对膨胀特性研究的参考性指标，并且岩石吸水情况对自身的力学特性也有一定的影响。因此，吸水率分析是石膏质岩的工程特性研究的基础。

（1）试验仪器：电子秤（1000g/0.01g）、烘箱（0~300℃）。

（2）试验步骤：将干湿循环后的岩样置于 75℃ 的烘箱中，烘至质量无变化，此时质量记为 M_{x1}；再将烘干后的岩样浸泡于水中，直至吸水饱和，此时质量记为 M_{x2}。试验数据经下式处理：

$$w_x = \frac{M_{x2} - M_{x1}}{M_{x1}} \times 100\% \qquad (2\text{-}11)$$

式中, w_x 为吸水率, %; M_{x1} 为烘干后的质量, g; M_{x2} 为吸水饱和后的质量, g。

（3）试验结果：将试验数据经式（2-10）处理后，得到不同干湿循环次数下石膏质岩的吸水率，如表2-8所示。

表 2-8　不同干湿循环次数下石膏质岩吸水率

试样编号	吸水率/%	平均值/%
H-01	0.237	0.238
H-02	0.238	
H-21	0.248	0.244
H-22	0.240	
H-41	0.286	0.301
H-42	0.317	
H-81	0.363	0.402
H-82	0.441	
H-121	0.346	0.464
H-122	0.582	
H-161	0.581	0.587
H-162	0.593	

由表2-8可知，未经干湿循环作用的石膏质岩吸水率最低，平均值为0.238%；经历16次干湿循环作用的石膏质岩样吸水率最高，平均值为0.587%。通过表2-8不同干湿循环次数下石膏质岩吸水率，绘制干湿循环次数与石膏质岩吸水率关系图，如图2-12所示。

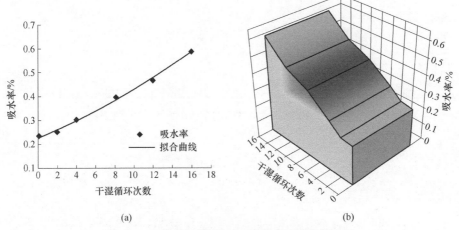

(a)　　　　　　　　　　　(b)

图 2-12　干湿循环次数与石膏质岩吸水率关系图

（a）吸水率拟合曲线图；（b）吸水率变化速率图

由图 2-12 可知，吸水率在干湿循环 2 次与 0 次时变化较小；随着干湿循环次数的增加，吸水率也随之上升。吸水率的增长速率在干湿循环为 0、2、4、6、8 次时呈上升趋势，在干湿循环为 12 次时开始下降，随后又恢复上升趋势。根据对图中各点进行分析发现，石膏质岩的吸水率与干湿循环次数具有明显的指数函数关系，通过数值拟合得到如下关系式：

$$w_x = 0.646\mathrm{e}^{\frac{n}{36.254}} - 0.421 \qquad R^2 = 0.990 \tag{2-12}$$

式中，w_x 为吸水率，%；n 为干湿循环次数。

2.5　本章小结

本章通过 X 射线荧光光谱分析（XPS）和 X 射线光电子能谱分析（XRF），以及对石膏质岩经历不同干湿循环次数后的物性指标进行研究，得到如下结论：

（1）通过 XPS 分析得到 Ca、O、S 和 C 的含量各为 12.20%、61.61%、13.65% 和 12.54%。根据 XRF 分析得到 CaO、SO_3 的含量分别为 39.70%、56.44%。由元素和氧化物的含量百分比可知，五指山隧道石膏质岩由石膏和硬石膏混合组成，且硬石膏（$CaSO_4$）含量远大于石膏（$CaSO_4 \cdot 2H_2O$）含量。

（2）五指山隧道的石膏质岩样天然含水率平均值在 0.182%~0.188% 之间。干密度平均值在 2.613~2.673g/cm³ 之间。结晶水率和水化率皆随干湿循环次数的增加而增加，且在本次试验中两者与干湿循环次数均呈幂函数关系。吸水率与干湿循环次数呈正比，并有以 e 为底的指数函数关系。

本章对石膏质岩组分及物质指标的研究成果，为石膏质岩的三轴力学特性和膨胀特性的研究奠定基础。

3　干湿循环作用下石膏质岩
三轴力学特性研究

3.1　问题的提出

　　水是亲水性岩土工程顺利修建和安全运营的控制性因素。吸水-失水的耦合作用与二者单一作用下，岩体强度特性有明显区别。在吸水时，岩石矿物颗粒间的联接减弱且颗粒自身的晶格受到破坏；在失水情况下，岩石自由水减少且内部微裂隙增加。这种吸水-失水的循环作用又可称为干湿循环作用。干湿循环作用对岩石的强度特性产生一定的劣化效应；当岩石经历多次干湿循环后，其力学性能急剧变化，导致工程安全性降低。对于石膏质岩，这种与水可反应的岩石而言，在干湿循环作用下，强度劣化以及整体结构性破坏尤为明显。

　　因此，本章对经历干湿循环作用后的石膏质岩进行常规三轴压缩试验，根据试验所获数据分析该石膏质岩的强度损伤效应，其研究结果可为石膏质岩隧道工程的设计和施工提供参考依据。

3.2　干湿循环作用下石膏质岩三轴压缩试验

　　三轴压缩试验作为研究岩石力学特性的常规手段，虽较单轴压缩试验而言，耗时长、操作复杂；但它能更加真实地模拟隧道围岩受力状态；因此，获得的应力应变曲线和力学参数更具研究价值。

3.2.1　试验设备

　　本书试验设备使用法国 TOP INDUSTRIE 公司生产的 Rock600-50 岩石三轴多场耦合力学试验系统，如图 3-1 所示；该试验设备具有精度高、适用范围广、测

图 3-1　试验设备及试样安装

试功能全、性能优越和国际认可度高等优点。

设备主要由三轴压力室、轴向加载系统、测量控制系统和试验软件等组成。各组成部分主要技术指标如表 3-1~表 3-3 所示。

表 3-1　三轴压力室技术指标

名　　称	技术指标
轴向压力/MPa	0~100
侧向压力/MPa	0~60
温度/℃	室温-50
轴向最大偏压/MPa	380
活塞行程/mm	0~20
活塞行程测量控制精确度	≤0.001

表 3-2　轴向加载系统技术指标

名　　称	技术指标
加载设备	高精度电机伺服控压泵
电机	24V 直流无刷电机
最大液压压力/MPa	100
最大加载流速/mL·min⁻¹	≥15
最小梯度加载流速/mL·min⁻¹	≤0.001
轴压泵介质	液压油
泵体材质	316 不锈钢
控压精度/MPa	≤±0.1
安全泄压阀临界值/MPa	100
压力记录分辨率/MPa	≤0.001
注入量测量分辨率/mL	0.001

表 3-3　测量控制系统和试验软件技术指标

名　　称	测量分辨率/mm	测量精度/mm	测试量程
轴压行程 LVDT 传感器	≤0.00001	≤0.001	±10mm
轴向 LVDT 传感器	≤0.00001	≤0.001	±5mm
360° 紧贴式径向形变传感器	≤0.00001	≤±0.001	≤3%

3.2.2　试样制备及试验步骤

三轴压缩试验所用石膏质岩试样按照本书第二章中的方法进行 0 次、2 次、4 次、8 次、12 次和 16 次干湿循环处理，每组 5 个试样。根据《岩石力学试验教程》和《岩石物理力学性质试验规程》进行试验。试验前检查仪器设备线路和管道是否连接准确。检查无误后，将经干湿循环作用后的石膏质岩标准力学试样包裹橡胶套进行密封，随后装入压力室。以 0.01MPa/s 的速度进行预加载。预加载完毕后，以 0.05MPa/s 的加载速度施加围压和轴压，将围压提升至 1MPa 时（石膏质岩层埋深在 25m 左右，属于浅埋），稳定围压。随即再以 0.5MPa/s 的加载速度施加轴向压力，直至试样完全破坏，记录数据。

3.2.3　试验结果与分析

3.2.3.1　石膏质岩破坏形态分析

围压为 1MPa 时，干湿循环作用下部分石膏质岩样的破坏形态如图 3-2 所示。

(a)　　　　　　　　　(b)　　　　　　　　　(c)

图 3-2　不同次数干湿循环作用下部分石膏质岩破坏形态
(a) 0 次干湿循环；(b) 8 次干湿循环；(c) 16 次干湿循环

由图 3-2 可知，当石膏质岩样未经历干湿循环时，岩样破坏形态为斜面剪切破坏，且具有多组剪切面；当石膏质岩样经历 8 次干湿循环时，岩样破坏形态以斜面剪切破坏为主，但伴有微小的表皮岩块脱落；当石膏质岩样经历 16 次干湿循环时，岩样依然以斜面剪切破坏为主，但表面剪切面减少且伴有大面积岩块剥落。

造成上述不同破坏形态的主要原因为：在试验操作流程符合规范且试验仪器

正常的情况下，影响岩石破坏形态的主要因素为矿物成分比例、含硅质水泥胶结比例、自身晶体粒径大小和内外裂隙形态。石膏质岩作为一种成分复杂的沉积岩，在干湿循环作用下，首先，硬石膏与石膏比例发生改变，石膏含量增加，硬石膏含量减少，同时岩样晶体粒径增大，导致岩样内部应力状态改变，进而影响剪切面数量；其次，石膏质岩样由表及里的裂隙逐渐扩大，在轴向压力上升过程中，表面岩块出现剥落现象。

3.2.3.2 石膏质岩常规三轴压缩试验应力-应变曲线特征分析

在1MPa围压下，石膏质岩分别经历0次、2次、4次、8次、12次和16次干湿循环后的应力应变关系曲线，如图3-3所示；石膏质岩经历不同干湿循环次数之后，三轴压缩试验所获应力应变曲线的对比情况如图3-4所示。

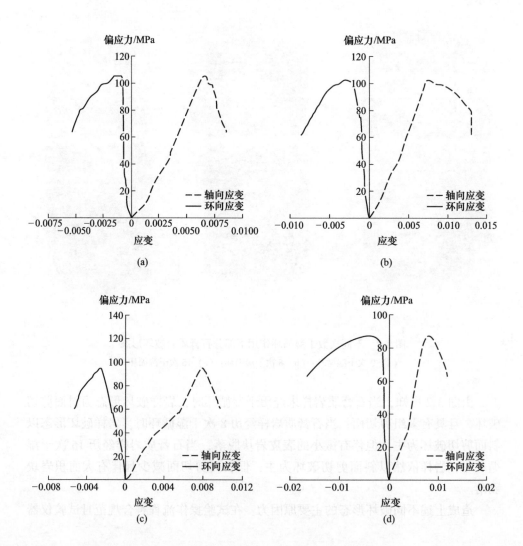

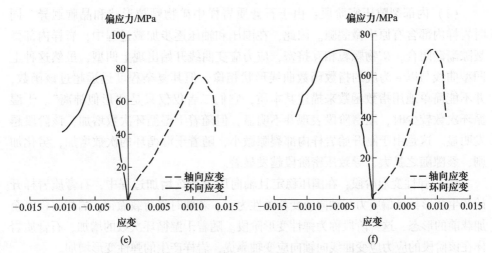

图 3-3　不同次数干湿循环作用下石膏质岩应力应变曲线图

（a）0 次干湿循环；（b）2 次干湿循环；（c）4 次干湿循环；（d）8 次干湿循环；

（e）12 次干湿循环；（f）16 次干湿循环

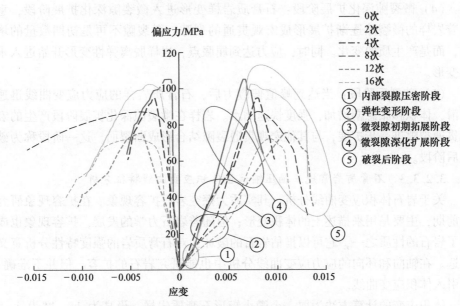

图 3-4　不同次数干湿循环作用下石膏质岩应力应变曲线对比图

由图 3-3、图 3-4 可知，0 次、2 次、4 次、8 次、12 次和 16 次干湿循环作用下石膏质岩峰值应力所映射的轴向应变和环向应变与干湿循环次数呈正相关；通过不同干湿循环次数下石膏质岩应力应变曲线对比图可以看出，不同循环次数下的应力应变曲线图整体趋势类似，均可用以下五个阶段进行具体分析：

（1）内部裂隙压密阶段：由于石膏质岩样中矿物颗粒形状和晶胞迥异，同时岩样内部含有原生微裂隙。因此，在围压和轴压逐步加载过程中，岩样内部微裂隙渐渐闭合，矿物颗粒相互挤密，应力应变曲线开始出现上凹型，虽然这种上凹型曲线与以 e 为底的指数函数曲线形状相像，但其复杂程度远远超过该函数，并不能简单地用指数函数来描述其本质，它们二者仅仅只是"形似神离"。干湿循环次数较少时，压密阶段表现并不明显，但随着干湿循环次数增加，该阶段越发明显。这是由于刚开始岩样内部裂隙微小，随着干湿循环的次数增加，劣化加剧，裂隙随之扩大，导致压密阶段越发显著。

（2）弹性变形阶段：在围压稳定且轴向压力持续增加过程中，石膏质岩样开始产生变形，且偏应力与轴向应变相关性为正。若此时将荷载撤销，岩样将恢复至加载前的形态，这一阶段称为弹性变形阶段。随着干湿循环次数的增加，石膏质岩样在该阶段的应力应变曲线向轴向应变轴靠拢，岩样产生的弹性变形增加。

（3）微裂隙初期拓展阶段：当荷载达到起裂应力时，石膏质岩样由弹性变形阶段进入下一阶段。这一阶段中，随着应力的增加，岩样开始产生新的微裂隙，同时体积出现微变形，故称为微裂隙初期拓展阶段。

（4）微裂隙深化扩展阶段：石膏质岩样变形进入微裂隙深化扩展阶段，意味着岩样的微裂隙逐渐扩展形成宏观贯通的裂隙；微裂隙不再是初期数量的增加，而是产生质的变化。同时，应力达到屈服点，岩样脱离弹性变形开始进入永久变形。

（5）破裂后阶段：当达到峰值偏应力后，石膏质岩样的应力应变曲线迅速下滑，体积膨胀急剧增加，强度快速缩水。岩样在微裂隙深化扩展阶段产生的宏观贯通裂隙进一步扩展，与其他宏观贯通裂隙结合形成断裂面，这一阶段称为破裂后阶段。

3.2.3.3　石膏质岩常规三轴压缩试验体积应变曲线特征分析

关于岩石体积应变曲线分析，其实质为探究岩石扩容现象。在扩容现象研究的前期，主要是用来描述土的体积变形；但随着岩石力学的发展，扩容现象也成为了岩石的性质之一，它可以推估岩石的破坏，对石膏质岩的强度特性分析意义深远。在轴向和环向的应力应变曲线分析中也能研究岩石的扩容，但并不准确，故引入体积应变曲线。

体积应变的计算方法为取一个微小矩形石膏质岩样，设高为 dz、宽为 dx、长为 dy，体积应变为：

$$\Delta dv = \left[\left(1 + \varepsilon_x \right) \left(1 + \varepsilon_y \right) \left(1 + \varepsilon_z \right) - 1 \right] dv \tag{3-1}$$

故体积应变简化后为：

$$\varepsilon_v = \varepsilon_x + \varepsilon_y + \varepsilon_z \tag{3-2}$$

式中，ε_v 为体积应变。

其中

$$\varepsilon_x = \frac{1}{E}\left[\sigma_x - \nu(\sigma_y + \sigma_z)\right] \tag{3-3}$$

$$\varepsilon_y = \frac{1}{E}\left[\sigma_y - \nu(\sigma_x + \sigma_z)\right] \tag{3-4}$$

$$\varepsilon_z = \frac{1}{E}\left[\sigma_z - \nu(\sigma_x + \sigma_y)\right] \tag{3-5}$$

式中，E 为弹性模量；ν 为泊松比；σ_x 为 x 方向的应力；σ_y 为 y 方向的应力；σ_z 为 z 方向的应力。

将式（3-3）、式（3-4）和式（3-5）相加，可得：

$$\varepsilon_v = \frac{1-2\nu}{E}(\sigma_x + \sigma_y + \sigma_z) + \frac{1-2\nu}{E}(\sigma_1 + \sigma_2 + \sigma_2) \tag{3-6}$$

上式简化为：

$$\varepsilon_v = \frac{1-2\nu}{E}I_1 \tag{3-7}$$

式中，ε_v 为体积应变；σ_1 为最大正应力，Pa；实际上常规三轴压缩试验，应力状况为 $\sigma_1 > \sigma_2 = \sigma_3 > 0$，故 σ_2、σ_3 为环向应力，Pa；I_1 为体积应力（$I_1 = \sigma_x + \sigma_y + \sigma_z = \sigma_1 + \sigma_2 + \sigma_2$），Pa。

根据图 3-3，结合式（3-7）可绘制得到不同次数干湿循环作用下石膏质岩体积应变曲线，如图 3-5 所示。

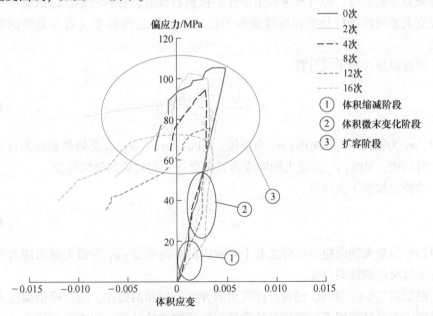

图 3-5 不同次数干湿循环作用下石膏质岩体积应变曲线图

将图3-4与图3-5进行对比可得，石膏质岩在轴向和环向应力应变曲线图中具有五个变形阶段，而在体积应变曲线图中仅有三个阶段。接下来针对这三个阶段对体积应变曲线进行具体分析：

（1）体积缩减阶段：在石膏质岩体积应变曲线图中的体积缩减阶段，体积应变随轴向应力的增加而同步增长。在同一应力下，随着干湿循环次数的增加，岩样的体积应变也增加，但体积越发缩减。该阶段满足 $\varepsilon_1 > |\varepsilon_2 + \varepsilon_3|$ 条件；由于本次试验为常规三轴压缩试验，故 $\varepsilon_2 = \varepsilon_3$，故还可以表示为 $\varepsilon_1 > |2\varepsilon_2|$。其中 ε_1 为轴向应变，ε_2 为环向应变。

（2）体积微末变化阶段：当体积缩减速率随着应力的增大而先增后降至趋近于零时，石膏质岩样进入体积微末变化阶段。在该阶段内，岩样体积应变基本维持在上一阶段结束时的状态，体积几乎无变化。由于体积应变变化微小，故轴向与环向应变关系可近似表示为 $\varepsilon_1 = |2\varepsilon_2|$。

（3）扩容阶段：随着轴向应力进一步增加，体积应变开始降低。同时，体积应变曲线出现拐点，向 x 负半轴延伸，但拐点出现的位置各有不同，大体趋势为干湿循环次数越多，拐点越早出现。出现拐点之后，体积应变迅速跌落，石膏质岩样体积大幅度增加。此时，轴向与环向应变的关系为 $\varepsilon_1 < |2\varepsilon_2|$。

3.2.3.4　石膏质岩三轴压缩力学参数分析

本书常规三轴压缩试验只研究了围压为1MPa的情况，所以关于三轴压缩强度特征只分析强度、弹性模量和泊松比。依据石膏质岩常规三轴压缩试验所得应力应变关系曲线进行计算弹性模量和泊松比，计算过程参考《岩石力学试验教程》。

弹性模量按照下式计算：

$$E = \frac{(\sigma_1 - \sigma_3)_{50}}{\varepsilon_h} \tag{3-8}$$

式中，σ_1 为轴向应力，MPa；σ_3 为围压，MPa；$(\sigma_1 - \sigma_3)_{50}$ 为峰值偏应力百分之五十时的值，MPa；ε_h 为最大轴向应力百分之五十时对应的轴向应变。

泊松比按照下式计算：

$$\mu = \frac{\varepsilon_d}{\varepsilon_h} \tag{3-9}$$

式中，ε_d 为最大轴向应力百分之五十时对应的环向应变；ε_h 为最大轴向应力百分之五十时对应的轴向应变。

根据式（3-8）和式（3-9）计算出的弹性模量和泊松比，结合峰值偏应力整理得到干湿循环作用下石膏质岩的常规三轴压缩试验结果，如表3-4所示。

表 3-4 三轴压缩试验结果

干湿循环次数	峰值偏应力 $(\sigma_1-\sigma_3)$/MPa	泊松比	弹性模量 /GPa
0	105.29	0.191	13.925
2	102.51	0.194	12.149
4	94.84	0.205	10.884
8	87.28	0.217	9.572
12	75.64	0.228	6.643
16	72.42	0.230	5.978

根据表 3-4 中峰值偏应力、弹性模量和泊松比的试验数据，绘制出各自与干湿循环次数的关系曲线图，如图 3-6~图 3-8 所示。

（1）峰值偏应力。针对本次试验而言，通过图 3-6 中峰值偏应力与干湿循环次数的关系可知，峰值偏应力在未经干湿循环时最高，为 105.29MPa；在经 16 次干湿循环时最低，为 72.42MPa。峰值偏应力与干湿循环次数呈负相关。在不同干湿循环次数下，强度下降速率是互异的，随着干湿循环次数的增加，整体呈先慢后快再慢的情况。0 次到 2 次干湿循环强度下降速率最低，峰值偏应力仅降低 2.78MPa；8 次到 12 次干湿循环强度下降速率最快，峰值偏应力损失达到 11.64MPa。针对图 3-6 中各散点进行分析可知，干湿循环次数与峰值偏应力之间有一定的对数函数关系，通过数据拟合，得到如下关系式：

$$\sigma_{峰} = 114.31 - 14.75\ln(n) \qquad R^2 = 0.942 \qquad (3\text{-}10)$$

式中，$\sigma_{峰}$ 为峰值偏应力，MPa；n 为干湿循环次数。

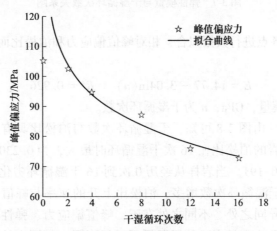

图 3-6 峰值偏应力与干湿循环次数的关系图

（2）弹性模量。如图 3-7 所示，随着干湿循环次数的上升，弹性模量反之降低。弹性模量从 0 次干湿循环的 13.925GPa 下降至 16 次干湿循环的 5.978GPa, 缩减 57% 左右。各散点的连线呈 "S" 形, 这意味着弹性模量降低速率并不是恒定的, 而是随着干湿循环次数的增加, 先快后慢再快。如果在 16 次干湿循环后持续增加干湿循环次数, 弹性模量降低速率将减慢, 这是由于一开始石膏质岩中含有部分硬石膏, 随着干湿循环次数的增加, 岩样裂隙同步增加, 使得岩样内部的硬石膏与水反应的面积扩大, 生成更多的石膏; 而当石膏质岩中大部分硬石膏转化完成之后, 弹性模量损失的主要原因则是石膏质岩的溶出特性, 这时弹性模量的下降速率将十分缓慢。虽然图中各点变化较大, 但是仍有一定的相关性, 通过对各散点进行数据拟合, 可以得到关系式 (3-11)。该关系式可以为后期弹性模量的损伤起到一定的预测作用。

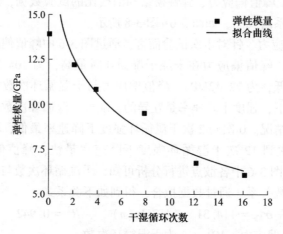

图 3-7 弹性模量与干湿循环次数关系图

对弹性模量各点进行数据拟合, 相对峰值偏应力和泊松比而言较复杂, 需要通过以下过程:

$$E = 14.77 - 3.04\ln(n) \qquad R^2 = 0.926 \qquad (3-11)$$

式中, E 为弹性模量, GPa; n 为干湿循环次数。

(3) 泊松比。由图 3-8 可知, 干湿循环次数与泊松比具有正相关性。本次试验中, 石膏质岩的泊松比在 16 次干湿循环时最大, 为 0.230, 在未经历干湿循环时最小, 为 0.191。当岩样从经历 0 次到 16 干湿循环劣化后, 泊松比增加 11% 左右。随着干湿循环次数增多, 泊松比上升的速率与峰值偏应力和弹性模量下降的速率有异同之处。不同之处在于, 峰值偏应力、弹性模量跌落速度最大时和泊松比上升速率最高时的干湿循环区间不同; 相同之处在于, 它们三者的上升下降速率都非恒定, 而是随着干湿循环次数的不同进行变化, 且当石膏质岩样经历多次干湿循环作用时, 大部分硬石膏将水化成石膏, 泊松比的上升速率与弹性模量和峰值偏应力的下降速率都将变得极其微小。据图 3-8 中各点所处位置可知，干湿循环次数与泊松比之间具有一定相关性，通过数据拟合，得到如下关系式：

$$\nu = 0.250 - 0.059\, e^{-\frac{n}{13.353}} \qquad R^2 = 0.927 \qquad (3\text{-}12)$$

式中，ν 为泊松比；n 为干湿循环次数。

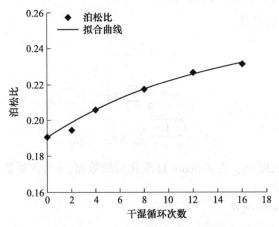

图 3-8　泊松比与干湿循环次数关系图

3.3　干湿循环作用下石膏质岩循环损伤效应分析

3.3.1　数据标准化方法

评价某个因素的影响力是当代各领域必要的工作之一。通过评价结果，抓"主要矛盾"，提出针对性方案，才能利益最大化。但对多种指标进行评价时，由于各指标量级不同，如果单纯从数字上进行比较，就加深了大量级指标的影响，降低了小量级指标的地位，这种评价获得的结论并不合理。例如峰值偏应力、弹性模量和泊松比这三者的度量单位不同，仅通过目前各自的散点数据和拟合公式来判断，缺乏合理性，故需要一种新方法来判断干湿循环作用对这三者的影响程度。因此，为解决这一问题，本书引入数据标准化的手段对力学参数进行分析。

数据标准化方法是一种能为几个不同衡量因素的元素确立一个新的权衡标准，赋予这几种元素可比性的方法。比如，鸡与鸭各自所产的蛋和每天所吃粮食并没有可比性，但如果用各自每天所吃的粮食除以所产蛋的能量，即单位质量的粮食所生产的能量就有了可比性。从数学方面来看，就是量纲从有转化为无的过程。目前主要的数据标准化处理手段有以下 7 种：

（1）Min-Max 标准化：

$$y_{i1} = \frac{x_{i1} - \min_{1 \leqslant j \leqslant n}\{x_j\}}{\max_{1 \leqslant j \leqslant n}\{x_j\} - \min_{1 \leqslant j \leqslant n}\{x_j\}} \tag{3-13}$$

式中，x_{i1} 为原始数据；y_{i1} 为 Min-Max 标准化后的数据；$\min_{1 \leqslant j \leqslant n}\{x_j\}$ 为原数据中的最小值；$\max_{1 \leqslant j \leqslant n}\{x_j\}$ 为原数据中的最大值。

（2）Z-Score 标准化：

$$y_{i2} = \frac{x_{i2} - \bar{x}}{s} \tag{3-14}$$

$$\bar{x} = \frac{1}{n}\sum_{i=1}^{n} x_{i2} \tag{3-15}$$

$$s = \sqrt{\frac{1}{n-1}\sum_{i=1}^{n}(x_{i2} - \bar{x})^2} \tag{3-16}$$

式中，x_{i2} 为原始数据；y_{i2} 为 Z-Score 标准化后的数据；$\bar{x}$ 为原始数据的平均值；s 为原始数据的标准差。

（3）小数定标标准化：

$$y_{i3} = \frac{x_{i3}}{10^a} \tag{3-17}$$

式中，x_{i3} 为原始数据；y_{i3} 为小数定标标准化后的数据；a 为原始数据中绝对值最大的数缩小至小数点后一位时小数点移动的位数。

（4）向量归一标准化：

$$y_{i4} = \frac{x_{i4}}{u} \tag{3-18}$$

式中，x_{i4} 为原始数据；y_{i4} 为向量归一标准化后的数据；u 为所有原始数据之和。

（5）Softmax 函数标准化：

$$y_{i5} = \frac{e^{x_{i5}}}{\sum_{i=1}^{n} e^{x_{i5}}} \tag{3-19}$$

式中，x_{i5} 为原始数据；y_{i5} 为 Softmax 函数标准化后的数据。

（6）log 函数标准化：

$$y_{i6} = \frac{\lg x_{i6}}{\lg x_{\max}} \tag{3-20}$$

式中，x_{i6} 为原始数据；y_{i6} 为 log 函数标准化后的数据；$x_{\max}$ 为原始数据中最大值。

（7）Sigmoid 函数标准化：

$$y_{i7} = \frac{1}{1 + e^{-x_{i7}}} \tag{3-21}$$

式中，x_{i7} 为原始数据；y_{i7} 为 Sigmoid 函数标准化后的数据。

3.3.2 循环损伤系数分析

数据标准化方法有许多优点，但有一个明显的缺点，它并没有统一的标准化公式。因此，当需要使用数据标准化方法对各因素影响力进行分析时，首先要对众多标准化公式的特点进行解析，找出最适合的一种公式进行数据标准化处理；其次应用这个公式将原数据转化为标准化数据；最后通过标准化数据对其影响力进行分析。

七种数据标准化处理手段各自具有以下特点：

（1）Min-Max 标准化：适用于原始数据有明显的极值，且后续没有新数据加入进行干扰的情况。通过该方式，原始数据数量级无论大小，标准化后的转化数据皆在 [0，1] 范围内，且无量纲。

（2）Z-Score 标准化：适用于原始数据含有未知极值，或者整个数据组离散性很大的情况。经过这种方式标准化后的数据，其方差为 1，均值为 0，且无量纲。

（3）小数定标标准化：适用于各数据与最大值之间相差不大的情况。其变化仅仅取决于最大值，例如，一组数据中最大值为 1000，那么剩余数据的小数点均需往后移动四位。标准化后的数据无特定范围。

（4）向量归一标准化：适用于最大值与最小值差距很小的情况，标准化后的数据无特定范围。

（5）Softmax 函数标准化：适用于概率分布空间的应用，并不能确定某一最大值，曲线固定且复杂。

（6）log 函数标准化：该标准化对原数据的大小有一定的限制，仅仅适用于原数据皆大于或者等于 1 的情况。

（7）Sigmoid 函数标准化：这种方式计算复杂，反向传播时，曲线很容易变化，对原始数据的质量有要求。

通过对上述七种数据标准化方式特点进行分析，原始数据经 Min-Max 标准化后，更加适合本次试验中探讨干湿循环对峰值偏应力、弹性模量和泊松比的循环损伤分析。

将峰值偏应力、弹性模量和泊松比的原始数据通过 Min-Max 标准化方法进行转换，转换后数据如表 3-5 所示。

表 3-5　Min-Max 标准化数据

干湿循环次数	峰值偏应力	弹性模量	泊松比
0	1	1	0
2	0.915	0.777	0.077

续表3-5

干湿循环次数	峰值偏应力	弹性模量	泊松比
4	0.682	0.617	0.359
8	0.452	0.452	0.667
12	0.189	0.084	0.949
16	0	0	1

由表3-5可知，峰值偏应力在0次到2次干湿循环作用期间下降最慢，标准化数据仅下降0.085，在8次到12次干湿循环期间下降最快，标准化数据从0.452降至0.189；弹性模量在0次、2次、4次、8次、12次和16次干湿循环期间呈现"两头重，中间轻"的降幅，最大降幅为8次至12次干湿循环作用期间，标准化数据下降0.368；泊松比在本次干湿循环试验中，显现"两头轻，中间重"的递增，从4次干湿循环到8次干湿循环作用，标准化数据减少高达0.308。

通过表3-5中不同次数干湿循环作用下峰值偏应力、弹性模量和泊松比的Min-Max标准化数据，可以绘制出标准化后各自与干湿循环次数的关系图，分别如图3-9~图3-11所示。

对不同干湿循环次数作用下峰值偏应力、弹性模量和泊松比的数据进行Min-Max标准化后，仅能分析干湿循环作用对这三个力学参数阶段性的影响，并不能对其整体性的影响进行准确的评价。因此，需要找到干湿循环次数分别与峰值偏应力、弹性模量和泊松比的连续关系之后，再进行分析。

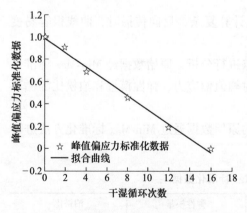

图3-9 标准化后峰值偏应力与
干湿循环次数的关系

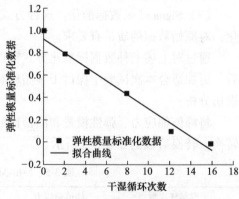

图3-10 标准化后弹性模量与
干湿循环次数的关系

根据图 3-9~图 3-11 中不同次数干湿循环作用所对应的峰值偏应力、弹性模量和泊松比标准化后的数据可知，干湿循环次数与这三个力学参数皆有一定的线性关系。通过拟合图中各标准化数据，得到了各自的线性关系式：

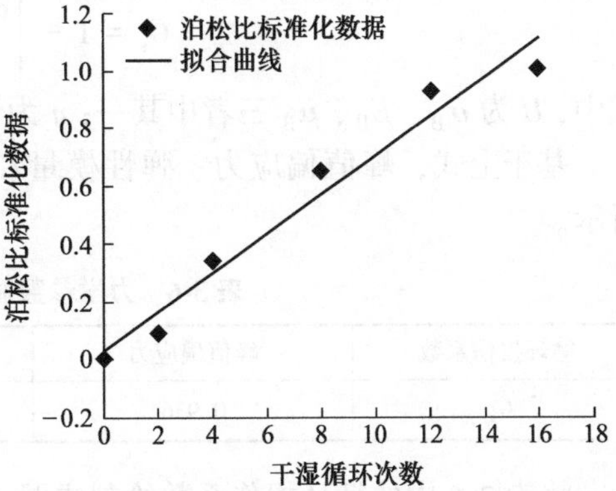

图 3-11 标准化后泊松比与干湿循环次数的关系

$$\sigma_{\mathrm{B}} = A_1 n + 0.983 \qquad R^2 = 0.961 \tag{3-22}$$

$$E_{\mathrm{B}} = A_2 n + 0.925 \qquad R^2 = 0.957 \tag{3-23}$$

$$\mu_{\mathrm{B}} = A_3 n + 0.032 \qquad R^2 = 0.939 \tag{3-24}$$

式中，σ_{B} 为峰值偏应力标准化后的数据；E_{B} 为弹性模量标准化后的数据；μ_{B} 为泊松比标准化后的数据；n 为干湿循环次数；A_1 取值为 -0.064；A_2 取值为 -0.062；A_3 取值为 0.068。

由于干湿循环次数与峰值偏应力、弹性模量和泊松比具有线性关系，因此，它们三者各自的拟合曲线陡峭程度由其斜率决定。通过对式（3-22）~式（3-24）的绝对值进行求导，可得各自的斜率：

$$\left| \dot{R}(\sigma_{\mathrm{B}}) \right| = \left| \frac{\mathrm{d}\sigma_{\mathrm{B}}(n)}{\mathrm{d}n} \right| = |A_1| = 0.064 \tag{3-25}$$

$$\left| \dot{R}(E_{\mathrm{B}}) \right| = \left| \frac{\mathrm{d}E_{\mathrm{B}}(n)}{\mathrm{d}n} \right| = |A_2| = 0.062 \tag{3-26}$$

$$\left| \dot{R}(\mu_{\mathrm{B}}) \right| = \left| \frac{\mathrm{d}\mu_{\mathrm{B}}(n)}{\mathrm{d}n} \right| = |A_3| = 0.068 \tag{3-27}$$

若拟合曲线越陡峭，代表干湿循环作用对这三个力学参数损伤越大，则泊松比受到的循环损伤最大，弹性模量受到的循环损伤最小。但是这种评判方式并不正确，因为峰值偏应力、弹性模量和泊松比数据标准化后最大值都为 1，最小值都为 0；从两端并不能判断，需要从 0 到 1 之间的数据进行分析。据 Min-Max 标准化公式可知，若原数据最大值和最小值差距越大，那么 0 到 1 之间的标准化数据就相对较小，因此，拟合曲线就相对平缓。

综上所述，本次试验中干湿循环作用对峰值偏应力、弹性模量和泊松比的损伤程度判断，应该是各自拟合曲线的陡峭程度与损伤影响呈反比。因此，为方便研究分析，本书定义常数 1 减去式（3-22）~式（3-24）中 n 项的系数绝对值得到的结果为循环损伤系数。循环损伤系数越大，则表明劣化程度越深。将式（3-25）~式（3-27）引入循环损伤系数后可统一表达为：

$$G_{\mathrm{s}} = 1 - \left| \frac{\mathrm{d}R(U)}{\mathrm{d}n} \right| \tag{3-28}$$

式中，U 为 σ_{B}、E_{B}、μ_{B} 三者中其一；n 为干湿循环次数；G_{s} 为循环损伤系数。

基于上式，峰值偏应力、弹性模量和泊松比各自的循环损伤系数如表 3-6 所示。

表 3-6　力学参数循环损伤系数表

循环损伤系数	峰值偏应力	弹性模量	泊松比
G_{s}	0.936	0.938	0.932

将表 3-6 中的循环损伤系数绘制成图 3-12 进行比较，得出干湿循环作用对本次试验中三个力学参数的损伤影响次序为：弹性模量（E）>峰值偏应力（$\sigma_{\text{峰}}$）> 泊松比(ν)。

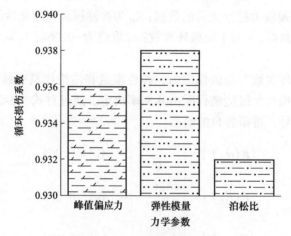

图 3-12　循环损伤系数比较

3.4　本章小结

本章通过常规三轴压缩试验和数据标准化方法，对干湿循环作用下石膏质岩的力学特性及损伤进行分析，得到如下结论：

（1）在应力应变曲线中，峰值偏应力所对应的轴向应变随干湿循环次数的增加而增大；在体积应变曲线中，随着岩样经历干湿循环次数的增加，$\varepsilon_1 < |2\varepsilon_2|$ 的关系越发明显。

（2）峰值偏应力与干湿循环次数呈负相关性，从 105.29MPa 降低至 72.42MPa，且二者具有对数函数关系。弹性模量随干湿循环次数的增加而递减，从 13.925GPa 缩减至 5.978GPa，且二者具有对数函数关系。泊松比随着干湿循环次数的增加而增大，从 0.191 增长到 0.230，且二者具有以 e 为底的指数函数关系。

（3）通过数据标准化方法对峰值偏应力、弹性模量和泊松比的试验数据标准化处理后，定义 G_s 为循环损伤系数，G_s 越大，则岩石受到的损伤就越高。得出干湿循环作用对本次试验中三个力学参数的损伤影响次序为：弹性模量（E）>峰值偏应力（$\sigma_峰$）>泊松比（ν）。

本章对石膏质岩三轴力学特性的研究，可为下文的数值模拟提供准确的围岩参数，保证计算的准确性。

4 石膏质岩膨胀特性及膨胀潜势研究

4.1 问题的提出

膨胀岩是遇水而体积扩张的一类岩石。近年来，随着地下工程建设的增加，修建过程中不可避免地遭遇膨胀岩地层。膨胀岩因体积增大而产生的膨压效应将对工程结构产生危害，影响人员与结构的安全。石膏质岩中的硬石膏（$CaSO_4$）吸水转化为石膏（$CaSO_4 \cdot 2H_2O$），使岩样体积增大，故为膨胀岩类。石膏质岩与其他膨胀岩的不同在于，它是基于化学反应产生膨胀，而这种膨胀机理复杂且耗时长。经文献记载，石膏质岩在室内几十小时内的膨胀应力最大为 3kPa 左右，而数年后的膨胀应力能达到 500kPa 以上，所以用室内试验短时间测出的膨胀率和膨胀力来评价其膨胀潜势并不准确。若错误预估膨胀潜势，将导致隧道结构初期设计安全性降低，为隧道后期运营埋下隐患。

因此，本章对依托工程五指山隧道的石膏质岩进行自由膨胀率试验、膨胀率试验、膨胀力试验和比表面积试验，依据已有膨胀潜势判定方法，建立以膨胀力、膨胀率和比表面积为指标的石膏质岩膨胀潜势标准，以期为石膏质岩的膨胀潜势判定提供参考依据。

4.2 石膏质岩的膨胀机理

目前，根据已有研究可将膨胀岩分为两大类：第一类膨胀是由于化学反应引起，膨胀机理复杂且时间漫长，这类岩石的膨胀在自然界中往往是单向的。第二类膨胀是由于岩石所含的亲水矿物引起，这类岩石的膨胀在吸水-失水的作用下循环往复。石膏质岩属于第一类膨胀岩，它的膨胀主要是因为岩石中含有的硬石膏（$CaSO_4$）、熟石膏（$CaSO_4 \cdot H_2O$）和半水石膏（$CaSO_4 \cdot 0.5H_2O$）遇水会转换成石膏（$CaSO_4 \cdot 2H_2O$），使晶体结构扩张导致岩样体积增大。其化学转化式如下所示：

$$CaSO_4 + \frac{1}{2}H_2O \longrightarrow CaSO_4 \cdot \frac{1}{2}H_2O \tag{4-1}$$

$$CaSO_4 \cdot \frac{1}{2}H_2O + \frac{1}{2}H_2O \longrightarrow CaSO_4 \cdot H_2O \tag{4-2}$$

$$CaSO_4 \cdot H_2O + H_2O \longrightarrow CaSO_4 \cdot 2H_2O \tag{4-3}$$

理论上石膏质岩的膨胀量可以通过硬石膏和石膏的晶胞体积来进行计算。

硬石膏属斜方晶系；单位晶胞数为 4。晶体常数为 $a = 0.622$nm，$b = 0.696$nm，$c = 0.697$nm，$\alpha = \beta = \gamma = 90°$。假设晶胞模型为立方体进行计算，体积为：

$$V_1 = a \cdot b \cdot c = 0.302\text{nm}^3 \tag{4-4}$$

石膏属单斜晶系，晶体常数为 $a = 1.047$nm，$b = 1.515$nm，$c = 0.628$nm，$\alpha = \gamma = 90°$，$\beta = 98°58'$。单位晶胞数为 8。假设晶胞模型为平行六面体进行计算，体积为：

$$V_2 = a \cdot b \cdot c \cdot \sin(180° - \beta) = 0.984\text{nm}^3 \tag{4-5}$$

硬石膏转化为石膏时，增加体积 V（理论值）：

$$V = \frac{V_2 - 2V_1}{2V_1} \times 100\% = 63.05\% \tag{4-6}$$

通过理论计算硬石膏的膨胀量在 63.05%。但实际上，石膏质岩中矿物含量杂乱，理论值与试验所得膨胀量有差异，就连同样试验条件下对不同地质环境的石膏质岩所测膨胀量也不相同。因此，需要利用多种试验手段来准确且深入研究石膏质岩的膨胀特性。

4.3 石膏质岩膨胀特性指标研究

4.3.1 试样制备

本章关于膨胀特性的试验皆采用石膏质岩重塑样，为了分析不同水化程度石膏质岩的膨胀特性，将现场所取石膏质岩用粉碎机磨至粉末，再过 0.5mm 筛，最后分为 5 组，每组 2kg，分别编号为 A、B、C、D、E。随后对五组试样做如下预处理：

编号 A：将 A 试样放入蒸馏水中，使其完全充分吸水。随后去除多余水分，放置室内风干。接着用粉碎机磨至粉末后，过 0.5mm 筛。再放入烘箱中以 75℃干燥 48h。最后密封保存。

编号 B：向 B 试样加入 400g 蒸馏水，随后密封放置室内至吸水完成。用粉碎机磨至粉末后，过 0.5mm 筛。再放入烘箱中以 75℃干燥 48h。最后密封保存。

编号 C：向 C 试样加入 200g 蒸馏水，随后密封放置室内至吸水完成。用粉碎机磨至粉末后，过 0.5mm 筛。再放入烘箱中以 75℃干燥 48h。最后密封保存。

编号 D：不做任何改变，保持原状，密封保存。

编号 E：将 D 试样放入烘箱中以 220℃干燥 48h。最后密封保存。

最后将各组均匀的一分为二。

4.3.2 自由膨胀率试验

自由膨胀率是将定量的风干膨胀岩粉末置于水中，不加任何约束，任其自由膨胀，膨胀前后体积变化量与初始体积的百分比。自由膨胀率的大小与亲水矿物的含量、颗粒的粗细有关，它能够在一定程度上映现膨胀岩的膨胀性能。因此，它常作为评判膨胀潜势的指标之一。自由膨胀率试验结束后，试验数据经下式处理：

$$F_s = \frac{V_{we} - V_0}{V_0} \times 100\% \tag{4-7}$$

式中，F_s 为自由膨胀率，%；V_{we} 为一段时间后的体积，mL；V_0 为初始体积，mL。

经式（4-7）处理后的自由膨胀率试验结果如表 4-1 所示。石膏质岩粉自由膨胀前后如图 4-1、图 4-2 所示。

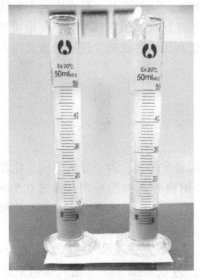   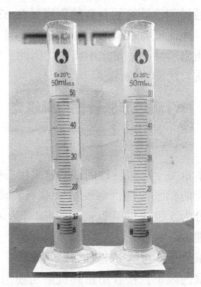

图 4-1   自由膨胀前   图 4-2   自由膨胀后

通过表 4-1 可知，A 组试样的自由膨胀率最低，平均值为 1.51%；E 组试样的自由膨胀率最高，平均值为 10.55%。随着水化程度的加深，石膏质岩的自由膨胀率也随之降低，缩减最高达到 9.04%。本次试验中，自由膨胀率最高仅 10.55%，与大部分膨胀分级标准进行对比会发现石膏质岩并不属于膨胀岩类，但石膏质岩长时间与水反应产生的膨胀力能达到 500kPa 以上，表明它属于膨胀岩类。同时，在自由膨胀率试验中，发现量筒中石膏质岩粉有硬化的现象，如图 4-3 所示；量筒内上部硬石膏水化为石膏产生硬化，导致下部硬石膏与水反应减弱，进而造成石膏质岩的自由膨胀率偏小。因此，用自由膨胀率判断石膏质岩的膨胀潜势并不准确。

表 4-1　自由膨胀率试验结果

试样编号	时间/h	初始体积/mL	膨胀后体积/mL	自由膨胀率/%	
				实验值	平均值
A-1	722.0	9.9	10.0	1.01	1.51
A-2	722.0	10.0	10.2	2.00	
B-1	721.0	10.1	10.3	1.98	2.45
B-2	721.0	10.3	10.6	2.91	
C-1	715.0	9.7	10.2	5.15	5.13
C-2	715.0	9.8	10.3	5.10	
D-1	723.0	9.9	10.6	7.07	7.11
D-2	723.0	9.8	10.5	7.14	
E-1	721.0	9.9	10.9	10.10	10.55
E-2	721.0	10.0	11.0	11.00	

4.3.3　膨胀率试验

在侧向限制条件下，试样通过透水石与自上而下的水缓慢接触产生膨胀反应，膨胀后轴向增量与初始量之比，这种膨胀特性指标称为膨胀率。膨胀率与自由膨胀率相同点在于，它们都可作为膨胀潜势的判断指标；不同点在于，膨胀率试验中试样是与从透水石慢慢渗透进入的水进行化学反应，试样与水的接触面积更大，膨胀也更加缓慢，表面不会快速产生硬化，影响内部石膏质岩粉膨胀。膨胀率试验仪器如图 4-4 所示。膨胀率试验结束后，试验数据经下式处理：

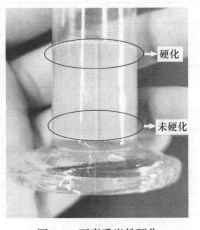

图 4-3　石膏质岩粉硬化

$$\delta_t = \frac{Z_0 - Z_t}{H_0} \times 100\% \qquad (4\text{-}8)$$

式中，δ_t 为某时刻的膨胀率，%；Z_0 为百分表初始读数，mm；Z_t 为某时刻百分表的读数，mm。

经式（4-8）处理后的膨胀率试验结果，如表 4-2 所示；石膏质岩试样侧限膨胀前，如图 4-5 所示；试样侧限膨胀后，如图 4-6 所示。

对比试样膨胀前后的俯视图和侧视图后，发现环刀上部与下部皆有试样膨胀突出，其中上部膨胀尤为卓著且表面富含水分。另外，由于膨胀率试验中，水是在试样中自下而上进行反应；因此，说明膨胀率试验并没有类似自由膨胀率试验中试样表面硬化影响内部膨胀的情况出现。

图 4-4 膨胀率试验仪器

表 4-2 膨胀率试验结果

试样编号	百分表读数/mm			膨胀率/%		平均膨胀率/%	
	初始	7d	30d	7d	30d	7d	30d
A-1	9.00	9.41	9.65	2.05	3.25	1.83	3.05
A-2	9.00	9.32	9.57	1.60	2.85		
B-1	4.00	5.53	6.03	7.65	10.15	6.93	9.68
B-2	4.00	5.24	5.84	6.20	9.20		
C-1	5.00	8.26	9.85	16.30	24.25	15.35	24.08
C-2	5.00	7.88	9.78	14.40	23.90		
D-1	5.00	9.36	11.50	21.80	32.50	24.28	34.08
D-2	5.00	10.35	12.13	26.75	35.65		
E-1	5.00	10.53	13.73	27.65	43.65	27.95	42.13
E-2	5.00	10.65	13.12	28.25	40.60		

(a) (b) (a) (b)

图 4-5　侧限膨胀前 图 4-6　侧限膨胀后

(a) 俯视图；(b) 侧视图 (a) 俯视图；(b) 侧视图

　　基于表 4-2 中的膨胀率可知，A 组试样在第 7 天和第 30 天的膨胀率最小，平均值分别为 1.83% 和 3.05%；E 组试样在第 7 天和第 30 天的膨胀率最大，平均值分别为 27.95% 和 42.13%；最大膨胀率和最小膨胀率相差约 14 倍。硬石膏的含量是影响石膏质岩膨胀率的决定性因素，随着试样水化程度的加深，膨胀率随之降低。与自由膨胀率结果相比，膨胀率试验的结果更具参考价值。

　　在膨胀率试验过程中，其膨胀率的变化呈先增加后降低的趋势且出现明显拐点，根据对 10 组数据的统计，拐点基本在第 5 天至第 7 天范围内出现。因此，从最不利情况考虑，认为第 7 天为拐点出现的时刻，记录其膨胀率。通过对试样第 7 天与第 30 天的膨胀率进行分析，发现两者具有一定的线性关系，其拟合曲线如图 4-7 所示，线性关系如式（4-9）所示。

$$\delta_{30t} = 1.45\delta_{7t} + 0.41 \qquad R^2 = 0.964 \tag{4-9}$$

式中，δ_{30t} 为第 30 天时的膨胀率，%；δ_{7t} 为第 7 天时的膨胀率，%。

　　在膨胀率试验中得到第 7 天的膨胀率，通过式（4-9）可以快速预估出石膏质岩在第 30 天的膨胀率，极大地节约了试验时间。

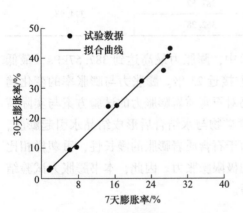

图 4-7　第 7 天与第 30 天膨胀率拟合曲线

图 4-8　膨胀力试验仪器

4.3.4　膨胀力试验

　　在周围岩土体的限制下，膨胀岩或膨胀土吸水体积增大会产生一种限制反力，这种应力称为膨胀力。膨胀力在隧道工程中相比自由膨胀率和膨胀率更为重要，它是引起结构的破坏（仰拱隆起、边墙开裂等灾害）的主要因素，因此也是支护结构设计必须考虑的指标。试验仪器使用 WG 型单杠杆固结仪，如图 4-8 所示。膨胀力试验结束后，试验数据经下式处理：

$$P_s = \frac{G}{A} \tag{4-10}$$

式中，P_s 为膨胀力，kPa；G 为施加荷载，N；A 取 30cm³。

经式（4-10）计算膨胀力的结果如表 4-3 所示。

表 4-3　膨胀力试验结果

试样编号	时间/d	膨胀力/kPa	
		试验值	平均值
A-1	30	16.73	16.27
A-2	30	15.81	
B-1	30	83.24	82.20
B-2	30	81.15	
C-1	30	147.36	145.98
C-2	30	144.59	
D-1	30	296.54	304.51
D-2	30	312.47	
E-1	30	387.57	374.93
E-2	30	362.28	

据表 4-3 可知，在 30d 的膨胀力试验中，膨胀力最高达到 387.57kPa，最低仅有 15.81kPa；A 组与 E 组的膨胀力相差接近 23 倍。膨胀力与膨胀率的变化趋势一致，皆与水化程度呈反比。虽然本书对石膏质岩膨胀力的试验方案与实际情况有所偏差，但重塑样与原状样均为所含矿物与水结合后形成结晶水引起膨胀，就膨胀机理而言，两者是相同的。并且由于石膏质岩膨胀的漫长性，重塑样相比原状样能够更加快速测试出石膏质岩样的极限膨胀力。因此，本书膨胀力试验结果也可为工程结构的安全性设计提供参考。

4.4　石膏质岩 BET 比表面积分析

比表面积（A_s）是指单位质量固体颗粒的总面积。它是分析液-固、液-气界面耦合作用的重要指标之一。近年来，随着对膨胀岩土"由宏到微"的深入研究，比表面积的大小直接反映着膨胀岩土的膨胀特性和膨胀潜势，因此越来越受到学者们的重视。

目前，针对膨胀土比表面积的研究较多；而关于膨胀岩比表面积的研究较少，特别是关于第一类膨胀岩比表面积的研究更为稀缺。本节基于室内氮吸附试验对石膏质岩比表面积展开研究。

4.4.1　比表面积测试方法

现阶段关于膨胀岩土比表面积测试方法主要有压汞法、吸附法和经验公式法三种。针对石膏质岩粉表面为中微孔隙的特点，以及保证试验准确性的要求下，本书选择氮吸附法中的 BET 方程来分析石膏质岩的比表面积。

氮吸附法：氮气在低温环境下为液态，该状态能较好地吸附在粉末颗粒表面。待温度恢复为室温后，氮气由液态转变为气态，从粉末颗粒表面脱落。通过对气态氮的测量，再经式（4-11）可计算出粉末颗粒被一层液氮完全包裹的比表面积。

$$A_s = \frac{4.36V_m}{m_f} \tag{4-11}$$

式中，V_m 为单层的氮吸附量；m_f 为粉末颗粒的质量。

实际上，氮吸附于粉末颗粒的表面并不仅有一层，而是多层。根据氮的单层饱和吸附量，结合热力学和动力学，能够准确得到氮的实际吸附量，即多分子层吸附理论（BET）方程，如下式所示：

$$\frac{P}{V(P_0 - P)} = \frac{1}{V_m C} + \frac{C-1}{V_m C} \cdot \frac{P}{P_0} \tag{4-12}$$

式中，V 为氮的实际吸附量；P_0 为饱和蒸气压；P 为氮气分压；V_m 为氮的单层饱和吸附量；C 为取决于材料的一个常数。

BET 方程是氮吸附法的一种计算方式，它能准确计算出氮的实际吸附量，因此在比表面积的测定中被广泛应用。BET 方程适用于 P/P_0 值在 0.05～0.35 的区间内，在这个区间中 P/P_0 值与 $P/[V(P_0 - P)]$ 值呈线性关系，如图 4-9 所示。根据该图可以计算：

$$V_m = 1/(\tan\alpha + \beta) \tag{4-13}$$

式中，α 为斜率；β 为截距。

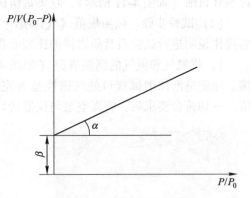

图 4-9　BET 比表面积曲线图

4.4.2　试验设备及仪器参数

（1）试验设备。比表面积试验使用精微高博公司生产的 JW-BK132F 型比表面及孔径分析仪，其仪器外观与结构如图 4-10 所示。

（2）仪器参数。JW-BK132F 型比表面及孔径分析仪通过氮吸附法原理能进行比表面积测定、外表面测定和吸附热测定。它主要由测试系统、控制系统、脱气系统（两套脱气系统可独立工作，具有冷阱管除杂功能）、真空系统和分析系统等部分组成。

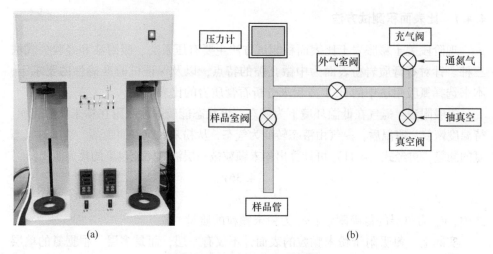

图 4-10 JW-BK132F 型仪器

(a) 仪器外观图；(b) 仪器结构图

4.4.3 试样制备及试验步骤

(1) 试样制备。将 A、B、C、D、E 五组试样用天然玛瑙研体进行研磨，再过 500 目筛（如图 4-11 所示），收集每组试样各 2g，密封保存备用。

(2) 试验步骤。依照规范《气体吸附 BET 法测定固态物质比表面积》和仪器操作说明进行试验石膏质岩样的比表面积测试。详细试验步骤如下：

1) 将氦气和氮气的钢瓶管路（如图 4-12 所示）分别与仪器的气路管道连接。用肥皂泡沫测试接口处气密性是否完好。检查气压表指针是否位于正常数值。一切符合要求后，将真空泵与仪器接口连接牢固，进入下一步操作。

图 4-11 500 目（29.96μm）标准筛

图 4-12 氦气和氮气阀门

2）检查电路后，打开仪器电源。测量试验环境大气压。

3）使用精度为 0.01g 的电子秤称取一定量的石膏质岩粉样（如图 4-13 所示）；随后立即将称取后的试样装入玻璃芯棒内（如图 4-14 所示）；再安设芯棒于仪器规定位置。

4）开始释放气体，对气路与仪器内部进行除杂。

5）测试冷自由空间系数（Q 值）。

6）将液氮容器（如图 4-15 所示）内的液氮注入液氮杯（如图 4-16 所示）中，安装到仪器的托盘上。

图 4-13　称量样品

图 4-14　玻璃芯棒

图 4-15　液氮容器

图 4-16　液氮杯

7）开始测定比表面积。试验结束，在软件中提取试验数据。关闭仪器、气体阀门。清洗整理仪器设备。

4.4.4　试验结果与分析

五组石膏质岩样各测试 2 次 BET 比表面积，每次由仪器软件采集获取 5 对 P/P_0 与 $P/[V(P_0 - P)]$ 数据，通过这 5 对数据可绘制出 BET 比表面积曲线，如图 4-17 所示。

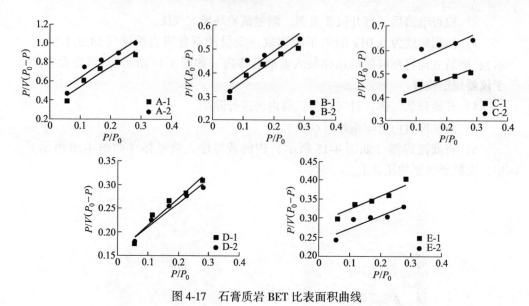

图 4-17　石膏质岩 BET 比表面积曲线

由图 4-17 可知，A-2 号试样的 $P/[V(P_0-P)]$ 值最大，为 1.01；D-2 号试样的 $P/[V(P_0-P)]$ 值最小，为 0.30。A、B、C、D、E 组中各点的 P/P_0 值皆在 0.05～0.35 范围内，且与 $P/[V(P_0-P)]$ 值有良好的线性关系，符合规范中 BET 比表面积多点测定的要求。根据图 4-17 中各组 $P/[V(P_0-P)]$ 值与 P/P_0 值的线性关系，结合式 (4-15) 和式 (4-16)，即可得到石膏质岩的比表面积，如表 4-4 所示。

表 4-4　石膏质岩 BET 比表面积试验结果

试样编号	α（斜率）	β（截距）	比表面积/$m^2 \cdot g^{-1}$	
			试验值	平均值
A-1	2.12	0.33	1.78	1.73
A-2	2.17	0.42	1.68	
B-1	0.91	0.27	3.69	3.62
B-2	0.92	0.31	3.55	
C-1	0.49	0.38	4.99	4.60
C-2	0.52	0.52	4.20	
D-1	0.57	0.16	6.04	6.31
D-2	0.51	0.16	6.57	
E-1	0.24	0.29	8.21	7.93
E-2	0.33	0.24	7.65	

由表 4-4 可知，A-2 号试样比表面积最小，为 1.68m^2/g；E-1 号试样比表面

积最大，为8.21m²/g。从A组到E组的比表面积变化可知，随着石膏质岩样水化程度的增加，其比表面积反之降低。这是由于石膏质岩中的硬石膏（CaSO₄）吸水转化为石膏（CaSO₄·2H₂O），转化过程中微观上表现为晶胞增多，宏观上表现为岩粉颗粒体积的增大；岩样的微观和宏观变化从而使其比表面积增加。

通过对石膏质岩进行比表面积试验，发现石膏质岩中硬石膏的含量影响着岩样比表面积的大小；表明石膏质岩的比表面积与膨胀特性相关联。因此，石膏质岩样的膨胀潜势也能通过比表面积的数值反映。

4.5 石膏质岩膨胀潜势分析

膨胀潜势是指膨胀岩土在吸水后产生膨胀的能力大小。膨胀潜势的判定在工程设计中是必不可少的，但判定等级过高将导致工程成本和施工工艺难度增加；而判定等级过低又会使工程结构的安全性得不到保证。因此，针对不同类型膨胀岩土的膨胀潜势判断需要"对症下药"，使用不同的判定方法和指标。

4.5.1 国内外膨胀岩分级

目前，国内外关于膨胀岩的膨胀潜势判断已有诸多成果，主要通过膨胀特性指标、亲水矿物含量、阳离子交换量等指标来进行膨胀潜势分级，如表4-5~表4-7所示。

表4-5 膨胀岩试验指标判断

试验项目	判定指标
不易崩解岩石的自由膨胀率 F_s/%	$F_s \geq 3$
易崩解岩石的自由膨胀率 F_s/%	$F_s \geq 30$
膨胀力 P_s/kPa	$P_s \geq 100$
饱和吸水率 W_{sa}/%	$W_{sa} \geq 10$

注：当有两项符合所列指标时，可判断为膨胀岩。

表4-6 膨胀岩按崩解特征分级

类别	崩解特征及质量变化
非膨胀岩	泡水24h岩块完整、不崩解，质量增加小于10%
弱膨胀岩	泡水后有少量岩屑下落，几个小时后岩块开裂成直径0.5~1cm的碎块或大片，手可捏碎，质量可增加10%左右
中等膨胀岩	泡水后1~2h崩解为碎片，部分下落，碎片尚不能捏成土饼，质量可增加30%~50%
强膨胀岩	泡水后即刻剧烈崩解，成土状散落，水浑浊，10min可崩解50%，20~30min崩解完毕

表 4-7　国内外膨胀岩主要分级指标

判断指标	非膨胀岩	弱膨胀岩	中膨胀岩	强膨胀岩
自由膨胀率/%	<30	30~50	50~70	>70
干燥饱和吸水率/%	<10	10~30	30~50	>50
线收缩率/%	<5	5~8	8~12.5	>12.5
极限膨胀量/%	<5	5~10	10~20	>20
极限膨胀力/kPa	<100	100~300	300~500	>500
比表面积/$m^2 \cdot g^{-1}$	<50	50~100	100~300	>300
交换容量/$mL \cdot g^{-1}$	<0.1	0.1~0.2	0.2~0.5	>0.5
围岩强度/MPa	>1	0.7~1	0.4~0.7	<0.4

通过膨胀岩的室内试验指标判断（如表 4-5 所示），可以确定石膏质岩为膨胀岩。而对石膏质岩的膨胀潜势等级进行判断时，发现石膏质岩在短时间内并不会发生崩解；如果通过崩解特征方法（如表 4-6 所示）进行分级，石膏质岩属于非膨胀岩，这显然不符事实；故崩解特征方法不适合用于石膏质岩的膨胀潜势判断。因此，本书基于试验获得的主要分级指标（如表 4-7 所示）对石膏质岩的膨胀潜势进行初步分析。

4.5.2　石膏质岩的膨胀潜势判定

在石膏质岩长达一个月的自由膨胀率试验中，岩样的自由膨胀率最高仅11%，如果按照表 4-8 的判断标准，石膏质岩并不属于膨胀岩，这是因为在试验中量筒内上部硬石膏水化为石膏产生硬化，导致下部硬石膏与水反应减弱，进而造成石膏质岩的自由膨胀率偏小。故而，虽然自由膨胀率作为膨胀岩土最为广泛的判定指标之一，但它并不适用于石膏质岩的膨胀潜势判定。

表 4-8　石膏质岩膨胀潜势分级

判断指标	非膨胀岩	弱膨胀岩	中膨胀岩	强膨胀岩
极限膨胀量/%	<13.3	13.3~35.3	35.3~57.4	>57.4
极限膨胀力/kPa	<100	100~300	300~500	>500
BET 比表面积/$m^2 \cdot g^{-1}$	<3.5	3.5~6.7	6.7~10.0	>10.0

膨胀率指标对石膏质岩的膨胀潜势分级是可行的，因为在室内一个月的试验中，试样并没有出现表面硬化结块阻碍内部试样吸水的现象，膨胀率最高达43.65%。目前关于石膏质岩的膨胀率试验，大多仅开展室内几十个小时的试验时长，而石膏质岩的膨胀属于化学反应，时间周期很长，故需要较长时间的观测，才能得到准确的膨胀率；并且表 4-8 中的膨胀率分级标准主要是基于第二类

膨胀岩的膨胀机理划分,而石膏质岩属于第一类膨胀岩,二者膨胀机理完全不同;用表中的膨胀率标准来判断石膏质岩的膨胀潜势并不准确。因此,若使用膨胀率作为石膏质岩膨胀潜势的判定指标,需要对其修正。

膨胀力不仅是判断膨胀岩土膨胀潜势最重要的指标,同时也是结构设计最重要的参数。无论膨胀岩的膨胀是由何种机理引起,它的膨胀力对应的膨胀潜势等级是一样的;而矿物成分和膨胀机理只会影响膨胀的速率,对膨胀潜势等级划分并无影响。因此,石膏质岩关于膨胀力方面的膨胀潜势等级可参照已有文献进行判定。

在第一类膨胀岩和第二类膨胀岩中,比表面积的意义是不同的。对于第一类膨胀岩而言,比表面积变化是由于硬石膏水化为石膏,晶胞数量由 4 个增加至 8 个,导致膨胀前岩样的比表面积大于膨胀后。就第二类膨胀岩来讲,比表面积的大小影响着亲水矿物与水接触面的范围。在对石膏质岩比表面积的测试中发现,不同水化程度的岩样,其比表面积有明显的差距,说明比表面积与石膏质岩的膨胀潜势是有关联的,但目前比表面积的膨胀潜势判定皆是基于第二类膨胀岩所确定的范围,故并不适用于石膏质岩。因此,若将比表面积作为石膏质岩膨胀潜势的评判指标,需要对其等级范围重新划分。

综上所述,本书根据室内试验结果和已有文献成果,选取膨胀率、膨胀力和比表面积对石膏质岩的膨胀潜势进行划分。

(1) 膨胀率与膨胀力关系。通过石膏质岩膨胀率试验结果(如表 4-2 所示)和膨胀力试验结果(如表 4-3 所示)可绘制出两者的关系曲线,如图 4-18 所示。

由图 4-18 可知,石膏质岩的膨胀率与膨胀力呈正相关,且二者之间有一定函数关系,其关系式如下所示:

$$P_s = 9.05\delta_{30t} - 19.83 \qquad R^2 = 0.961 \qquad (4-14)$$

式中,P_s 为膨胀力,kPa;δ_{30t} 为 30d 时的膨胀率,%。

由式(4-14)可见,膨胀率与膨胀力两者的拟合程度较高,通过该式可由试样的膨胀率预估其膨胀力,也可以由膨胀力反推出膨胀率。

(2) 比表面积与膨胀力关系。将石膏质岩的膨胀力试验结果(如表 4-3 所示)与 BET 比表面积试验结果(如表 4-4 所示)共同进行分析,得到两者的关系曲线,如图 4-19 所示。

由图 4-19 可知,膨胀力随着 BET 比表面积的增大而同步增加,两者之间有良好的线性关系,能够得到一次函数的拟合式:

$$P_s = 61.48A_s - 112.54 \qquad R^2 = 0.963 \qquad (4-15)$$

式中,P_s 为膨胀力,kPa;A_s 为 BET 比表面积,m^2/g。

由式(4-15)显而易见,膨胀力与 BET 比表面积也具有较高的拟合程度,两者之间也可互相推算。

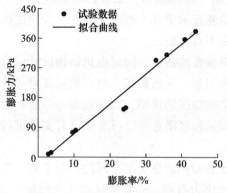

图 4-18　膨胀率与膨胀力关系曲线

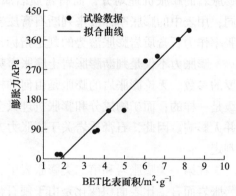

图 4-19　BET 比表面积与膨胀力关系曲线

（3）膨胀潜势等级划分。根据表 4-8 中极限膨胀力划分膨胀潜势的分级范围，膨胀岩等级为非、弱、中、强，其极限膨胀力范围分别为<100kPa、100～300kPa、300~500kPa、>500kPa；由式（4-14）计算可得，极限膨胀率范围分别为<13.3%、13.3%～35.3%、35.3%～57.4%、>57.4%；由式（4-15）计算可得，BET 比表面积范围分别为<3.5m²/g、3.5～6.7m²/g、6.7～10.0m²/g、>10.0m²/g。由以上指标的范围可得到石膏质岩膨胀潜势分级，如表 4-8 所示。

在室内，经 2~3h 测试出试样的 BET 比表面积；同时，对试样进行 7 天的膨胀率试验，再使用式（4-9）换算出 30 天的膨胀率。根据所获 BET 比表面积和膨胀率试验数据，结合表 4-8 即可准确得出不同环境下石膏质岩的膨胀潜势。

虽然本书中使用的试样为重塑样并非原状样，但就石膏质岩的膨胀机理而言，重塑样并没有破坏岩样的晶体结构，所以并不影响岩样的膨胀潜势；并且石膏质岩的膨胀时间极其漫长，使用重塑样进行试验，能够缩短它的膨胀时长，可以更为快速地获得它的极限膨胀力和极限膨胀率。因此，本书中使用石膏质岩重塑样进行研究是有意义的，获得的试验数据可为结构设计提供依据。

4.6　本章小结

本章通过膨胀特性试验和 BET 比表面积测试，分析了五指山隧道石膏质岩的膨胀潜势，并对膨胀等级进行了重新划分，得到如下结论：

（1）在自由膨胀率试验中，A-1 号试样的自由膨胀率最小，为 1.01%；E-2 号试样的自由膨胀率最大，为 11.00%。随着石膏质岩水化程度提高，自由膨胀率也随之降低。在对试验样本处理时，发现量筒内上部硬石膏水化为石膏产生硬化，阻碍了下部硬石膏的吸水膨胀，故自由膨胀率试验得到的数据并不能反映石膏质岩真实的膨胀特性。

（2）在膨胀率试验中，第 7 天时，A-2 号试样的膨胀率最小，为 1.60%；

E-2号试样的膨胀率最大，为28.25%。第30天时，A-2号试样的膨胀率最小，为2.85%；E-1号试样的膨胀率最大，为43.65%。石膏质岩的水化程度与其膨胀率呈负相关。膨胀率在第7天时与第30天时有良好的线性关系，可通过第7天的膨胀率快速准确地预估出第30天的膨胀率，极大地节约了试验时间。最后，在对试验结束后的试样进行观察时，并未发现与自由膨胀率试验类似试样上部硬化影响下部吸水膨胀的现象，说明膨胀率试验是可靠的。

（3）在膨胀力试验中，A-2号试样的膨胀力最小，为15.81kPa；E-1号试样的膨胀力最大，为387.57kPa。石膏质岩的水化程度与其膨胀力相关性为负。

（4）基于氮吸附法比表面积试验，结合BET方程得到石膏质岩的比表面积。其中A-2号试样的BET比表面积最小，为1.68m^2/g；E-1号试样的BET比表面积最大，为8.21m^2/g。石膏质岩的BET比表面积大小与硬石膏含量呈正相关。

（5）建立了以膨胀力、膨胀率和BET比表面积指标的综合判定方法，确定了石膏质岩膨胀潜势的标准。该标准相比现有标准而言，更加适用于石膏质岩的膨胀潜势判定。

本章对石膏质岩膨胀特性及膨胀潜势的研究，可为下文模拟石膏质岩膨胀的数值计算提供参数；同时，能为类似工程结构设计提供快速准确判定石膏质岩膨胀潜势等级的方法。

5 石膏质岩隧道围岩膨胀及干湿循环劳化作用数值模拟研究

5.1 问题的提出

研究隧道施工力学行为及运营期安全性通常有室内试验、现场试验和数值模拟三种手段。室内试验并不能较为准确地模拟围岩的赋存环境和工程特性，并且成本高、难度极大。现场试验虽然能完美地体现围岩所处环境和岩石自身特性，但试验成本高、耗时长、延误工期，且若事前未验证方案的可行性，还会造成现场风险急剧升高。通过室内试验获取围岩的力学参数和自身特性指标，结合数值仿真软件和施工工艺流程，可模拟出真实的隧道修建过程和运营期结构受力变化等，这种方法称为数值模拟，它的核心为"依托"室内试验，"反哺"结构设计。数值模拟相比室内和现场试验的优势在于：耗时短，成本低，可以较为准确地获得结构受力和位移变化情况。

因此，本书根据室内试验所获岩样参数，结合数值模拟手段，分析石膏质岩隧道在膨胀和干湿循环作用下，隧道支护结构的受力特征及位移变化。

5.2 三维隧道力学计算模型建立

5.2.1 工程概况

五指山特长隧道为四川省仁寿至屏山新市公路中 K137+750 至 K145+160（ZK145+150）标段的控制性工程。隧道左线全长 9392m，右线全长 9405m，为双向四车道高速公路隧道。隧址区围岩含有石膏质岩，具有腐蚀性和溶蚀性，部分胶结，岩质软，遇水存在体积膨胀现象；该段地下水丰富且开挖过程中已发生大型坍塌。

5.2.2 数值计算模型

本书使用 ABAQUS 有限元分析软件进行数值模拟，以五指山隧道设计资料作为建模依据。隧道开挖方式采用两台阶留核心土法，z 方向为隧道的轴向，y 为埋深方向。隧道埋深为 25m，支护尺寸均与设计文件保持一致。为便于计算，模型整体尺寸为 80m×60m×50m。模型采用 C3D8T 六面体单元，共有 75042 个单元和 84116 个结点。模型如图 5-1 所示。

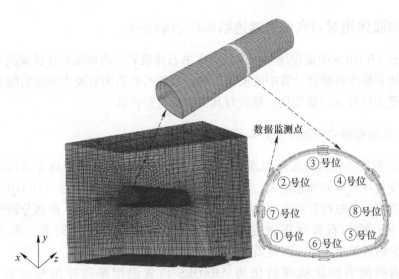

图 5-1 整体模型及测点位置

5.2.3 模型力学参数

（1）围岩力学参数。室内三轴试验所得结果为岩块的力学参数，而数值模拟中所用参数为岩体的力学参数，因此需要将岩块的力学参数转换为岩体的力学参数再代入数值计算。

基于 H-B 强度准则，岩体变形模量 E_m 的转化式为：

$$E_m = E_i \left[0.02 + \frac{1 - D/2}{1 + e^{(60+15D-GSI)/11}} \right] \tag{5-1}$$

式中，E_m 为岩体的弹性模量，GPa；E_i 为岩块的弹性模量，GPa；D 为岩体扰动参数；GSI 为岩体地质强度指标。根据已有文献，D 取 0.7，GSI 取 55。

根据本书第三章的三轴试验数据，结合式（5-1）可得到岩体的弹性模量为 2.21GPa 和泊松比为 0.191。参考已有文献石膏质围岩内摩擦角取 36°，黏聚力取 2.65kPa。

（2）隧道支护结构力学参数。隧道初期支护和二衬的力学参数取值，如表 5-1 所示。

表 5-1 隧道支护结构力学参数

支护类型	密度/kg·m⁻³	弹性模量/GPa	泊松比
初期支护	2347	26	0.2
二次衬砌	2551	30	0.2

5.3 膨胀作用对石膏质岩隧道结构的影响分析

通过 ABAQUS 中温度场功能，结合本书石膏质岩室内膨胀特性试验结果来实现石膏质岩膨胀在数值计算中的模拟，进而分析石膏质围岩吸水膨胀后隧道支护结构的受力特征及位移变化，最后对其安全性进行评价。

5.3.1 数值模拟中膨胀作用的实现

（1）温度场模拟膨胀作用理论基础。石膏质岩的膨胀从宏观方面而言，为含水率变化导致围岩体积增大，而体积增大将使岩样产生膨胀力。ABAQUS 内置温度场程序，通过控制温度的大小经热传导来改变热应力大小，进而分析构件的应力变化，这与石膏质围岩的膨胀机理有异曲同工之处。因此，本书使用 ABAQUS 内置温度场模拟石膏质围岩的膨胀。

石膏质围岩膨胀机理转化为 ABAQUS 内置温度场程序推导过程如下。ABAQUS 温度场基本平衡方程为：

$$q_V - q_i = \rho C_V \frac{\partial T}{\partial t} \tag{5-2}$$

式中，q_V 为热量传递速率；ρ 为密度；C_V 为比热容；q_i 为单位体积产热强度；T 为温度。

q_V 与 q_i 还具有如下关系：

$$q_i + q_V = \tau_i T_i \tag{5-3}$$

式中，τ_i 为热传导系数。

将式（5-3）代入式（5-2），可得：

$$\frac{\partial}{\partial x}\left(\tau_x \frac{\partial T}{\partial x}\right) + \frac{\partial}{\partial y}\left(\tau_y \frac{\partial T}{\partial y}\right) + \frac{\partial}{\partial z}\left(\tau_z \frac{\partial T}{\partial z}\right) = \rho C_V \frac{\partial T}{\partial t} \tag{5-4}$$

渗流方程为：

$$-\left(\frac{\partial v_x}{\partial x} + \frac{\partial v_y}{\partial y} + \frac{\partial v_z}{\partial z}\right) dx dy dz = \frac{\partial V_w}{\partial t} \tag{5-5}$$

式中，v_x、v_y、v_z 为 x、y、z 方向的渗流速度；V_w 为土中水的体积。

v_x、v_y、v_z 又可表示为：

$$v_x = k_x \frac{\partial h}{\partial x},\ \ v_y = k_y \frac{\partial h}{\partial y},\ \ v_z = k_z \frac{\partial h}{\partial z} \tag{5-6}$$

式中，k_x、k_y、k_z 为 x、y、z 方向的渗透系数；h 为总水头。

将式（5-6）代入式（5-5）可得：

$$\frac{\partial}{\partial x}\left(k_x \frac{\partial h}{\partial x}\right) + \frac{\partial}{\partial y}\left(k_y \frac{\partial h}{\partial y}\right) + \frac{\partial}{\partial z}\left(k_z \frac{\partial h}{\partial z}\right) = \frac{\partial(V_w / V_0)}{\partial t} \tag{5-7}$$

式中，$V_0 = \mathrm{d}x\mathrm{d}y\mathrm{d}z$。

土单元中水的体积在单位时间内的变化量，可由下式得到：

$$\frac{\partial(V_\mathrm{w}/V_0)}{\partial t} = m_{1\mathrm{k}}^\mathrm{w}\frac{\partial(\sigma_\mathrm{v} - u_\mathrm{w})}{\partial t} + m_{2\mathrm{k}}^\mathrm{w}\frac{\partial(u_\mathrm{a} - u_\mathrm{w})}{\partial t} \tag{5-8}$$

式中，σ_v 为体积应力；u_w 为土基质吸力；u_a 为孔隙气压力；$m_{1\mathrm{k}}^\mathrm{w}$ 为法向应力变化的水体积系数；$m_{2\mathrm{k}}^\mathrm{w}$ 为基质吸力变化的水体积系数。

设 $\dfrac{\partial\sigma_\mathrm{v}}{\partial t} = 0$、$\dfrac{\partial u_\mathrm{a}}{\partial t} = 0$，则水头 h 为：

$$h = y - \frac{u_\mathrm{w}}{\rho_\mathrm{w}g} \tag{5-9}$$

式中，ρ_w 为水的密度。

将式（5-9）和式（5-8）代入式（5-7），可得：

$$\frac{1}{\rho_\mathrm{w}g}\left[\frac{\partial}{\partial x}\left(k_x\frac{\partial u_\mathrm{w}}{\partial x}\right) + \frac{\partial}{\partial y}\left(k_y\frac{\partial u_\mathrm{w}}{\partial y}\right) + \frac{\partial}{\partial z}\left(k_z\frac{\partial u_\mathrm{w}}{\partial z}\right)\right] - \frac{\partial ky}{\partial y} = m_{2\mathrm{k}}^\mathrm{w}\frac{\partial u_\mathrm{w}}{\partial t} \tag{5-10}$$

当石膏质岩中含水率小于饱和含水率时，渗流微分方程可作如下简化：

$$\frac{\partial}{\partial x}\left(k_x\frac{\partial u_\mathrm{w}}{\partial x}\right) + \frac{\partial}{\partial y}\left(k_y\frac{\partial u_\mathrm{w}}{\partial y}\right) + \frac{\partial}{\partial z}\left(k_z\frac{\partial u_\mathrm{w}}{\partial z}\right) = \rho_\mathrm{w}g m_{2\mathrm{k}}^\mathrm{w}\frac{\partial u}{\partial t} = C_\mathrm{w}\frac{\partial u}{\partial t} \tag{5-11}$$

通过对热传导方程（式（5-4））和渗流方程式（式（5-11））进行比较可知，两者微分形式一致，温度参数 T 与基质吸力参数 u 具有类似性，故含水量变化量可表示为：

$$\Delta w = C_\mathrm{w}\Delta u \tag{5-12}$$

温度变化导致的应力变化，如下式所示：

$$\Delta\varepsilon = \alpha\Delta T \tag{5-13}$$

式中，α 为热膨胀系数；ΔT 温度变化量。

湿度变化导致的应力变化，如下式所示：

$$\Delta\varepsilon = \beta\Delta w \tag{5-14}$$

式中，β 为湿度线膨胀系数。

当式（5-13）与式（5-14）相等时，结合式（5-12），有如下关系：

$$\alpha = \frac{\beta\Delta w}{\Delta T} = \frac{\beta C_\mathrm{w}\Delta u}{\Delta T} \tag{5-15}$$

综上所述，使用 ABAQUS 内置温度场程序模拟石膏质岩的膨胀特性是可行的。

（2）模型温度场参数。膨胀力与温度的关系，以及含水率与温度的关系，如下式所示：

$$\Delta P_\mathrm{s} = 3\alpha K\Delta T \tag{5-16}$$

$$w = \frac{C_w \Delta T(1 + e)}{G_s} + w_0 \tag{5-17}$$

式中，ΔP_s 为膨胀力变化量；K 为体积模量；C_w 根据已知文献试验结果取 $0.0846 m^{-1}$。

假设五指山隧道石膏质围岩的含水率为27%时，达到最大膨胀力；初始含水率对应的初始温度为 0℃。根据围岩基本物理参数，以及式（5-16）和式（5-17），结合第四章中石膏质岩的膨胀力数据，得到温度膨胀系数为 $\alpha = 2.55 \times 10^{-5}$，温度为 $\Delta T = 4.07℃$。模型中以松动圈为膨胀范围，根据文献，取洞周 3m 范围内为膨胀区。

5.3.2 膨胀作用数值模拟步骤

在 ABAQUS 中通过温度场来模拟膨胀作用，其详细步骤如下：

（1）根据设计文件建立数值模型；赋予围岩和隧道支护结构材料属性。

（2）将围岩与支护结构进行装配；划分模型网格。

（3）按照两台阶留核心土法施工流程设置分析步。

（4）在相互作用中，开挖岩体和支护结构使用生死单元进行控制。对初期支护-围岩、初期支护-二次衬砌设置表面绑定接触。

（5）设置重力荷载。约束 yz 面在 x 方向的变形。约束围岩 zx 底面在 x、y、z 方向的变形。约束 xy 面在 z 方向的变形。

（6）只打开地应力分析步，关闭其他分析步，对模型进行地应力平衡计算。

（7）将地应力平衡计算完成后的 odb. 文件以预定义场的形式导入原模型。

（8）设置围岩温度场相关系数，添加温度场分析步并打开所有分析步，开始计算。

5.3.3 初期支护结构应力及位移分析

初期支护结构应力及位移分析均取开挖 20m 处的截面进行分析。

（1）初期支护结构应力分析。石膏质岩隧道膨胀前初期支护结构主应力云图，如图 5-2 所示；石膏质岩隧道膨胀后初期支护结构主应力云图，如图 5-3 所示。

由图 5-4、图 5-5 可知，在膨胀压力作用下，墙脚和拱腰位置应力显著集中。墙脚位置处的应力随着膨胀潜势的增加而些许降低；拱腰位置的拉应力随着膨胀潜势的增加而降低，而压应力却是与膨胀潜势呈正相关。拱顶位置的拉应力从非膨胀到强膨胀降低 0.31MPa，但压应力增加 6.30MPa，这是由于膨胀力增强了压力拱的水平推力，使拱部抵抗压应力的能力加强。仰拱位置拉应力随着膨胀潜势的增加而降低；压应力在非膨胀时为 0.48kPa，而在膨胀后达到 2.04kPa，同比

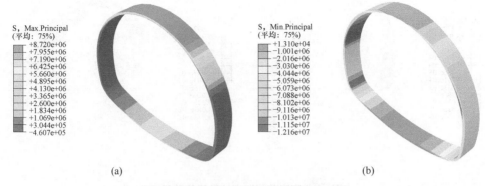

图 5-2 膨胀前初期支护结构主应力云图

（a）最大主应力；（b）最小主应力

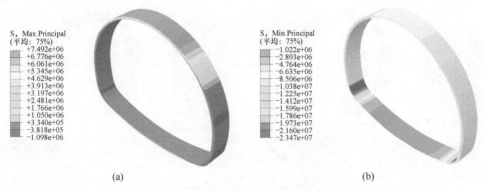

图 5-3 膨胀后初期支护结构主应力云图

（a）最大主应力；（b）最小主应力

增长 4 倍左右；在膨胀压力作用下，隧道仰拱所受的垂直压力增加，从而导致其压应力增加。

（2）初期支护结构位移分析。石膏质岩隧道膨胀前初期支护结构位移云图，如图 5-4 所示；石膏质岩隧道膨胀后初期支护结构位移云图，如图 5-5 所示。

由图 5-4、图 5-5 可知，初期支护结构在水平方向位移中，拱顶和墙脚位置随着膨胀潜势同步增加，其余位置均与膨胀潜势呈负相关。竖直方向位移方面，除墙脚位置外，所有位置的位移在膨胀后均增加；其中拱腰位置增长率最高，由 0.74cm 增长至 0.96cm，同比增长约 30%；仰拱位置增长量最高，由 1.97cm 增长至 2.38cm，增长 0.41cm。

通过分析可知，隧道开挖引起的应力重分布导致围岩出现松动破坏，为石膏质岩与水接触创造了条件，以致石膏质岩中硬石膏吸水转化为石膏，降低了围岩

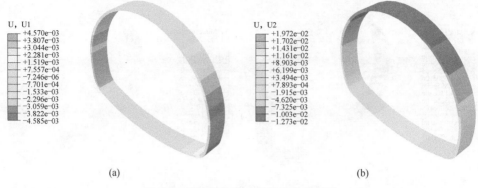

图 5-4　膨胀前初期支护结构位移云图

（a）水平向位移；（b）竖直向位移

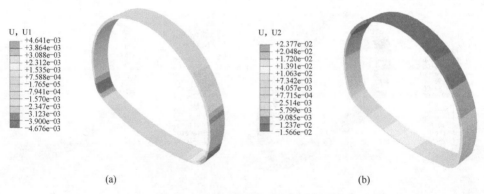

图 5-5　膨胀后初期支护结构位移云图

（a）水平向位移；（b）竖直向位移

强度；同时，石膏质岩吸水膨胀，进一步增加了隧道结构向内的挤压变形，导致仰拱位移大幅度增加。

5.3.4　初期支护结构内力分析

根据数值模拟结果，获得图 5-1 中初期支护结构各测点在膨胀前后的内外侧应变 $\varepsilon_{外}$ 和 $\varepsilon_{内}$，通过计算可以求出衬砌结构的轴力和弯矩，计算公式如下：

$$N = \frac{1}{2}E(\varepsilon_{内} + \varepsilon_{外})bh \tag{5-18}$$

$$M = \frac{1}{12}E(\varepsilon_{内} - \varepsilon_{外})bh^2 \tag{5-19}$$

式中，h、E、b 分别为衬砌的厚度、衬砌的弹性模量与衬砌的单位长度（b 取

1m）。由式（5-18）、式（5-19）计算得到膨胀前后初期支护结构的轴力和弯矩，分别如图5-6、图5-7所示。

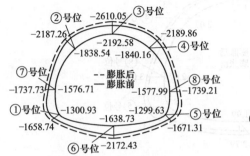

图5-6　膨胀前后初期支护结构轴力分布图
（单位：kN）

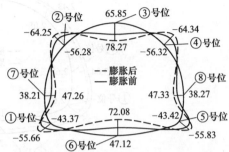

图5-7　膨胀前后初期支护结构弯矩分布图
（单位：kN·m）

由图5-6、图5-7可知，石膏质围岩膨胀后，初期支护结构各位置的轴力均增加，其中仰拱位置轴力增长量最高，由-1638.73kN增至-2172.43kN，增幅约为30%。对于初期支护结构各位置所受弯矩而言，在膨胀后均增大；仰拱位置的弯矩在膨胀作用下变化率尤为突出，由47.12kN·m增至72.08kN·m，同比增长约0.5倍。

5.3.5　初期支护结构安全性分析

根据《公路隧道设计规范》中的规定，当偏心距$e_0 \leqslant 0.2h$时，系抗压强度控制承载力，通过式（5-20）计算；反之则系抗拉强度控制承载力，使用式（5-21）计算。

$$kN \leqslant \varphi \alpha R_a bh \tag{5-20}$$

$$kN \leqslant \dfrac{1.75R_1 bh}{\dfrac{6e_0}{h} - 1} \tag{5-21}$$

式中，k为安全系数；N为轴力，kN；φ为构建纵向弯曲系数；α为轴向力的偏心影响系数；R_a、R_1分别为混凝土的抗压、抗拉极限强度，MPa。

根据上节所计算初期支护结构各主要位置的轴力及弯矩值，结合式（5-20）、式（5-21）可计算得到各位置的安全系数，如图5-8所示。

由图5-8可知，石膏质围岩吸水膨胀后，体积扩展，向支护结构传递膨胀压力，导致初期支护结构各位置的安全系数均降低，其中仰拱位置安全系数降低最大，由2.97降至1.99；同时衰减幅度最大，降低约29%。根据规范判定，石膏质围岩膨胀后初期支护各位置的安全系数符合要求，但要加强对拱顶和仰拱的监控。

根据对膨胀后初期支护结构的应力、位移、内力和安全系数综合分析，当隧

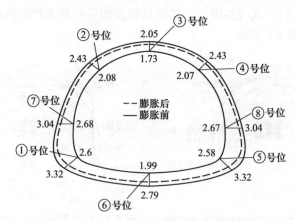

图 5-8　膨胀前后初期支护结构安全系数

道工程受到石膏质岩膨胀作用时，应提高初期支护结构的性能。比如增大仰拱曲率；拱顶和仰拱处设置长锚杆；加强隧道防排水；支护结构间设置缓冲层，加大预留变形量。以保证隧道后期安全运营。

5.4　干湿循环作用对石膏质岩隧道结构的影响分析

通过 ABAQUS 中模量软化的功能，结合石膏质岩经干湿循环作用后的室内三轴试验结果，来实现干湿循环作用在数值分析中的模拟，进而探究石膏质围岩经历干湿循环作用后，隧道支护结构的受力特征及位移变化。

5.4.1　数值模拟中干湿循环作用的实现

（1）模量软化模拟干湿循环作用理论基础。模量软化是参照强度折减法的另类应用，通过室内试验所得结果，对不同循环次数的围岩进行弹性模量和泊松比进行折减，而在软件中这一过程的实现是通过修改关键词的方式。

（2）模量软化参数。通过室内三轴试验得到石膏质岩经历不同干湿循环次数作用后的弹性模量和泊松比，再结合式（5-1）可转化为岩体在不同干湿循环次数后的弹性模量和泊松比，如表 5-2 所示。

表 5-2　干湿循环作用下岩体的弹性模量和泊松比

干湿循环次数	泊松比	弹性模量/GPa
0	0.191	2.211
2	0.194	1.929
4	0.205	1.728
8	0.217	1.520

干湿循环次数	泊松比	弹性模量/GPa
12	0.228	1.055
16	0.230	0.949

5.4.2 干湿循环作用数值模拟步骤

在 ABAQUS 中通过模量软化，来模拟干湿循环作用对隧道围岩的劣化作用。干湿循环模拟流程前七步与温度场数值模拟步骤一致；随后编辑不同干湿循环次数对应的分析步；最后修改相应分析步所对应的关键词，再开始计算。

5.4.3 初期支护结构应力及位移分析

（1）初期支护结构应力分析。石膏质岩隧道在 0 次干湿循环下初期支护结构主应力云图，如图 5-2 所示；2、4、8、12、16 次干湿循环次数下初期支护结构位移云图，如图 5-9~图 5-13 所示。

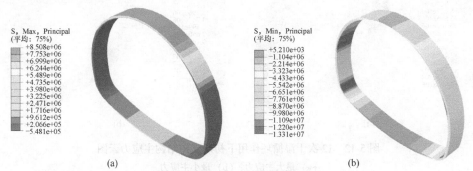

（a）　　　　　　　　　　　　　　　（b）

图 5-9　2 次干湿循环作用下初期支护结构主应力云图

（a）最大主应力；（b）最小主应力

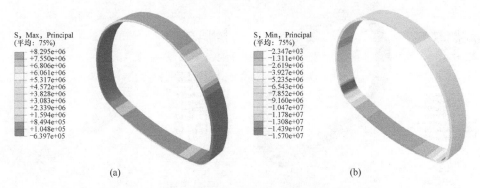

（a）　　　　　　　　　　　　　　　（b）

图 5-10　4 次干湿循环作用下初期支护结构主应力云图

（a）最大主应力；（b）最小主应力

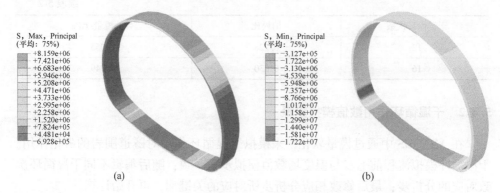

(a)   (b)

图 5-11　8 次干湿循环作用下初期支护结构主应力云图

（a）最大主应力；（b）最小主应力

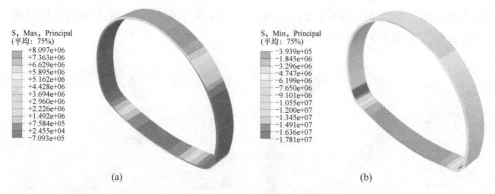

(a)   (b)

图 5-12　12 次干湿循环作用下初期支护结构主应力云图

（a）最大主应力；（b）最小主应力

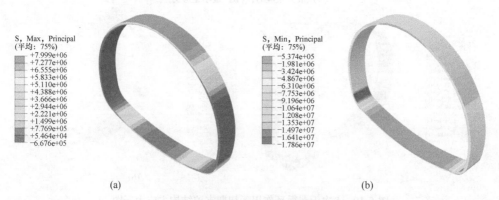

(a)   (b)

图 5-13　16 次干湿循环作用下初期支护结构主应力云图

（a）最大主应力；（b）最小主应力

由图 5-9~图 5-13 可知，墙脚位置的最大主应力与干湿循环次数呈正相关，从 0 次到 16 次干湿循环同比增大约 8 倍；拱顶、拱腰、边墙和仰拱位置的最大主应力随着干湿循环次数的增加而降低，但缩减幅度较小。最小主应力方面，当干湿循环次数从 0 次到 16 次时，仰拱位置的变化率最高，同比增长 3 倍左右；拱顶位置的增长幅度最大，由 1.20MPa 增至 3.82MPa。

（2）初期支护结构位移分析。石膏质岩隧道在 0 次干湿循环下初期支护结构位移云图，如图 5-4 所示；2、4、8、12、16 次干湿循环次数下初期支护结构位移云图，如图 5-14~图 5-18 所示。

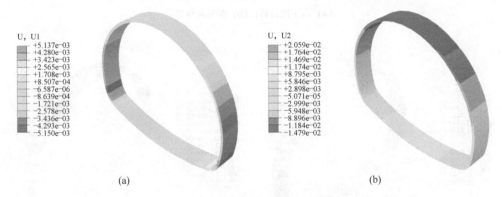

图 5-14　2 次干湿循环下初期支护结构位移云图
(a) 水平向位移；(b) 竖直向位移

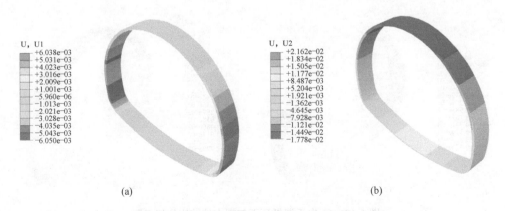

图 5-15　4 次干湿循环下初期支护结构位移云图
(a) 水平向位移；(b) 竖直向位移

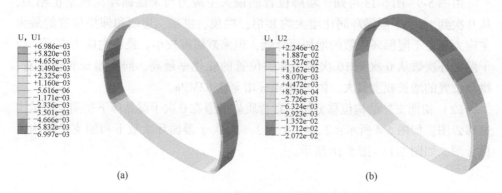

(a)　　　　　　　　　　　　　(b)

图 5-16　8 次干湿循环下初期支护结构位移云图

（a）水平向位移；（b）竖直向位移

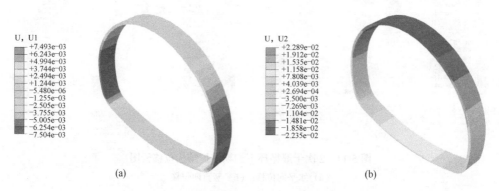

(a)　　　　　　　　　　　　　(b)

图 5-17　12 次干湿循环下初期支护结构位移云图

（a）水平向位移；（b）竖直向位移

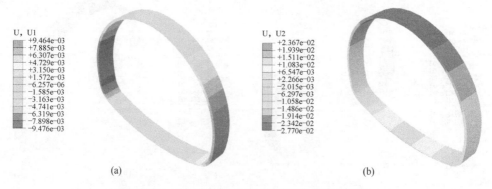

(a)　　　　　　　　　　　　　(b)

图 5-18　16 次干湿循环下初期支护结构位移云图

（a）水平向位移；（b）竖直向位移

由图 5-14~图 5-18 可知，石膏质围岩经历干湿循环次数从 0 次到 16 次的过程中，就初期支护各位置的水平位移而言，墙脚、拱腰、拱顶和边墙位置位移均增加，其中边墙位置位移变化最为显著，从 0.35cm 增加至 0.84cm，同比提高约 1.5 倍。从初期支护各位置的竖直位移来看，拱腰、拱顶、边墙和仰拱位置的位移均不同程度增加，其中拱顶位置为位移最大处，位移达到 2.77cm，同比增长约 1.2 倍。干湿循环作用下，石膏质围岩加剧劣化，围岩塑性区扩大，使支护结构承受的应力加大，导致支护结构位移大幅度增加。

5.4.4 初期支护结构内力分析

通过对不同干湿循环次数下，初期支护结构主要位置的应力和位移研究发现，干湿循环 16 次时，初期支护结构受到的围岩压力和位移最大。因此，针对干湿循环作用后初期支护结构的内力分析，以 0 次和 16 次干湿循环为研究对象。由式（5-18）、式（5-19）计算得到 0 次和 16 次干湿循环作用后初期支护结构的轴力和弯矩，分别如图 5-19、图 5-20 所示。

由图 5-19 可知，在干湿循环作用前，拱顶位置的轴力最大，为 -2192.58kN；墙脚位置的轴力最低，为 -1299.63kN。围岩经历 16 次干湿循环后，初期结构各位置的轴力均增长，其中最大轴力仍然在拱顶位置，为 -2441.05kN，提高约 11%；仰拱位置的轴力变化微小，仅增长 -13.70kN。

由图 5-20 可知，在围岩经历 16 次干湿循环作用后，初期支护结构各位置的弯矩均增加，其中拱顶位置在干湿循环前后皆为弯矩最大处，且增加量最高，为 -9.39kN·m。在围岩压力作用下，拱顶、边墙和仰拱部位向洞内收敛变形；此外，拱腰和墙脚位置受到挤压，向洞外进行收敛变形。

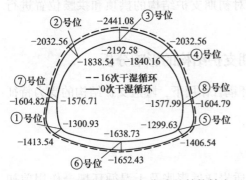

图 5-19 干湿循环作用后初期支护结构轴力分布图（单位：kN）

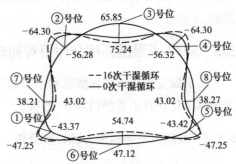

图 5-20 干湿循环作用后初期支护结构弯矩分布图（单位：kN·m）

隧道开挖初期，围岩受干湿循环作用影响较小，隧址区应力重分布完成；随着干湿循环次数的增加，石膏质围岩劣化加深，围岩自承能力下降，隧址区应力平衡状态进一步打破，洞周应力调整范围增大，引起支护结构所受的围岩压力增加，最后导致初期支护结构轴力和弯矩增大。

5.4.5　初期支护结构安全性分析

根据 0 次和 16 次干湿循环作用后初期支护各位置的内力，结合式（5-20）、式（5-21）可计算得到各位置的安全系数，如图 5-21 所示。

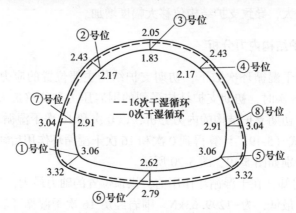

图 5-21　干湿循环作用后初期支护结构安全系数

由图 5-21 可知，在围岩经历 16 次干湿循环后，初期支护结构各位置的安全系数均降低，拱顶位置安全系数衰减最为严重，由 2.05 下降至 1.83，缩减约 11%；虽满足规范。通过分析可知，经过 16 次干湿循环，拱顶和拱腰位置的安全系数就出现大幅度降低；若干湿循环次数进一步增加，初期支护结构可能会发生破坏。因此，有必要采取针对性措施对初期支护结构的拱顶和拱腰位置进行加固。

5.5　膨胀-干湿循环耦合作用对初期支护结构的影响分析

本节研究石膏质岩在膨胀和干湿循环耦合作用下，隧道支护结构的受力特征及位移变化，其中干湿循环取 16 次。

5.5.1　初期支护结构应力及位移分析

（1）初期支护结构应力分析。石膏质岩隧道膨胀及干湿循环耦合作用前初期支护结构主应力云图，如图 5-22 所示；石膏质岩隧道膨胀及干湿循环耦合作用后初期支护结构位移云图，如图 5-23 所示。

由图 5-22、图 5-23 可知，当石膏质围岩经历膨胀和干湿循环耦合作用后，从初期支护结构所受的最大主应力分析可得，墙脚位置的应力在膨胀或干湿循环

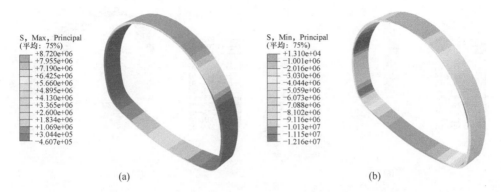

图 5-22 膨胀与干湿循环耦合作用前初期支护结构主应力云图

(a) 最大主应力；(b) 最小主应力

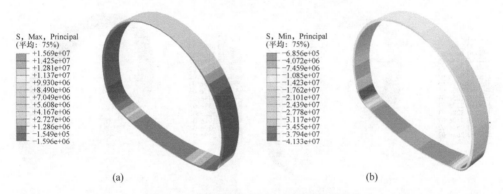

图 5-23 膨胀与干湿循环耦合作用后初期支护结构主应力云图

(a) 最大主应力；(b) 最小主应力

作用单一影响下，最高仅为 5.95MPa，而在两者耦合作用下，达到 14.76MPa；拱顶、仰拱、拱腰位置的应力无论是在膨胀或干湿循环单一作用下，还是二者耦合作用下均降低；边墙位置的应力在膨胀作用下增大，在干湿循环作用下降低，耦合情况下同比提高约 2 倍。就初期支护结构所受的最小主应力而言，在膨胀和干湿循环耦合作用下，墙脚位置的应力降低约 65%；仰拱、边墙、拱顶和拱腰位置的应力均增大，其中仰拱位置应力变化率最大，由 0.48MPa 增至 8.25MPa，同比提高约 16 倍；拱顶位置应力涨幅最高，由 1.20MPa 提高至 11.28MPa，增长约 10.08MPa。

（2）初期支护结构位移分析。石膏质岩隧道膨胀及干湿循环耦合作用前初期支护结构位移云图，如图 5-24 所示；石膏质岩隧道膨胀及干湿循环耦合作用后初期支护结构位移云图，如图 5-25 所示。

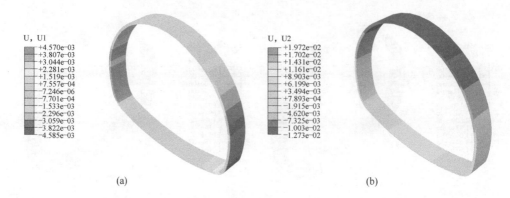

图 5-24　膨胀与干湿循环耦合作用前初期支护结构位移云图
(a) 水平向位移；(b) 竖直向位移

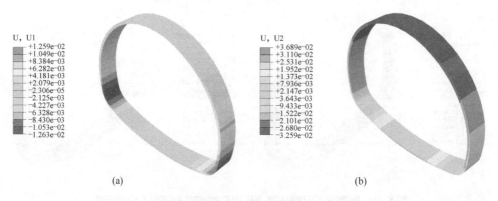

图 5-25　膨胀与干湿循环耦合作用后初期支护结构位移云图
(a) 水平向位移；(b) 竖直向位移

　　根据图 5-24、图 5-25 分析可得，在膨胀和干湿循环作用下，就初期支护各位置的水平位移而言，墙脚、拱腰、拱顶和边墙位置位移均增加，其中边墙位置位移变化最为显著，从 0.35cm 增加至 0.56cm，提高约 60%，但相比单一干湿循环作用时有所降低，这是由于膨胀力作用抵御了部分由干湿循环作用引起的位移。从初期支护各位置的竖直位移来看，拱腰、拱顶、边墙和仰拱位置的位移均不同程度增加，其中仰拱位置处位移最大，位移达到 3.69cm；拱顶位置位移变化幅度最大，由 1.27cm 增至 3.26cm，同比提高约 1.56 倍。

　　通过对膨胀和干湿循环耦合作用下初期支护结构的应力和位移分析后可知，围岩膨胀后对隧道初期支护结构产生向内的挤压应力，加之随着干湿循环次数的增加，石膏质围岩加剧劣化，围岩塑性区扩大，导致支护结构所受应力远比二者单一作用时大。

5.5.2 初期支护结构内力分析

通过对数值模拟结果分析，获得图 5-1 中初期支护结构各测点在膨胀前后的内外侧应变 $\varepsilon_{外}$ 和 $\varepsilon_{内}$，结合式（5-18）、式（5-19）计算得到膨胀及干湿循环耦合作用前后初期支护结构的轴力和弯矩，分别如图 5-26、图 5-27 所示。

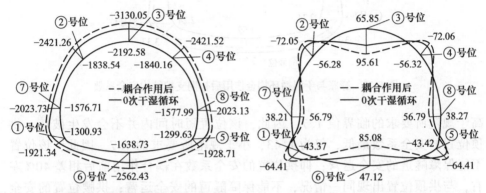

图 5-26　膨胀与干湿循环耦合作用后初期
支护结构轴力分布图（单位：kN）

图 5-27　膨胀与干湿循环耦合作用后初期
支护结构弯矩分布图（单位：kN·m）

由图 5-26 可知，初期支护结构各位置的轴力分布在膨胀与干湿循环耦合作用前后都具有对称性，大致呈"类三角"型，且各位置的轴力相较于单一作用后的轴力有大幅度增加；墙脚、拱腰、拱顶、仰拱、边墙位置的轴力在耦合作用下轴力分别最高增加 620.41kN、582.72kN、937.47kN、923.70kN、447.02kN。其中仰拱变化率最高，增幅达到 56%。

由图 5-27 可知，膨胀与干湿循环耦合作用前后初期支护结构各位置的弯矩呈"蝴蝶"型分布，且各位置弯矩均有不同程度的增加。在耦合作用后，墙脚位置的弯矩最高增加量为 21.03kN·m，是耦合作用前的 1.5 倍左右；拱腰位置的弯矩增长量为各位置中最低；拱顶位置的弯矩由 65.85kN·m 增至 95.61kN·m；所有位置中，仰拱位置的弯矩增长量最高，为 37.96kN·m。

5.5.3 初期支护结构安全性分析

根据膨胀及干湿循环作用前后初期支护各位置的内力，结合式（5-20）、式（5-21）可计算得到各位置的安全系数，如图 5-28 所示。

由图 5-28 可知，石膏质围岩经历膨胀与干湿循环耦合作用后，初期支护结构各位置的安全系数相较于二者单一作用下进一步劣化。在膨胀和干湿循环耦合作用后，墙脚为安全系数降低量最高的位置，降低后达到 2.24，仍远

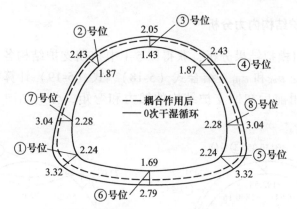

图 5-28 膨胀与干湿循环耦合作用后初期支护结构安全系数

高于规范所要求的临界值 1.7，因此，该位置短时间内并不会发生破坏；拱顶位置的安全系数最低，仅为 1.43，小于规范所要求的 1.7，因此，该位置不能保障隧道的安全运营；仰拱位置的安全系数在耦合作用前后相差 40% 左右，与拱顶位置出现同一情况，不能保障隧道的安全运营；拱腰位置的安全系数在耦合作用后降至 1.87，接近临界值 1.7；边墙位置的安全系数在耦合作用后下降约 25%。

根据对膨胀与干湿循环耦合作用前后初期支护结构安全系数分析，发现初期支护各位置的安全系数均有大幅度下降，其中拱顶和仰拱位置的安全系数小于临界值 1.7，不能保障隧道的安全运营。因此，为保障隧道的长期安全运营，需要对拱顶和仰拱位置进行加固补强。

5.6 本章小结

通过 ABAQUS 有限元软件分别对膨胀作用、干湿循环作用以及二者耦合作用下石膏质岩隧道初期支护结构的受力特征、位移变化以及安全系数分析，得到如下结论：

（1）在膨胀作用下，墙脚和拱腰位置出现应力集中；拱顶和仰拱拉应力降低，压应力增加；最大水平位移为 0.37cm，于墙脚位置；仰拱位置的竖直向位移最大，为 2.38cm；初期支护结构各位置的轴力和弯矩均增大，其最大值分别为 2610.05kN、78.27kN·m；在膨胀后的安全系数均未低于临界值 1.7，故仍处于安全状态。

（2）在 16 次干湿循环作用下，仰拱位置的压应力增长 3 倍，拱顶位置的压应力增加 2.62MPa；水平向位移峰值出现于边墙位置，达到 0.84cm；竖直向位移最大值出现在拱顶位置，为 2.77cm；拱顶位置的轴力和弯矩最大；从初期支护各位置的安全系数来看，拱顶为薄弱点。

（3）在膨胀与干湿循环耦合作用下，初期支护结构各位置的应力、位移均有不同程度的增加，且皆比二者单一作用时大；二者耦合作用时，轴力峰值出现在拱顶位置，弯矩最大值处于仰拱位置；初期支护结构各位置的安全系数均有大幅度下降；拱顶和仰拱位置的安全系数小于临界值 1.7，故必须对其加固补强，以保证隧道后期的安全运营。

6 基于正交设计的混凝土渗裂性能影响因素的显著性研究

6.1 问题的提出

随着隧道工程的不断发展，人们逐渐意识到，评价混凝土的性能不应该以强度为唯一指标，更重要的是注重混凝土本身的耐久性能，于是国内外学者对此展开了广泛且深入的研究。其中，针对混凝土的抗渗性能取得了一些具有指导意义的研究成果。学者普遍认为水灰比、原材料品质、粗细骨料级配等均是影响混凝土抗渗性能的显著因素，并提出了很多解决方法，如掺入各种矿物掺合料、加入纤维和掺入外加剂等。但既有研究大多是考虑单一因素对其抗渗性能的影响，综合考虑多因素作用下对混凝土力学性能及抗渗性能影响的显著性研究还相对较少。因此，本章将针对粉煤灰、聚丙烯纤维和渗透结晶型防水剂三个因素进行正交试验研究，以此确定不同材料的合理掺量，以及它们对混凝土抗渗性能影响大小的主次顺序，从而为衬砌结构防水混凝土的制备提供参考。

6.2 基准配合比设计

进行正交设计之前，首先要对基准混凝土进行配合比设计，在基准配合比的基础上，用粉煤灰和渗透结晶型防水剂等量取代水泥用量，从而保证各组试件的水灰比保持不变。并且，基准混凝土在试验中，也能起到空白对照的作用，用于评价正交试验中各组试样的改性效果。通过对基准配合比进行计算以及试拌，能够保证混凝土的工作性能和力学性能，是整个试验的重要基础。

6.2.1 原材料及性能指标

（1）水泥：《普通混凝土配合比设计规程》（JGJ 55—2011）规定，对于有抗渗性能要求的混凝土，水泥宜采用普通硅酸盐水泥。因此，本书采用四川金顶股份有限公司生产的 42.5 级的普通硅酸盐水泥。其部分性能指标如表 6-1 所示。

表 6-1　水泥物理力学性能指标

标号	标准稠度用水量/%	安定性	细度/%	凝结时间/min		抗折强度/MPa		抗压强度/MPa	
				初凝	终凝	3d	28d	3d	28d
P·O 42.5	26.7	合格	1.3	170	235	3.68	7.24	17.5	52.3

（2）粗骨料：对于有抗渗性能要求的混凝土，其粗骨料宜采用具有连续级配的碎石，最大公称直径不宜大于 40mm。为提高混凝土内部的密实性，并保证粗骨料满足相关要求，本书采用公称直径为 5~16mm 的连续级配碎石。首先对采购回来的碎石进行筛分，筛子的孔径为 16mm。随后将满足最大公称直径限值的碎石进行晾晒，使其处于干燥状态。最后对碎石随机取样，并进行筛分试验。

对于公称直径为 5~16mm 的碎石，取样的最小质量为 3.2kg，本次取样质量为 5kg；首先将样品进行充分混合，使不同直径的碎石分布均匀；再将试样分成四份，选取其中两份进行筛分；筛孔直径从上到下依次为：16mm、13.2mm、9.5mm、4.75mm；最后将样品分批次放在摇筛上进行筛分，筛分时间不得低于 2min。筛分结果如表 6-2 所示。粗骨料的颗粒级配曲线如图 6-1所示。

表 6-2　粗集料筛分结果

筛子孔径/mm	分计筛余/%	累计筛余/%
16.0	0	0
13.2	9.76	9.76
9.5	62.76	72.52
4.75	26.32	98.84
<4.75	1.16	100

（3）细骨料：与粗骨料一样，细骨料在混凝土中也能起到骨架和分隔胶凝材料的作用，从而减少胶凝材料的收缩开裂。级配良好的细骨料能够更好地填充粗骨料之间的空隙，使混凝土具有更好的密实性，从而提高混凝土的强度及抗渗性能。此外，若细骨料的含泥量或云母含量过高，会导致混凝土的需水量增加，且难以保证拌合物的工作性能。因此，在选用细骨料之前，应对其各项指标进行测试，以满足试验研究的需要。本书采用机制砂作为混凝土的细骨料，通过对其进行筛分试验及各类测试，得到机制砂的性能指标如表 6-3 所示，颗粒级配曲线如图 6-2 所示。

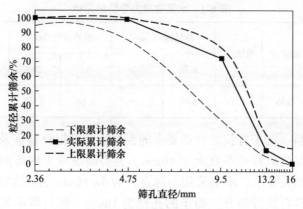

图 6-1 碎石颗粒级配曲线

表 6-3 细骨料的性能指标

测试指标	标准要求	测试结果
含泥量/%	<3.0	0.9
泥块含量/%	<1.0	0.0
有机物含量（比色法）	浅于标准色	浅于标准色
云母含量/%	≤2.0	0.3
表观密度/kg·m⁻³	>2500	2530
堆积密度/kg·m⁻³	>1350	1480

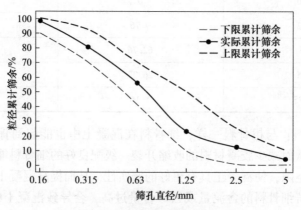

图 6-2 砂的颗粒级配曲线

测试结果表明，机制砂的各项性能指标均符合要求，可以用于试验研究。通过计算，所用砂的细度模数为 2.6，属于中砂，且颗粒级配处于Ⅱ区，满足《普通混凝土配合比设计规程》（JGJ 55—2011）中对于抗渗混凝土所用原材料的性能要求。

（4）粉煤灰：在混凝土中掺入适量的粉煤灰，不仅能够节约大量的水泥和细骨料，降低成本，还能够减少拌合物用水量，改善和易性，提高混凝土的抗渗性能以及抗离子侵蚀性能。鉴于粉煤灰的优良性能，《普通混凝土配合比设计规程》（JGJ 55—2011）要求，对于抗渗混凝土，宜选用Ⅰ级或Ⅱ级粉煤灰作为混凝土的矿物掺合料。本试验选用河南铂润铸造材料有限公司生产的Ⅰ级粉煤灰，由该公司提供的产品检测报告如表6-4所示。

表6-4 粉煤灰性能指标

检测项目	技术要求	检测结果
细度/%	5mm 方孔筛≤5	16
烧失量/%	≤5	2.8
三氧化二铝/%	≤30	24.2
二氧化硅/%	≤50	45.1
三氧化硫/%	≤3	2.1
氧化钙/%	≤10	5.6
密度/g·cm^{-3}	2.1~3.2	2.55
堆积密度/g·cm^{-3}	0.63~1.38	1.12

（5）水泥基渗透结晶型防水材料：为使所制备的混凝土具备一定的自修复性能，本书采用由北京诚荣防水材料有限公司提供的 XYPEX（赛柏斯）渗透结晶型防水材料，这种材料是由国外提供母料，在国内进行生产的一种具备独特结晶作用的干粉混合剂，其主要的性能指标如表6-5所示。

表6-5 水泥基渗透结晶型防水剂主要性能指标

测试项目	技术要求	检测结果
外观	均匀，无结块	均匀，无结块
含水率/%	≤1.5	0.0
细度，0.63mm 筛余/%	≤5.0	1.2
氯离子含量/%	≤0.1	0.05
减水率/%	<8.0	7.0

测试项目		技术要求	检测结果
含气量/%		≤3.0	2.0
凝结时间差	初凝/min	>-90	-75
	终凝/h	—	—

（6）聚丙烯纤维：聚丙烯纤维是由丙烯聚合物制成的烯烃类纤维，其表面具有憎水性，且具备强度高、相对密度小、耐化学腐蚀等优良性能。有研究表明，在混凝土中掺入少量的聚丙烯纤维，能够有效抑制混凝土的早期收缩开裂，改善混凝土的抗渗、抗冻及抗冲磨等性能。试验所用纤维为长沙柠祥建材有限公司生产的长度为 19mm 的聚丙烯纤维，其主要性能指标如表 6-6 所示。

表 6-6　聚丙烯纤维性能指标

测试项目	技术要求	检测结果
抗拉强度/MPa	350~537	469
断裂伸长率/%	≤30	28.4
弹性模量/MPa	≥4000	4236
密度/g·cm⁻³	0.91	0.91
直径/μm	18~78	32.7
熔点/℃	169	169

6.2.2　基准配合比计算

隧道二次衬砌混凝土具有低强度、高流动性和高抗渗性的特点。与其他建筑的混凝土不同，用于二次衬砌结构的混凝土对强度的要求并不高，因为隧道的大部分荷载主要由初期支护承担，二次衬砌主要是起到安全储备的作用，因此本书将对强度等级为 C35 的混凝土进行配合比设计。又由于隧道施工环境的局限性，导致混凝土的振捣工作不易进行，因此对混凝土拌合物的工作性能要求较高。所以对配合比进行计算时，在保证强度的前提下，要着重控制混凝土的和易性，使其满足施工要求。

依据《普通混凝土配合比设计规程》（JGJ 55—2011）对配合比进行计算，具体步骤如下：

（1）配制强度。当混凝土的设计强度等级小于 C60 时，配制强度应按式（6-1）确定：

$$f_{cu, 0} \geq f_{cu, k} + 1.645\sigma \tag{6-1}$$

式中，$f_{cu, 0}$ 为混凝土配制强度；$f_{cu, k}$ 为混凝土立方体抗压强度标准值，取 35MPa；σ 为混凝土抗压强度标准差，对于 C25~C45 的混凝土可取 5.0。

计算可得混凝土的试配强度为 43.2MPa。

（2）水胶比。当混凝土强度等级低于 C60 时，其水胶比应按式（6-2）进行计算：

$$\frac{W}{B} = \frac{\alpha_a f_b}{f_{cu, 0} + \alpha_a \alpha_b f_b} \tag{6-2}$$

式中，W/B 为混凝土计算水胶比；α_a 和 α_b 为回归系数，对于粗骨料为碎石的混凝土，应分别取 0.53 和 0.20；f_b 为胶凝材料 28d 胶砂抗压强度值，可取实测值，也可以按照《普通混凝土设计规程》中的第 5.1.3 条进行计算，这里取计算结果为 39.4MPa。

最终可以得到混凝土的计算水胶比为 0.44。

（3）用水量。混凝土拌合物的用水量与骨料种类、坍落度要求紧密相关。由于试验的目的是配制出高抗渗及工作性能良好的高性能混凝土，因此采用的骨料是连续级配的碎石和中砂，对塌落度的要求是 180~200mm。根据《普通混凝土配合比设计规程》中的 5.2.1 节对用水量进行计算，得到未掺外加剂时推定的满足实际坍落度要求的每立方米混凝土用水量为 255kg。显然，这样的用水量过大，因此需要掺入减水剂。试验采用聚羧酸高效减水剂，其具有减水率高，流动性好以及抗裂减缩的作用。减水率可达到 30% 以上，掺入减水剂后，混凝土每立方米用水量可按式（6-3）进行计算：

$$m_{w0} = m'_{w0}(1 - \beta) \tag{6-3}$$

式中，m_{w0} 为混凝土每立方米用水量；m'_{w0} 为未掺入外加剂时的推定用水量；β 为外加剂的减水率。

算得用水量为 176kg/m^3。

（4）胶凝材料总量。水胶比和单方用水量确定后，就可以按式（6-4）计算得到每立方米胶凝材料总量为 400kg。

$$m_{b0} = \frac{m_{w0}}{W/B} \tag{6-4}$$

（5）砂率。砂率是指混凝土体系中砂子占砂、石总质量的百分比，是混凝土配合比设计中的重要参数之一。砂率对混凝土的工作性能影响很大：砂率过小，在水灰比不变的情况下，会导致砂浆富余，很容易出现离析、泌水的现象；砂率过大，又会导致混凝土的流动性和黏聚性下降；合理的砂率能够使混凝土具有良好的流动性、黏聚性及保水性。因此确定合理的砂率，就显得尤为重要。

砂率应根据骨料的技术指标、混凝土拌合物性能和施工要求，参考既有历史资料确定。根据规范要求，坍落度为 10~60mm 的混凝土，当粗骨料的最大公称直径为 16mm 时，其砂率下限值为 33%，坍落度每增加 20mm，砂率增加 1%，由此可初步确定砂率为 39%。但最终的砂率还需要对混凝土进行室内试拌试验进行确定。

（6）粗细骨料用量。采用质量法对配合比进行设计，粗、细骨料用量应按式（6-5）计算，砂率应按式（6-6）计算：

$$m_{f0} + m_{c0} + m_{s0} + m_{g0} + m_{w0} = m_{0p} \qquad (6-5)$$

$$\frac{m_{s0}}{m_{s0} + m_{g0}} \times 100\% = 39\% \qquad (6-6)$$

式中，m_{f0} 为矿物掺和料的用量，kg/m^3；m_{c0} 为水泥用量，kg/m^3；m_{s0} 为细骨料用量，kg/m^3；m_{g0} 为粗骨料用量，kg/m^3；m_{w0} 为水的用量，kg/m^3；m_{0p} 为每立方米混凝土拌合物的假定质量，kg/m^3，取 $2400kg/m^3$。

计算可得粗骨料用量为 $1112kg/m^3$，细骨料用量为 $712kg/m^3$。

通过对混凝土体系中的各参数进行确定，最终得到基准混凝土计算配合比如表 6-7 所示。

表 6-7　C35 基准混凝土计算配合比

原材料	水泥	细骨料	粗骨料	水	减水剂
每立方米用量	400	712	1112	176	0.8
/kg·m⁻³	1	1.78	2.78	0.44	0.002

6.2.3　混凝土室内试拌试验

由于原材料的性质各有差异，根据规范得出的计算配合比还不能够直接用于试件制备。需要对计算配合比进行试配和试拌，确定最终的试验配合比，以保证混凝土拌合物的和易性及基本力学性能。

混凝土搅拌机采用容量为 50L 的强制式搅拌机，如图 6-3 所示。搅拌机制如下：先将水泥和细骨料投入搅拌机中拌和 2min；再加入水，使水泥和细骨料形成水泥砂浆；随后加入碎石，搅拌 4min，使水泥砂浆充分包裹石子；最后加入减水剂，调整拌合物的流动性。搅拌完成后，将拌合物倒出，观察其是否出现泌水现象，随后立即进行坍落度试验。试验方法按照《普通混凝土拌合物性能试验标准》（GB/T 50080—2016）进行。试验仪器为坍落度仪和钢尺，试验时应分三次将混凝土拌合物装入坍落度筒，每次装料高度约为筒高的三分之一，每次装完后，用捣棒由边缘向中间插捣。装料完成后，将筒口抹平，并在 3~7s 内，稳定提起坍落度筒，当拌合物不再继续坍落时，测试坍落度值。在此过程中，要注意观察试样是否发生一边崩坍或剪坏的现象，若出现此现象，将视为混凝土拌合物的黏聚性不良。试验过程如图6-4所示。

坍落度试验结束后，将混凝土装模成型，并在振动台上进行振动，如图6-5所示。其目的是排出内部气泡，使其更加密实，振动完成后，将试模表面抹平。试件浇筑完成后，静置24h脱模，并将其送入标准养护箱中进行养护，7天后进行抗压强度试验，测试混凝土的早期强度。试拌试验的结果如表6-8所示。

图 6-3 强制式搅拌机　　　　图 6-4 坍落度试验　　　　图 6-5 振动台

表 6-8 试拌结果

原材料	水泥	细骨料	粗骨料	水	减水剂	砂率	水胶比	结果
计算配合比	400	712	1112	176	0.8	39%	0.44	保水性不良
调整水胶比	400	712	1112	160	0.8	39%	0.40	流动性不良
调整砂率	400	748	1076	176	0.8	41%	0.44	和易性良好

通过试拌，发现按照计算配合比配制出的混凝土，出现了泌水的现象，因此要对计算配合比进行调整。第一种方法是保持胶凝材料用量的前提下，降低水胶比，但发现当用水量降低后，混凝土流动性受到较大影响，坍落度值只有94mm左右。第二种方法是增加砂率，提高混凝土的比表面积，从而在保证相同坍落度的前提下，增加需水量，减少自由水的含量。通过试拌，发现将砂率提高2%之后，混凝土拌合物具有良好的和易性，且7d抗压强度为32.3MPa，满足隧道衬砌混凝土对早期强度及工作性能的要求。由此可确定基准混凝土的试验配合比如表6-9所示。

表 6-9 C35 基准混凝土试验配合比

原材料	水泥	细骨料	粗骨料	水	减水剂
每立方米用量	400	748	1076	176	0.8
$/\mathrm{kg \cdot m^{-3}}$	1	1.87	2.69	0.44	0.002

6.3　正交试验方案设计

本节的试验目的是探究粉煤灰、聚丙烯纤维以及渗透结晶型防水剂的掺量对混凝土力学性能及抗渗性能的影响规律及显著性，并确定三者的最优复合掺量。这是一个多因素试验，如何选取试验方案是一个重要问题。试验安排不合理，不仅会导致试验次数增加，而且不一定能够得到满意的试验结果；试验安排合理，不仅能够提高工作效率，避免盲目性，还能够得到理想结果。正交试验就是研究和处理多因素试验的一种科学方法，其具有"均衡分散，整齐可比"的特点，即能够在考察范围内，均衡抽取代表性较强的少数试验条件，并通过较少的试验次数，得到最优的解决方案。

6.3.1　正交试验基本原理

正交试验是利用数理统计学和正交性原理，从大量试验点中选取适量的具有代表性的试验点，并利用正交表合理安排试验的科学方法。其原理可以用图 6-6 进行理解。

图中字母 A、B、C 代表三种不同的影响因素，其分别对应三个平面，总共 9 个平面，平面两两相交共产生 27 个交点。这27 个交点就代表全面试验法所对应的试验次数，这无疑是较为庞大的数字，若每个试验还要进行至少一次重复试验，则要做54 次试验。而正交试验则是从这 27 个试验点中，选取有代表性的点。选点的原则是每一行和每一列上的点数要相等。这样一来，就可以做出图 6-6 的设计，其中每个平面都有 3 个试验点，且每行、每列都只有一个点，共 9 个点。这样就使得试验点分布均匀，并且试验次数不多。对于全体

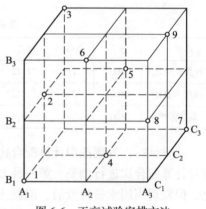

图 6-6　正交试验安排方法

试验点而言，这 9 个点只是部分试验，但对于其中任意两个因素而言，却是具有等量重复的全面试验，这样就不会漏掉主要因素的各种可能搭配。

正交试验的正交性可以通过正交表来体现。正交表的表示方法为 $L_a(B_c)$，其中 L 为正交表的代号；a 代表试验次数；B 为因素的水平数；c 为最多允许安排的因素个数。以 $L_9(3_4)$ 为例，其正交表如表 6-10 所示。

表中数字"1""2""3"代表因素的不同水平，其具有两个特点：一是每列中，三个水平出现的次数相同；二是任意两列的数字对出现的次数也相同。这就是正交试验的"正交性"。由表 6-10 可知，每个因素水平的变化都呈现出一定的

规律，且每个因素出现的次数相同，这就使得其他因素对重点关注因素的影响大致相同，从而排除了干扰因素，试验结果也就代表了重点关注因素的影响效应。又因为各因素组合均衡，就可以利用试验结果的平均值消除由于分散性而可能产生的误差，从而评估各因素的效应大小，这就是正交试验的"整齐可比性"。因此，采用正交表对试验方案进行设计，既能够提高工作效率，还可以通过分析试验结果得到研究对象内在的客观规律。

表 6-10 L^9 (3_4) 正交表

试验号	A	B	C	D
1	1	1	1	1
2	2	2	2	1
3	3	3	3	1
4	1	2	3	2
5	2	3	1	2
6	3	1	2	2
7	1	3	2	3
8	2	1	3	3
9	3	2	1	3

6.3.2 参数选取及试验安排

在进行正交试验设计之前，应首先明确试验目的，并针对试验目的提出试验指标用以评价试验结果的好坏。本节的试验目的是通过向混凝土中同时掺入不同的材料，提高隧道二次衬砌结构混凝土的耐久性能及抗裂性能。针对这一试验目的，提出三个试验指标，分别是混凝土抗压强度、劈裂抗拉强度和渗透高度。抗压强度是为了保证衬砌结构的承载能力；劈裂抗拉强度是评价混凝土抗裂性能的常用指标；混凝土渗透高度能够体现其抗水渗透的能力。

试验指标确定后，选取可能对试验结果产生影响的因素，并确定相应的水平。因素的选取往往需要一定的实践经验以及文献资料的支撑。针对抗渗混凝土而言，影响其抗渗性能的因素有很多。通过充分调研和总结既有研究成果，本书取矿物掺和料的代表性材料——粉煤灰、纤维的代表性材料——聚丙烯纤维以及外加剂的代表性材料——水泥基渗透结晶型防水剂作为提高混凝土抗渗及抗裂性能的三个因素。在充分查阅相关文献的基础上，确定三个因素的对应水平如表 6-11 所示。

表 6-11   因素-水平表

水 平	A 粉煤灰掺量/%	B 纤维掺量/kg·m⁻³	C CCCW 掺量/%
1	15	1.0	1.0
2	20	1.5	2.0
3	25	2.0	3.0

注：表中粉煤灰和 CCCW 的占比是指混凝土配合比中占胶凝材料总量的百分比。

正交试验的因素和水平确定后，就可以选择合适的正交表进行表头设计。正交表不宜过大或过小，过大的正交表不仅对试验结果没有太大的贡献，而且会影响工作效率；过小的正交表又会影响到试验精度。由于本次试验涉及三个因素和三个水平，因此选用 $L_9(3_4)$ 正交表来安排试验最为合理。试验设计时，因素 A、B、C 可任意安排在表中的某一列，且每个因素所对应的三个水平可以进行随机化处理，即不一定按照水平的大小顺序进行排列，这样做可以减少意义较小组合出现的次数。试验安排完成后，就可以得到如表 6-12 所示的正交试验方案。在后续进行试验时，宜采取随机试验的方式，即不一定按照表中的序号顺序进行试验，从而最大限度地减少由于人为先后操作不均匀而产生的误差。

表 6-12   正交试验方案

试 验 号	A 粉煤灰掺量/%	B 纤维掺量/kg·m⁻³	C CCCW 掺量/%	D 空白列
1	15	1.0	1.0	1
2	20	1.5	2.0	1
3	25	2.0	3.0	1
4	15	1.5	3.0	2
5	20	2.0	1.0	2
6	25	1.0	2.0	2
7	15	2.0	2.0	3
8	20	1.0	3.0	3
9	25	1.5	1.0	4

注：表中粉煤灰和 CCCW 的占比是指混凝土配合比中占胶凝材料总量的百分比。因素 D 为空白列，没有实际意义。

6.4 混凝土力学性能及耐久性能室内试验

6.4.1 试件制备

混凝土试件的配合比是以 C35 试验配合比为基准，为保证水胶比一定，粉煤灰和渗透结晶型防水剂以等量取代水泥的方式掺入到拌合物中。正交试验的 9 组试件配合比及基准混凝土配合比如表 6-13 所示。

表 6-13 试件配合比 （kg/m³）

编号	水胶比	水泥	中砂	碎石	水	减水剂	粉煤灰	纤维	CCCW
L-0	0.44	400	748	1076	176	0.8	0	0	0
L-1	0.44	336	748	1076	176	0.8	60	1.0	4.0
L-2	0.44	312	748	1076	176	0.8	80	1.5	8.0
L-3	0.44	288	748	1076	176	0.8	100	2.0	12.0
L-4	0.44	328	748	1076	176	0.8	60	1.5	4.0
L-5	0.44	316	748	1076	176	0.8	80	2.0	4.0
L-6	0.44	292	748	1076	176	0.8	100	1.0	8.0
L-7	0.44	332	748	1076	176	0.8	60	2.0	8.0
L-8	0.44	308	748	1076	176	0.8	80	1.0	12.0
L-9	0.44	296	748	1076	176	0.8	100	1.5	4.0

试件的浇筑同样采用强制式搅拌机，浇筑前应精确称量各部分材料的质量，搅拌机制与基准混凝土相似，即先将胶凝材料、砂和聚丙烯纤维投入搅拌机中干拌 2min，使纤维分布均匀，避免出现结团现象；再加入水，搅拌 2min，使其形成水泥砂浆；随后加入碎石和减水剂，充分搅拌 2min。搅拌完成后，入模成型，振捣密实，静置 24h 后脱模编号，并送入标准养护箱中养护 28d。本次试验的力学性能测试均采用 100mm×100mm×100mm 的立方体试件，抗渗性能测试采用 185mm×175mm×150mm 的标准圆台试件，制备过程如图 6-7 所示。

6.4.2 抗压强度试验

混凝土试件养护 28d 后，应及时进行力学性能试验，试验方法参照《混凝土物理力学性能试验标准》（GB/T 50081—2019）进行。本次试验采用的压力机如图 6-8（a）所示。其最大量程为 300t，由油泵加压系统、全数字闭环控制系统及操作系统组成。试验前，应将试件表面和压力机上、下承压板擦拭干净，并在操作系统中设置好相关试验参数。对于强度等级在 C30 到 C60 之间的混凝土，采取

图 6-7　试件制作过程

（a）出料状态；（b）试件成型；（c）养护箱

应力控制时，加载速率最小为 0.5MPa/s，最大为 0.8MPa/s（本次试验采用 0.5MPa/s）。试件应放置在承压板的中心位置，且试件成型时的收浆面不能作为受压面。试件的破坏状态如图 6-8（b）（c）所示，素混凝土为典型的脆性破坏，试件表皮剥落严重，而纤维混凝土被压坏后，还有一定的残余强度，基本能保持为一个整体。这是因为聚丙烯纤维能在混凝土受压开裂时，起到良好的拉结作用，使其不至于发生明显的脆性破坏。

图 6-8　抗压强度试验

（a）抗压强度试验仪器；（b）纤维混凝土；（c）素混凝土

　　同一编号的混凝土应三个为一组，取平均值作为最终抗压强度值，由于本次试验采用的试件为非标准试件，抗压强度平均值还应乘以 0.95 的折减系数。具体计算方法按式（6-7）进行。

$$f_{cc} = \frac{F}{A} \qquad (6-7)$$

式中，f_{cc} 为混凝土立方体试件抗压强度，MPa；F 为试件破坏荷载，N；A 为试件承压面积，mm^2。

6.4.3 劈裂抗拉强度试验

混凝土的抗拉强度对其抗开裂性能有着非常重要的意义。在结构设计时，抗拉强度是评价混凝土抗裂性能的重要指标，有时也用它来评价混凝土基体与钢筋的黏结强度等。通常采用劈裂抗拉强度试验来测定混凝土的抗拉强度。

采用上述压力机控制系统中的"劈裂抗拉强度试验"程序进行试验，试验器材包括钢制弧形垫块、三合板制垫条以及直尺等。试验前应标出试件上、下表面的中线，如图6-9（a）所示，并且收浆面应与受劈裂面处于垂直关系。标出中线后，将试件对齐中线放置在钢制弧形垫块上，且垫块与试件之间应放置垫条。随后将试验装置放置在压力机承压板的正中心进行劈裂试验，如图6-9（b）所示。针对C35混凝土而言，加载速率应为0.05MPa/s到0.08MPa/s之间，本次试验取0.05MPa/s。试件的破坏状态如图6-9（c）所示。

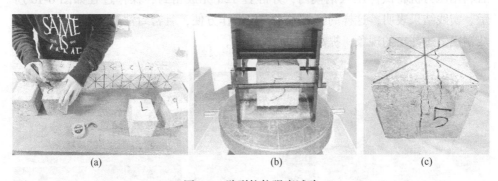

图 6-9 劈裂抗拉强度试验

（a）标出中线；（b）放置试件；（c）破坏状态

混凝土的抗拉强度值同样取三个试件的平均值，且对于非标准试件应取0.95的折减系数。其计算方法应按式（6-8）进行：

$$f_{ts} = \frac{2F}{\pi A} = 0.637 \frac{F}{A} \qquad (6-8)$$

式中，f_{ts}为劈裂抗拉强度值，MPa；F为极限荷载，N；A为劈裂面面积，mm^2。

6.4.4 抗渗性能试验

混凝土的抗渗性是指其抵抗液体或离子受压力、化学势能或电场作用在混凝土中的渗透、扩散和迁移的能力。其中抗液体渗透与抗离子侵蚀息息相关，在隧道工程中，地下水含有很多侵蚀性离子，如硫酸根离子、氯离子等。这些离子在地下水的渗透作用下，侵入到混凝土中，不断腐蚀钢筋混凝土结构，造成钢筋锈蚀和强度破坏，严重威胁结构安全。因此，混凝土的抗液体渗透性能尤为重要。

本书采用 YC-HS4.0 智能型混凝土抗渗仪进行抗渗性能的测定和试验研究。该仪器允许的最大工作压力为 4.0MPa，加压方式为自动加压，一次性可对 6 个试件进行测试，钢模尺寸为上口直径 175mm，下口直径 185mm，高度 150mm，符合《普通混凝土长期性能和耐久性能试验方法标准》（GB/T 50082—2009）中对于试件个数和试件尺寸的要求。抗渗仪由机架、试模、分离器、水泵、蓄水罐和电器控制系统等部分组成，可以通过智能数控表将水压保持在规定范围内来进行试验。

采用渗透高度法进行试验时，首先将试件从养护箱中取出并擦拭干净，随后对试件进行密封。由于采用石蜡的密封方法既污染环境又操作繁琐，密封效果还不好，本书改进了试件的密封方法，即采用橡胶圈和玻璃胶相结合的方式。首先将橡胶圈套在试件的上部和下部两个位置，随后在橡胶圈的位置打上玻璃胶，最后利用压力机将试件压入钢模内，并静置 12h 完成密封，操作过程如图 6-10 所示。实践结果表明，这样的密封方式不仅操作方便，且密封性能良好，减少了水从钢模侧边漏出的现象，提高了试验成功率。

(a)　　　　　　　　　(b)　　　　　　　　　(c)

图 6-10　混凝土抗渗试验

（a）密封方式；（b）压入钢模；（c）安装试件

密封结束后，即可进行试验，在安装试件之前，应打开 6 个水阀，使水注满试验槽，从而排出水管和试验槽中的气体。安装试件时，注意拧紧螺丝，保证整个仪器的密封性。试验开始，将水压设定为 1.2MPa，并观察试件周边是否有水渗出，若出现此类情况，应将该试件取下，重新进行密封。待一组 6 个试件在 1.2MPa 的水压下渗透 24h 后关闭出水阀，结束试验。随后利用压力机将渗透完成的混凝土试件沿中线劈开，用防水笔标出水痕，并将水痕均分为 10 等份，然后测量渗透高度并取平均值，操作过程如图 6-11 所示。

渗透高度的计算按式（6-9）和式（6-10）进行：

$$\overline{h}_i = \frac{1}{10}\sum_{j=1}^{10} h_j \tag{6-9}$$

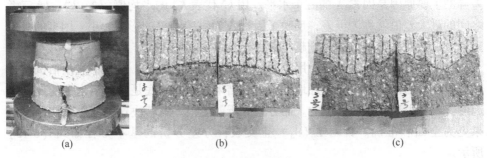

图 6-11　渗透高度测试过程

（a）劈开试件；（b）描出水痕；（c）描出水痕

$$\overline{h} = \frac{1}{6}\sum_{i=1}^{6}\overline{h_i} \tag{6-10}$$

式中，h_j 为第 i 个试件的第 j 个测点的渗透高度值；$\overline{h_i}$ 为第 i 个试件 10 个测点的渗透高度平均值；$\overline{h}$ 为一组试件的渗水高度平均值，mm，是一组试件渗透高度的最终测试结果。

计算出每组试件的渗透高度后，就可以根据水压和渗透时间计算出相对渗透系数，反映混凝土的抗渗能力大小，相对渗透系数越小，说明混凝土抵抗液体渗透的能力越强。其计算方法如下：

$$S_K = \frac{mD_m^2}{2TH} \tag{6-11}$$

式中，S_K 为相对渗透系数，mm/s；m 为混凝土的吸水率，一般取 0.03；D_m 为试件的平均渗透高度，mm；T 为渗透时间，s；H 为水压，用水头高度进行表示，1MPa 的水压相当于 102000mm。

6.5　正交试验结果计算与分析

正交试验的优势是能够利用最少的试验次数，进行较为全面的分析，从而得出多个因素共同作用时，不同因素对试验指标的显著性影响。分析方法包括极差分析和方差分析。

极差分析是利用正交表的整齐可比性，将九组试验分为三组。以因素 A 为例，若将因素 A 水平为"1"的三次试验提取出来，就可以得到一组试验。在这组试验中，A_1 出现的次数为 3 次，而 B、C 的三个水平分别出现了一次。将这组试验的数据和用 K_1^A 表示，就代表了 A_1 出现三次对试验结果的影响和 B、C 的三个水平各出现一次对试验结果的影响。以此类推，就可以计算出 K_2^A 和 K_3^A，比较这三个数据和时，就可以认为，B、C 对试验结果的影响是大致相同的，而引起差异的主要原因是因素 A 的三个水平。用 k_1^A 代表 K_1^A 的平均值，k_1^A、k_2^A、k_3^A 三者之间的最大差值就称为极差，反映了因素 A 对试验结果的影响大小。因素的极差越大，说明对试验结果的影响越显著。

极差分析方法简单易懂，用较少的计算就可得出结果。但其不能预估试验过程中所产生的误差。不能很好地证明试验结果的差异到底是由因素水平的变动引起的，还是由试验误差引起的。而方差分析就能很好地解决这一问题，使分析结果更为全面和准确。针对 $L_9(3_4)$ 正交表，方差分析的基本方程如式（6-12）所示。

$$S_T = S_A + S_B + S_C + S_e \tag{6-12}$$

S_T 为全部试验结果的平均值与单次试验结果的差的平方和，称为总变差平方和，其值由两部分组成：一部分是因素水平的变化引起的变差平方和，称为因素变差平方和，用 S_A、S_B 和 S_C 表示，另一部分是由试验误差产生的变差平方和，称为误差平方和，用 S_e 表示。方差分析的基本思想就是比较因素变差平方和与误差平方和之间的大小，从而判定不同因素对试验结果的影响效应以及试验误差的大小。本节将对试验结果同时进行极差分析和方差分析。

6.5.1　抗压强度试验结果及分析

通过抗压强度试验测定的 10 组混凝土试件的强度值如图 6-12 所示。

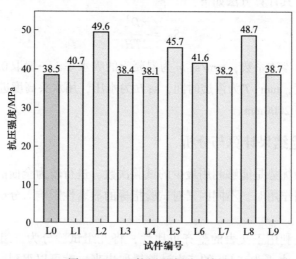

图 6-12　28d 抗压强度测试结果

相较于普通 C35 混凝土，掺入改性材料混凝土的抗压强度普遍有所提升，其中 L2 号混凝土强度增加率最大，为 28.8%，说明将粉煤灰、聚丙烯纤维和 CCCW 进行复掺对混凝土的强度增长有益。但正交试验不能简单地将各组试件进行比较，还需要对试验结果进行极差分析和方差分析，以便探究其内在的影响规律，极差分析结果如表 6-14 所示。

表 6-14 抗压强度极差分析

试件编号	A 粉煤灰掺量/%	B 纤维掺量/kg·m⁻³	C CCCW 掺量/%	抗压强度/MPa
L1	15	1.0	1.0	40.7
L2	20	1.5	2.0	49.6
L3	25	2.0	3.0	38.4
L4	15	1.5	3.0	38.1
L5	20	2.0	1.0	45.7
L6	25	1.0	2.0	41.6
L7	15	2.0	2.0	38.2
L8	20	1.0	3.0	48.7
L9	25	1.5	1.0	38.7
K_1	117	131	125.1	
K_2	144	126.4	129.4	
K_3	118.7	122.3	125.2	
k_1	39.0	43.7	41.7	A>B>C
k_2	48.0	42.1	43.1	
k_3	39.6	40.8	41.7	
R	9.0	2.9	1.4	

　　针对抗压强度而言，三个因素对试验结果影响大小的主次顺序为 A>B>C，即粉煤灰掺量对混凝土的强度影响最为显著，聚丙烯纤维和渗透结晶型防水剂对抗压强度的影响均不明显。粉煤灰提高混凝土强度的原因有三个，分别是火山灰效应、微集料效应以及形态效应。火山灰效应是指粉煤灰中的活性物质能够与水泥水化反应生成的 $Ca(OH)_2$ 发生化学反应，生成结构更为致密的水化硅酸钙和水化铝酸钙，从而提高结构强度。此外，粉煤灰的微小颗粒增加了集料的比表面积，使得拌合物有充足的砂浆去填充粗细骨料间的孔隙，并起到润滑作用，从而改善拌合物的和易性，最终提高混凝土强度，这就是粉煤灰的微集料效应。形态效应是指粉煤灰的颗粒多呈圆珠状，且表面光滑少孔，这样的构造使得拌合物的需水量减少，提高了拌合物的流动性，使混凝土更容易达到密实。粉煤灰、聚丙烯纤维和渗透结晶型防水剂三者表现出了良好的相容性，虽然纤维和防水剂对于强度的贡献不大，但也没有影响粉煤灰发挥作用，三者的最优掺量可以从指标-因素图中分析得出，如图 6-13 所示。

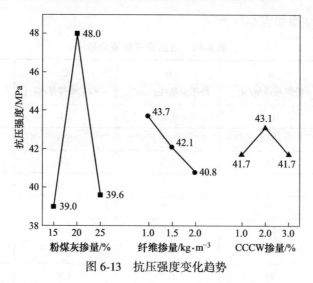

图 6-13 抗压强度变化趋势

粉煤灰的掺量为胶凝材料的20%时，抗压强度值最大，达到了48MPa，但随着掺量的继续增加，强度值又会降到较低水平，这与粉煤灰的性质有关。粉煤灰虽然具备众多优点，但有研究表明，粉煤灰的活性较低，所以当其过度取代水泥后，水化反应生成 C-S-H 凝胶的速度将会显著下降。当混凝土的龄期达到 28d 时，过量未水化的粉煤灰导致水泥石中 C-S-H 胶凝的数量不足，影响了混凝土的抗压强度。

抗压强度值随着纤维掺量的增加而逐渐下降，这是因为聚丙烯纤维的弹性模量仅为混凝土的十分之一，根据复合材料理论，掺入弹性模量较低的纤维，会使混凝土的强度有所下降，但由于掺量较低，这种影响并不显著。当掺量从 $1kg/m^3$，增加到 $2kg/m^3$ 时，强度仅降低了 3MPa 左右，且满足混凝土的设计强度。

渗透结晶型防水剂对混凝土抗压强度的影响规律与粉煤灰类似，同样是先出现峰值，再逐渐下降，其最佳掺量为胶凝材料的 2%。这是因为 CCCW 的水化反应较为缓慢，与粉煤灰的作用机理类似，少量的 CCCW 能够使混凝土结构更为致密，对混凝土强度有一定贡献，但随着掺量的提高，将会造成水泥水化反应不充分，从而导致强度降低。但因为掺量很小，这种影响相当有限，通过方差分析可以得知三个因素对抗压强度影响的显著性，如表 6-15 所示。

表 6-15 抗压强度方差分析

方差来源	变差平方和	自由度	均方	F 值	P 值	显著性
A	152.4	2	76.2	66.8	0.01	影响显著
B	12.6	2	6.3	5.5	0.15	有一定影响
C	4.0	2	2.0	1.8	0.36	无影响
误差	2.3	2	1.1			

通过计算，因素 A 的 P 值小于 0.05，说明粉煤灰的掺量对混凝土抗压强度的影响显著，聚丙烯纤维的掺入对抗压强度影响较小，CCCW 对混凝土抗压强度基本没有影响。综上所述，对于抗压强度这一指标而言，三者的最佳复合掺量为 $A_2B_1C_2$。通过验证试验，测得因素水平组合为 $A_2B_1C_2$ 的混凝土的平均抗压强度为 49.8MPa，显著提高了普通混凝土的抗压承载力。

6.5.2 劈裂抗拉强度试验结果及分析

隧道工程中，由于衬砌开裂引发的渗漏水病害问题屡见不鲜，提高混凝土的抗拉强度，有助于改善由于抗裂性能不足所导致的渗漏水问题。因此研究衬砌结构的抗裂性能具有重要意义。通过劈裂抗拉强度试验测定的 10 组试件的抗拉强度值如图 6-14 所示。

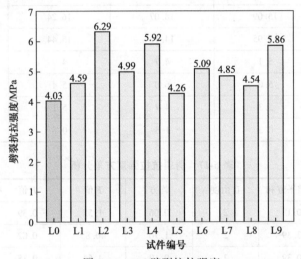

图 6-14　28d 劈裂抗拉强度

基准混凝土的抗拉强度为 4.03MPa，为十组试件中的最低值，抗拉强度最大的两组试件是 L2 号和 L4 号，分别为 6.29MPa 和 5.92MPa，与基准混凝土相比，其增长率分别为 56% 和 47%。从整体上可以看出，粉煤灰、纤维和防水剂的掺入能够提高混凝土的抗裂性能，但为了探究三种因素对抗拉强度的影响大小以及最佳掺量，依然需要对试验结果进行极差分析和方差分析，分析结果如表 6-16 和表 6-17 所示。

表 6-16　劈裂抗拉强度极差分析

试件编号	A 粉煤灰掺量/%	B 纤维掺量/kg·m⁻³	C CCCW 掺量/%	抗拉强度/MPa
L1	15	1.0	1.0	4.59
L2	20	1.5	2.0	6.29

试件编号	A 粉煤灰掺量/%	B 纤维掺量/kg·m⁻³	C CCCW 掺量/%	抗拉强度/MPa
L3	25	2.0	3.0	4.99
L4	15	1.5	3.0	5.92
L5	20	2.0	1.0	4.26
L6	25	1.0	2.0	5.10
L7	15	2.0	2.0	4.85
L8	20	1.0	3.0	4.54
L9	25	1.5	1.0	5.86
K_1	15.35	14.22	14.72	
K_2	15.09	18.07	16.24	
K_3	15.95	14.11	15.44	
k_1	5.1	4.7	4.9	B>C>A
k_2	5.0	6.0	5.4	
k_3	5.3	4.7	5.1	
R	0.3	1.3	0.5	

表 6-17　劈裂抗拉强度方差分析

方差来源	变差平方和	自由度	均方	F 值	P 值	显著性
A	0.13	2	0.06	1.55	0.39	无影响
B	3.39	2	1.70	40.85	0.02	影响显著
C	0.39	2	0.19	4.64	0.18	有一定影响
误差	0.08	2	0.04			

计算结果表明，聚丙烯纤维的掺量是影响混凝土抗拉强度最为显著的因素，其次是渗透结晶型防水剂，粉煤灰对于提高混凝土的抗拉强度无明显作用。与矿物掺和料不同，聚丙烯纤维主要是通过物理作用对混凝土进行改性。纤维束经过充分的搅拌和摩擦，分散为成千上万的纤维单丝，均匀分布于混凝土内部，形成纤维网状结构。这种结构能够起到良好的"承托"作用，使颗粒级配分布更加均匀，虽然会在一定程度上降低拌合物的流动性，但能够使混凝土结构更加密实。此外，聚丙烯纤维还能够显著减少由于早期塑性收缩和温度应力所产生的微裂缝，并降低裂缝两端的应力集中，从而抑制裂缝发展。从劈裂抗拉强度的试验过程中，也可以明显看出聚丙烯纤维的拉结效应。如图 6-15 所示，素混凝土完

成劈裂试验后，直接断裂成两半，而纤维混凝土还能够保持为一个整体，产生的裂缝宽度也相对较小，裂缝中还有无数的纤维单丝起到拉结的作用，这就能从宏观上说明纤维的增强增韧效果。

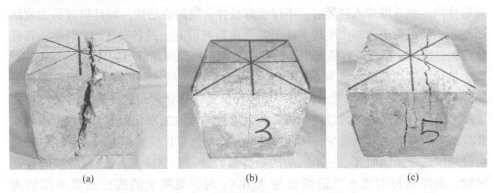

(a)　　　　　　　　　(b)　　　　　　　　　(c)

图 6-15　混凝土劈裂抗拉破坏状态

（a）素混凝土；（b）L3 号纤维混凝土；（c）L5 号纤维混凝土

方差分析显示，因素 B 的 P 值为 0.02<0.05，在统计学意义上基本属于"高度显著"，说明聚丙烯纤维的确对混凝土抗拉强度的提高起着重要作用；因素 C 的 P 值在 0.1 和 0.2 之间，说明渗透结晶型防水剂也对混凝土的抗裂性能有一定影响。对于两者是否起到了"正混杂效应"，即防水剂的掺入是否增强了纤维与基体之间的黏结力，还需要进行深入研究。三个因素的水平变化对抗拉强度的影响规律如图 6-16 所示。

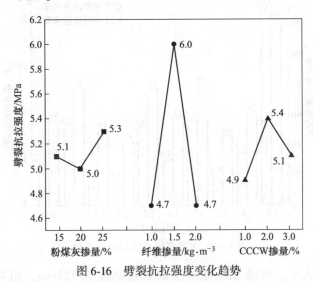

图 6-16　劈裂抗拉强度变化趋势

粉煤灰掺量的变化并未导致混凝土抗拉强度产生较大波动，在掺量为 15%~

25%的范围内，抗拉强度的最大波动仅为 0.3MPa；随着聚丙烯纤维掺量的增加，抗拉强度呈先增大后减小的趋势。这是因为适量的纤维能够在搅拌机的作用下，形成纤维单丝，均匀分布于粗细骨料和砂浆之中，从而发挥其抵抗塑性收缩和开裂的作用。当纤维掺入过量时，不仅会降低拌合物的流动性，而且很容易造成结团现象，使混凝土内部产生过多缺陷，严重影响混凝土的各种性能。纤维的长径比越大，这种现象就越容易发生。试验结果表明，聚丙烯纤维的掺量为 $1.5kg/m^3$ 时，抗拉强度达到最大值为 6.0MPa；当渗透结晶型防水剂的掺量小于胶凝材料的 2% 时，抗拉强度随掺量的增加而增强，但是当掺量超过这一限值时，抗拉强度随之下降。这是因为过量的 CCCW 可能会影响水泥的水化程度，导致生成的水化硅酸钙胶凝体的数量减少，从而影响混凝土的抗裂性能。综上所述，针对劈裂抗拉强度这一指标而言，三个因素的最佳复合掺量为 $A_3B_2C_2$。通过后续的验证试验，最终测得因素水平的组合为 $A_3B_2C_2$ 时，混凝土的抗拉强度平均值为 6.31MPa，与基准混凝土相比，抗拉强度提高了 56%，改善了混凝土的抗裂性能。

6.5.3　抗渗性能试验结果及分析

混凝土抗渗试件以六个为一组，取渗水高度的平均值作为该组试件的渗透高度，通过对试验结果进行统计和整理，得到十组试件的渗透高度和相对渗透系数如图 6-17 所示。

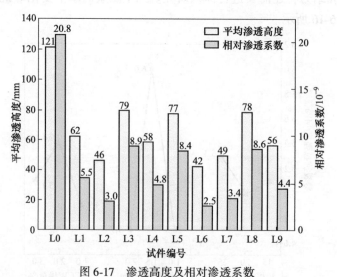

图 6-17　渗透高度及相对渗透系数

试验结果表明，普通 C35 混凝土的渗透高度为 121mm，相对渗透系数为 $2.08\times10^{-8}mm/s$，将粉煤灰、聚丙烯纤维和渗透结晶型防水剂以一定比例掺入混凝土后，其渗透高度明显下降，显著提高了混凝土的抗渗性能。下降幅度最大的是 L6 号，其渗水高度约为基准混凝土的 1/3，相对渗透系数降低了 88%；下降幅度最小的是 L3 号，但其相对渗透系数也仅为基准混凝土的 43%。从整体上看，三种材料的掺入显著提高了混凝土的抗渗性能，但为了优化配比及分析内在影响规律，还需进行极差分析和方差分析，如表 6-18 和表 6-19 所示。

表 6-18　渗透高度极差分析

试件编号	A 粉煤灰掺量/%	B 纤维掺量/kg·m⁻³	C CCCW 掺量/%	渗透高度/mm
L1	15	1.0	1.0	62
L2	20	1.5	2.0	46
L3	25	2.0	3.0	79
L4	15	1.5	3.0	58
L5	20	2.0	1.0	77
L6	25	1.0	2.0	42
L7	15	2.0	2.0	49
L8	20	1.0	3.0	78
L9	25	1.5	1.0	56
K₁	169	182	195	
K₂	201	160	137	
K₃	177	205	215	
k₁	56.3	60.7	65.0	C>B>A
k₂	67.0	53.3	45.7	
k₃	59.0	68.3	71.7	
R	10.7	15.0	26.0	

表 6-19　渗透高度方差分析

方差来源	变差平方和	自由度	均方	F 值	P 值	显著性
A	184.9	2	92.4	10.95	0.08	有影响
B	337.6	2	168.8	19.99	0.05	影响显著
C	1094.2	2	547.1	64.79	0.02	影响显著
误差	16.9	2	8.4			

通过极差分析，可以得到三个因素的极差大小顺序为 $R_C>R_B>R_A$，说明渗透结晶型防水剂是影响混凝土抗渗性能最为显著的因素，其次是聚丙烯纤维的掺

量，最后是粉煤灰。方差分析中因素 B 和因素 C 的 P 值分别为 0.05 和 0.02，说明聚丙烯纤维和渗透结晶型防水剂对混凝土的抗渗性能均有显著影响。因素 A 的 P 值为 0.08<0.1，表明粉煤灰对于提高混凝土的抗渗性能也有一定贡献。虽然三种材料都能改善混凝土的抗渗性能，但作用机理各不相同。当水泥基渗透结晶型防水材料掺入到新拌混凝土中时，防水材料中的活性化学物质会通过拌合物中的水渗透至混凝土内部，与游离的 Ca^{2+} 和氧化物发生化学反应，生成不溶于水的结晶，封闭混凝土中的毛细孔及微裂缝，从而起到阻水和防水的作用，提高混凝土的抗水渗透能力。聚丙烯纤维则是通过控制收缩裂缝及离析裂缝的产生来改善混凝土硬化过程中的缺陷，使混凝土内部难以形成贯通裂缝，以此提高其抗渗性能。粉煤灰则是利用形态效应、微集料效应及火山灰效应来提高混凝土的密实度，减少粗骨料和水泥基体之间的孔隙，从而提高混凝土的防水性能。渗透高度和相对渗透系数随因素水平变化的变化趋势如图 6-18 所示。

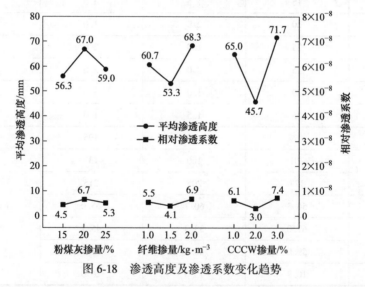

图 6-18　渗透高度及渗透系数变化趋势

　　粉煤灰掺量从胶凝材料的 15% 增加到 25% 的过程中，渗透高度先增大后减小，三个水平所对应的渗透高度与基准混凝土相比，降低幅度依次为 53%、45% 和 51%，最优掺量为 15%；随着纤维掺量的提高，渗透高度出现先降低后增大的变化趋势，再一次证明纤维掺量过大，会影响混凝土内部的密实度，聚丙烯纤维的三种掺量所对应的渗透高度与普通 C35 混凝土相比，降低幅度依次为 50%、56% 和 44%，最优掺量为 1.5kg/m³；渗透高度随 CCCW 的水平变化而出现的变化趋势与聚丙烯纤维相似，也是先降低后增大，随着掺量增大，渗透高度的下降幅度依次为 46%、62% 和 41%，最优掺量为胶凝材料的 2%。相对渗透系数的变化趋势与渗透高度保持一致。对于渗透高度这一指标而言，三因素的最优组合

为 $A_1B_2C_2$。

目前国内评价混凝土抗渗性能的指标普遍采用抗渗标号，即采用《普通混凝土长期性能及耐久性能试验方法标准》（GB/T 50082—2009）规定的"逐级加压法"所测定的抗渗等级。试验所用仪器与"渗透高度法"所用仪器相同，但试验方法不同。逐级加压法是将初始水压控制在 0.1MPa，之后每隔 8h 增加 0.1MPa 的水压，直到六个试件中有三个试件端面出现渗水时，停止加压，记录此时的水压力，并计算抗渗等级，计算方法如式（6-13）所示。其中 P 为抗渗等级；F 为第三个试件出现渗水时的水压力。

$$P = 10F - 1 \tag{6-13}$$

这一指标可以更加直观地评价混凝土的抗渗性能，为了说明掺入三种材料后对混凝土抗渗等级的影响，本书通过公式推导将抗渗等级换算为对应的渗透系数，并将其与抗渗试件的渗透系数进行比较，从而确定混凝土试件的抗渗等级。推导过程如下：

根据达西定律，混凝土相对渗透系数的计算方法如式（6-14）所示：

$$S_K = \frac{mD_m^2}{2TH} \tag{6-14}$$

如前文所述，m 为混凝土的吸水系数，一般取 0.03；D_m 为平均渗透高度，对于采用"逐级加压法"进行试验的试件，其渗透高度均为标准抗渗试件的高度为 150mm；T 为渗透时间，以秒为单位，因为水压是每隔 8h 增加 0.1MPa，所以对于抗渗等级为 P 的试件，当第三个试件端面出现渗水时水压为 F，其渗透时间按式（6-15）进行计算：

$$T = 10F \times 8 = 10 \times \frac{P+1}{10} \times 60 \times 60 = 3600P + 3600 \tag{6-15}$$

H 为水头高度，根据水压值换算得到，单位取 mm。水压是一个变量，为了方便计算，本书取第三个试件端面出现渗水时的水压来换算得到水头高度，这显然是一个相当保守的取值，因为水压取得越大，某一抗渗等级所对应的渗透系数就越小，而实际的渗透系数显然大于计算值，如果想要使抗渗等级和渗透系数的对应关系更加准确，就需要提出一个合理的系数，对水压进行折减，而这个系数需要大量的试验和数据统计得出。本书对水头高度的计算方法如式（6-16）所示。

$$H = F \times 102000 = \frac{P+1}{10} \times 102000 = 10200P + 10200 \tag{6-16}$$

合并式（6-14）、式（6-15）和式（6-16）并化简，就可以得到抗渗等级所对应的渗透系数，如式（6-17）所示。

$$S_K = \frac{1.149 \times 10^{-6}}{(P+1)^2} \tag{6-17}$$

根据式（6-17）就可计算出某一抗渗等级所对应的混凝土渗透系数，也可以由混凝土的相对渗透系数计算出对应的抗渗等级，如式（6-18）所示。

$$P = \sqrt{\frac{1.149 \times 10^{-6}}{S_K} - 1} \tag{6-18}$$

由上式就可计算出十组混凝土的抗渗等级如表6-20所示。

表 6-20   混凝土试件的抗渗等级

试件编号	L0	L1	L2	L3	L4	L5	L6	L7	L8	L9
渗透系数/10^{-9}	20.8	5.5	3.0	8.9	4.8	8.4	2.5	3.4	8.6	4.5
抗渗等级	P6	>P12	>P12	P10	>P12	P10	>P12	>P12	P10	>P12

经过换算，基准混凝土的抗渗标号为P6，将粉煤灰、渗透结晶型防水剂和纤维进行复掺后，混凝土的抗渗等级得到较大幅度提高，其中L3、L5和L8号的抗渗标号为P10，相对于基准混凝土提高了四个等级，而其他编号的混凝土抗渗标号已经超过了P12。《地下工程防水技术规范》（GB 50108—2008）将地下工程防水混凝土的抗渗等级分为五个等级，分别为P6、P8、P10、P12和P12以上。其中第4.1.4条规定，当地下工程的埋置深度小于10m时，防水混凝土的抗渗等级不应低于P6，当埋置深度在10~20m和20~30m之间时，其抗渗等级分别不应低于P8和P10，超过30m的埋深时，防水混凝土的抗渗等级不应低于P12。由此可见，本书通过正交试验所制备的抗渗混凝土，能够满足埋置深度大于30m的隧道工程防水要求。

6.5.4   多指标问题的综合评分

前面章节所进行的分析都是针对某个单一指标进行的，所得出的最优因素水平组合也仅仅是针对单一指标而言，显然没有达到本章的研究目的，即制备出一种具备高抗渗和高抗裂性能的混凝土。因此，本节将采用综合评分的方法，将多个指标转化为单指标。所谓综合评分法，是指根据试验目的和每个指标的独立分析结果，赋予各个指标不同的重要性系数，再将每个指标的试验结果与重要性系数的乘积相加，得到每种组合的综合评分，这样就可以用单一指标的分析方法，获得多指标试验的结论。如何将各个指标的重要性系数确定得比较恰当，是综合评分法的关键，这就需要根据试验目的和实践经验做出判断，这在数学上没有一般的计算公式。

对于本次正交试验而言，混凝土抗压强度的重要程度较低，因为隧道二次衬砌结构主要用于安全储备，其抗压强度只需要满足设计要求，而抗拉强度和抗渗性能关系到混凝土的耐久性，是本书的重点研究对象，因此其重要程度就相对较高。通过综合考虑各方面影响因素，根据各个独立指标的分析结果，将每种组合的分值计算方法确定如下：

综合得分 = (150 - 渗透高度) × 2.5 + 劈裂抗拉强度 × 2.5 + 抗压强度 × 0.5

其中"150-渗透高度"是指抗渗试件未被水渗透的高度，这样做是为了使综合得分越高，代表混凝土的综合性能越好。通过计算，综合得分的极差分析和方差分析如表 6-21 和表 6-22 所示。

表 6-21　多指标问题极差分析

编号	A 粉煤灰掺量 /%	B 纤维掺量 /kg·m⁻³	C CCCW 掺量 /%	试验指标			综合得分
				1*	2**	3**	
L1	15	1.0	1.0	40.7	4.59	88	251.8
L2	20	1.5	2.0	49.6	6.29	104	300.5
L3	25	2.0	3.0	38.4	4.99	71	209.2
L4	15	1.5	3.0	38.1	5.92	92	263.8
L5	20	2.0	1.0	45.7	4.26	73	216.0
L6	25	1.0	2.0	41.6	5.10	108	303.5
L7	15	2.0	2.0	38.2	4.85	101	283.7
L8	20	1.0	3.0	48.7	4.54	72	215.7
L9	25	1.5	1.0	38.7	5.86	94	269.0
K_1	799.4	771.1	736.8				
K_2	732.2	833.4	887.8				
K_3	781.7	708.9	688.7		1*：抗压强度值/MPa；		
k_1	266.5	257.0	245.6		2**：劈裂抗拉强度值/MPa；		
k_2	244.1	277.8	295.9		3**：(150-渗透高度)/mm；		
k_3	260.6	236.3	229.6				
R	22.4	41.5	66.4				

表 6-22　多指标问题方差分析

方差来源	变差平方和	自由度	均方	F 值	P 值	显著性
A	807.84	2	403.92	9.71	0.09	有影响
B	2581.82	2	1290.91	31.02	0.03	影响显著
C	7193.00	2	3596.50	86.42	0.01	影响显著
误差	83.23	2	41.61			

三个试验指标综合得分的极差结果表明，影响混凝土力学性能及耐久性能的主次因素为：C>B>A，且最优的因素水平组合为 $A_1B_2C_2$。方差分析结果表明，因素 B 和因素 C 的显著性概率 P 均小于 0.05，说明复掺纤维和渗透结晶型防水剂，能够显著影响混凝土的力学性能和抗渗性能。将单一指标分析和多指标分析得出的最优因素水平组合同时进行验证试验，得出的试验结果如表 6-23 所示。

表 6-23　最优组合验证试验结果

因素水平组合	抗压强度/MPa	抗拉强度/MPa	渗透高度/mm	综合得分
基准混凝土	38.5	4.03	121	101.8
$A_2B_1C_2$	49.8	5.53	52	283.7
$A_3B_2C_2$	41.3	6.31	47	293.9
$A_1B_2C_2$	43.3	5.98	44	301.6

验证试验表明，由单一指标分析得出的最优因素水平组合的确能使相应指标达到最高值，相较于基准混凝土，$A_2B_1C_2$ 混凝土的抗压强度提高率最高为 29.3%，$A_3B_2C_2$ 混凝土的抗拉强度提高率最高为 56%，因素水平组合为 $A_1B_2C_2$ 的混凝土既是考虑渗透高度单一指标的最优解，也是综合评分的最优解，验证试验结果表明，$A_1B_2C_2$ 混凝土的综合得分最高，其抗压强度满足隧道工程的设计要求，且抗拉强度和渗透高度也处于较优水平，使混凝土的抗裂性能和抗渗性能得到很大程度的提高。

6.6　本章小结

本章通过理论计算和室内试验确定了普通 C35 混凝土的配合比，并通过三因素三水平正交试验，研究了粉煤灰、聚丙烯纤维和渗透结晶型防水剂的不同掺量对混凝土力学性能及抗渗性能的影响规律以及三种材料对混凝土不同性能影响效应的显著性大小，确定了针对不同性能指标的最优复合掺量，主要得到了以下结论：

（1）三种材料对混凝土抗压强度影响效应的主次顺序为：粉煤灰>聚丙烯纤维>渗透结晶型防水剂；抗压强度随着粉煤灰和 CCCW 掺量的提高均出现先增大后减小的变化趋势，两者的最佳掺量分别为胶凝材料的 20% 和 2%；随着聚丙烯纤维掺量的提高，混凝土抗压强度出现逐渐减小的变化趋势，其最优掺量为 1kg/m^3；针对抗压强度指标而言，三因素的最优水平组合为 $A_2B_1C_2$，其抗压强度可达 49.8MPa，与普通 C35 混凝土相比，其强度增长率为 29.3%。

（2）三种材料对混凝土劈裂抗拉强度影响效应的主次顺序为：聚丙烯纤维>渗透结晶型防水剂>粉煤灰；抗拉强度随着聚丙烯纤维和 CCCW 掺量的提高，均出现先增大后减小的变化趋势，当纤维和防水剂的掺量分别为 $1.5kg/m^3$ 和胶凝材料的2%时，混凝土的抗拉强度最大；因素 A 的方差计算 P 值为 0.39>0.2，说明粉煤灰的掺量对混凝土的抗拉强度影响不显著；针对抗裂性能而言，最优的因素水平组合为 $A_3B_2C_2$，其抗拉强度为 6.31MPa，相较于基准混凝土，强度提高率为56%。

（3）三种材料对混凝土抗渗性能的影响效应大小为：渗透结晶型防水剂>聚丙烯纤维>粉煤灰，防水剂和纤维的 P 值分别为 0.02 和 0.05，均属于"影响显著"，粉煤灰的 P 值为 0.08<0.1，其显著性属于"有影响"；渗透高度随聚丙烯纤维和CCCW掺量的提高，均出现先减小后增大的变化趋势，当纤维和CCCW的掺量分别为 $1.5kg/m^3$ 和胶凝材料的2%时，所对应的渗透高度和相对渗透系数最小；随着粉煤灰掺量的提高，渗透高度出现先增大后减小的变化趋势，其最佳掺量为胶凝材料的15%；针对混凝土的抗渗性能而言，最优的因素水平组合为 $A_1B_2C_2$。

（4）将粉煤灰、聚丙烯纤维和渗透结晶型防水剂进行复掺，能够显著提高混凝土的抗渗性能和抗裂性能，与普通 C35 混凝土相比，其抗渗标号最少能提高四个等级，最高可以达到 P12 以上，$A_1B_2C_2$ 是多指标分析的最优解，能够满足隧道工程中对于衬砌结构高抗裂和高抗渗的要求。

7 基于响应曲面法的混凝土自修复性能试验研究

7.1 问题的提出

隧道衬砌结构长期承受围岩荷载及水荷载，难以避免地会出现微裂缝甚至宏观裂缝，这些裂缝的出现会严重影响结构的抗水渗透性能以及抗离子侵蚀性能。又由于隧道工程所处环境复杂，导致衬砌结构维修难度大，维修成本高。自修复混凝土的出现将在很大程度上解决这一问题。目前对自修复混凝土的定义是利用混凝土材料相复合的方法，对材料的损伤破坏具有自修复和再生的功能，恢复甚至提高材料性能的一种新型复合材料。由于自修复混凝土具有很好的应用前景，受到了广大学者的关注，目前已有的自修复混凝土包括：电解自修复混凝土、微生物自修复混凝土、仿生自修复混凝土以及渗透结晶型自修复混凝土等。其中，渗透结晶型自修复混凝土由于其施工方法简单，施工成本低等优点，受到了学者的青睐。针对渗透结晶型自修复混凝土的研究已经取得了一些有意义的成果，比如确定了渗透结晶型防水剂的最佳掺量，得出了不同养护条件和养护龄期对混凝土自修复性能的影响规律。但既有研究大多是针对单掺渗透结晶型防水材料的情况，且研究方法单一，所取得的数据也很有限，对于复掺纤维和矿物掺合料时混凝土自修复效果的研究还相对较少。

因此本章将基于优化试验方法中的响应曲面法对试验进行设计，建立数学模型，研究粉煤灰、聚丙烯纤维和水泥基渗透结晶型防水剂混合掺入时，混凝土自修复性能的变化规律，并利用 Design Expert 软件拟合出二阶回归方程，探究外加材料之间的交互作用效应，并提出使混凝土自修复性能达到最优的解决方案。

7.2 响应曲面法的基本原理

响应曲面设计方法（response surface methodology，RSM）是统计学、数学和计算机科学紧密结合和发展的产物，其最早是由英国统计学家 G. Box 和 Wilso 于 1951 年通过数学推导和统计分析所提出的一种优化试验方法。与大多数优化试验相比，响应曲面法能够给出更为直观的图形，使优化方向的选择和优化区域的判别变得更为简单易行。其基本思想是通过对所关注的试验结果受多个因素影响的问题进行试验设计、建立模型和数据分析，得到响应变量和因素变量之间的函数关系，从而对响应进行优化，甚至可以通过设置不同的因素水平条件预测实际响应。

当某个体系的响应（如混凝土的自修复率）与各影响因素之间存在某种复杂关系时，就可以利用响应曲面法对试验进行设计，获取可靠且准确的试验数据，进而拟合出体系响应与影响因素之间的一阶或二阶模型，并通过计算机软件的图形技术，将这种模型以具体图像的形式展现出来。试验方案的设计与模型种类的选择是整个响应曲面法的基础，而试验数据的可靠性和准确性关系到函数模型对真实情况的逼近程度。响应与影响因素之间的函数模型可用式（7-1）进行表示：

$$y = f(x_1, \ x_2, \ x_3) + \varepsilon \tag{7-1}$$

此函数被称为响应函数，体系的响应与因素变量之间的函数关系 f 通常是未知的，需要通过对大量的试验数据进行统计分析和数学推导来获取近似的函数对应关系，ε 代表响应的试验误差或观测误差，通常假定 ε 在不同试验中是相互独立的，且服从正态分布 $N(0, \ \sigma^2)$；将上式写成泰勒展开式，可获得一阶或二阶函数模型，一阶模型为：

$$y = \beta_0 + \sum_{i=1}^{m} \beta_i x_i + \varepsilon \tag{7-2}$$

式中，β_0 为常数项；β_i 为影响因素 x_i 的线性效应。

能够使式（7-2）中的系数表现为显著的设计称为一阶设计，此模型也称为一阶模型。当所选取的试验条件远离响应曲面的最优位置时，通常使用自变量某区域内的一阶模型来逼近真实响应。但是当一阶模型出现明显的曲率效应时，线性函数将不能模拟该体系的实际响应，此时需要建立二阶模型进行拟合：

$$y = \beta_0 + \sum_{i=1}^{m} \beta_i x_i + \sum_{i=1}^{m} \beta_{ii} x_i^2 + \sum_{i<j}^{m} \beta_{ij} x_i x_j + \varepsilon \tag{7-3}$$

式中，β_i 为 x_i 的线性效应；β_{ii} 为 x_i 的二阶效应；β_{ij} 为影响因素 x_i 和 x_j 之间的交互作用效应。

若式（7-3）中的系数具备一定的显著性，则表明此模型的拟合效果良好，能够较为精确的逼近真实响应，这样的设计也称为二阶设计。利用二阶模型就可以判断最优的因素水平组合以及预测某一特定状态的响应，虽然这样的多项式模型不可能在整个自变量的范围内都能预测真实值，但是在一个相对小的区域内往往是做得比较好的。计算机技术的发展，使得响应曲面试验设计变得更为简单便捷，采用 Design Expert 软件不仅可以快速的完成对响应曲面试验的设计，还可以将数据分析结果转化为图形，使优化区域及影响因素之间的交互作用以更为直观的形式呈现出来，如图 7-1 所示。

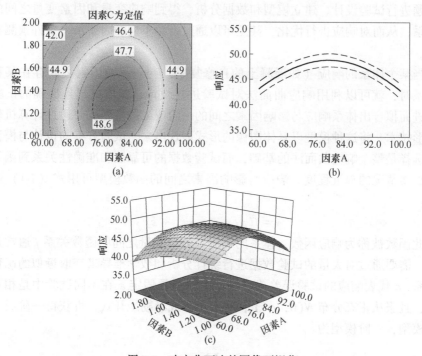

图 7-1　响应曲面法的图像可视化

(a) 等高线图；(b) 单因素与响应的关系；(c) 响应曲面图

图 7-1 (a) 表示因素 C 恒定时，响应值随因素 A 和因素 B 变化的等高线图，利用这种等高线图可以评价两个因素之间的交互作用显著程度，若等高线为椭圆形，则表明交互作用显著，若等高线为圆形，则表明交互作用不显著；图 7-1 (b) 表示因素 B 和因素 C 取某一特定水平时，因素 A 对响应值的影响规律；图 7-1 (c) 表示因素 C 恒定时，因素 A 和因素 B 对响应值的影响规律，用 3D 图形的方式呈现出来，更易于判断模型的优化区域和最优因素水平组合。响应曲面法的这种可视化技术可以极大地帮助理解体系的潜在规律并激发创造力，也正是因为这种优势，使其被广泛应用于材料科学、生物化学和工业生产等领域。

7.3　混凝土力学性能自修复试验

7.3.1　试验方案设计

响应曲面分析的试验设计目前主要包括中心复合设计（CCD）、BOX 设计（BBD）、二次饱和 D-最优设计和均匀设计等。本章将采用 BOX 设计，即 Box-Behnken 对试验进行安排，这是一种由因子设计与不完全集区设计相结合而成的一种适应响应曲面的三水平设计。BOX 设计是一种符合旋转性或几乎可旋转性的球面设计，即在试验区域内的任何一个试验点与设计的中心点之间的距离都相等，其选点原则可用图7-2进行表示。

图中的编号"－1、0、1"分别代表每个影响因素的最低水平、中等水平和最高水平，每个试验点代表一种因素水平组合，可以发现这样的选点原则使各试验点之间的间距相等，且不存在由各因素上下水平所组成的极端情况，这样就避免了很多没有实际意义的试验。Box-Behnken 设计的一项重要特性就是利用相对较少的试验次数去估计因素变量与响应之间的一阶或二阶模型，是一种具有效率的响应曲面设计方法，且

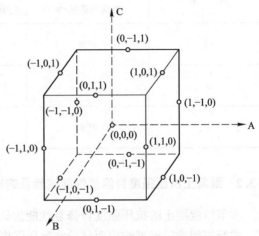

图 7-2　BOX 设计选点原则

这样的试验安排使二阶模型中系数的估计比较有效。在 Design-Expert 软件中，有专门进行 BOX 设计的模块，输入因素变量和水平变量后，生成的试验方案如表 7-1 所示。

表 7-1　响应曲面试验方案设计

试验编号	A	B	C	试验编号	A	B	C
X1	−1	−1	0	X9	0	−1	−1
X2	1	−1	0	X10	0	1	−1
X3	−1	1	0	X11	0	−1	1
X4	1	1	0	X12	0	1	1
X5	−1	0	−1	X13	0	0	0
X6	1	0	−1	X14	0	0	0
X7	−1	0	1	X15	0	0	0
X8	1	0	1	X0	—	—	—

本章将混凝土的自修复率作为响应值，将粉煤灰掺量、聚丙烯纤维掺量和渗透结晶型防水剂的掺量作为影响混凝土自修复性能的三个主要因素，其因素水平对应关系如表7-2所示。通过对上述16组混凝土试件进行自修复性能试验并对试验数据进行分析和计算，就可以建立数学模型并对三种材料的掺量进行优化，从而提出最优解。

表 7-2　响应面分析因素水平对应关系

因　素	A	B	C
	粉煤灰掺量/%	聚丙烯纤维掺量/kg·m⁻³	CCCW 掺量/%
−1	15%	1.0	1
0	20%	1.5	2
1	25%	2.0	3

7.3.2　混凝土抗压强度自修复性能试验及响应面分析

本节以混凝土的抗压强度自修复性能为研究对象，以抗压强度回复率为响应值，进行三因素三水平响应面试验。抗压强度回复率的测试步骤如下：首先对养护龄期为 28d 的混凝土试件进行第一次抗压强度试验，当加压至极限荷载时，立即停止加载，并计算出该组试件的抗压强度，记为第一次抗压强度 Y_1；随后描出试件的裂缝位置并利用裂缝测宽仪对裂缝宽度进行测量，如图 7-3 所示。

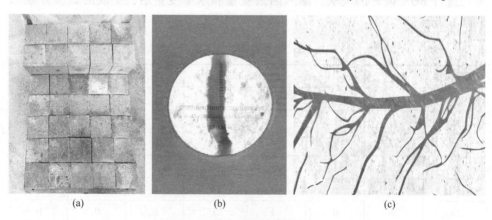

(a)　　　　　　　　　　　(b)　　　　　　　　　　　(c)

图 7-3　第一次抗压强度试验

（a）抗压试件；（b）预制裂缝；（c）水渗入裂缝

测量结束后将开裂试件放入水池中继续养护 28d，养护结束后取出试件，并用毛巾擦干试件表面，再次对裂缝宽度进行测量，随后进行第二次抗压强度试验，试验结果记为 Y_2；第二次抗压强度与第一次抗压强度之比称为混凝土的抗压强度回复率。计算方法按式（7-4）进行。

$$W = \frac{Y_1}{Y_2} \times 100\%　\qquad (7-4)$$

式中，W 为抗压强度回复率；Y_1 和 Y_2 为一次和二次抗压强度，试验结果均取三个试件的平均值。

整个试验的流程如图 7-4 所示。

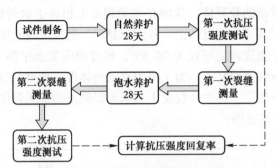

图 7-4 抗压强度自修复性能试验流程

依次对 16 组共 48 个混凝土试件进行试验，最终得到测试结果如表 7-3 所示。

表 7-3 抗压强度回复率试验结果

试验编号	因素 A /%	因素 B /kg·m⁻³	因素 C /%	第一次 抗压强度/MPa	第二次 抗压强度/MPa	抗压强度 回复率/%
X0	0	0	0	36.4	27.8	76.3
X1	15	1.0	2.0	36.5	30.6	83.7
X2	25	1.0	2.0	38.3	30.4	79.5
X3	15	2.0	2.0	39.9	33.2	83.3
X4	25	2.0	2.0	35.2	30.0	85.1
X5	15	1.5	1.0	41.7	32.3	77.4
X6	25	1.5	1.0	36.2	29.3	80.9
X7	15	1.5	3.0	39.4	33.6	85.4
X8	25	1.5	3.0	38.6	32.5	84.1
X9	20	1.0	3.0	39.4	31.1	78.9
X10	20	2.0	1.0	46.3	37.7	81.5
X11	20	1.0	3.0	47.8	41.4	86.7
X12	20	2.0	3.0	42.5	35.6	83.8
X13	20	1.5	1.0	46.7	41.8	89.5
X14	20	1.5	1.0	46.2	41.2	89.2
X15	20	1.5	1.0	45.8	40.3	87.9

由试验结果可知，基准混凝土本身就具备一定的自修复性能，一方面是因为在第一次抗压强度试验结束后，混凝土试件还具有一定的承载能力，另一方面是因为混凝土在泡水环境下继续养护的过程中，混凝土中未完全水化的水泥继续发生水化反应，生成新的胶凝体，从而在一定程度上提高了试件的二次抗压强度，这与同济大学教授姚武的研究结论一致。但显然，基准混凝土的这种自修复效果相当有限，其抗压强度回复率仅为 76.3%，通过向混凝土中掺入三种改性材料，可以明显提高抗压强度回复率。为了更为直观地体现三种材料复掺后，对混凝土强度回复率的提升效果，将改性混凝土与基准混凝土的抗压强度回复率差值绘制成如图 7-5 所示的柱状图。

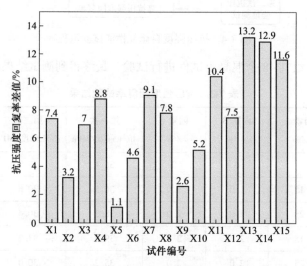

图 7-5 抗压强度回复率差值

将粉煤灰、聚丙烯纤维和 CCCW 进行复掺后，各组混凝土的抗压强度自修复率都有不同程度的提高，X13 号混凝土与基准混凝土的百分率差值最大可以达到 13.2 个百分点，其强度修复率为 89.5%。说明三种材料的掺入对混凝土的自修复性能发挥了重要作用。为了深入分析三种材料的掺量对自修复性能的影响规律及材料之间的交互作用效应，将试验数据输入 Design Expert 软件中进行计算和分析，可建立抗压强度回复率与各影响因素之间的回归模型，如式（7-5）所示。

$$W = -9.53 + 4.97 \times A + 25.88 \times B + 25.77 \times C + 0.6 \times AB - \tag{7-5}$$
$$0.24 \times AC - 2.75 \times BC - 0.13A^2 - 10.38 \times B^2 - 3.54 \times C^2$$

回归模型为一个二次多项式，其中 W 为响应值，A 为粉煤灰掺量，B 为聚丙烯纤维掺量，C 为渗透结晶型防水剂的掺量。为检验整个模型及各次项的显著性，需要对其进行方差分析，分析结果如表 7-4 所示。

表 7-4 回归模型的方差分析结果

方差来源	平方和	自由度	平均方差	F 值	P 值	显著性
回归模型	180.61	9	20.7	12.5	0.0062	显著
A	0.005	1	0.005	0.0031	0.9576	
B	3.00	1	3.00	1.87	0.2297	
C	56.71	1	56.71	35.34	0.0019	显著
AB	9.00	1	9.00	5.61	0.0641	
AC	5.76	1	5.76	3.59	0.1167	
BC	7.56	1	7.56	4.71	0.0821	
A^2	41.95	1	41.95	26.14	0.0037	显著
B^2	24.88	1	24.88	15.50	0.0110	显著
C^2	46.42	1	46.42	28.93	0.0030	显著
残差	8.02	5	1.60			
失拟度	6.58	3	2.19	3.03	0.2579	
纯误差	1.45	2	0.72			
总和	188.63	14				

复相关系数 $R^2 = 0.9575$；修正拟合系数 $R^2 = 0.8809$

回归模型的 P 值为 0.0062<0.05，说明此响应模型是显著的，具有一定的可靠性。从 F 值的大小可以发现，三个因素变量对响应值影响效应的主次顺序为 $C>B>A$，并且因素 C 的 P 值为 0.0019<0.05，说明渗透结晶型防水剂在混凝土抗压强度自修复过程中起着主导作用。交互作用项的 F 值大小顺序为 $AB>BC>AC$，但其 P 值均大于 0.05，说明在抗压强度自修复过程中，三种材料之间的交互作用并不显著。此模型的复相关系数为 0.9575，具有较高的拟合度，修正拟合系数为 0.8809，说明此模型能够合理解释 88.09% 响应值的变化，与实际试验值拟合良好，试验误差的平方和为 1.45，在合理范围之内，证明应用响应面法优化混凝土的自修复性能是可行的。

通过对试验数据进行计算和拟合，可以进行单因素对响应变量影响规律的分析，如图 7-6 所示，为因素 A、B、C 单独变化时，抗压强度回复率的变化趋势。

由图 7-6 (a) 可知，当渗透结晶型防水材料和聚丙烯纤维的掺量为恒定值时，抗压强度回复率随粉煤灰掺量提高而呈现出的变化规律为：先缓慢提高，当掺量为胶凝材料的 19% 左右时，回复率开始降低。说明低掺量的粉煤灰能够在一定程度上协助 CCCW 发生络合沉淀反应，但当掺量超过一定范围时，反而会破坏这种正协同作用。由图 7-6 (b) 可知，当粉煤灰和渗透结晶型防水剂的掺量为

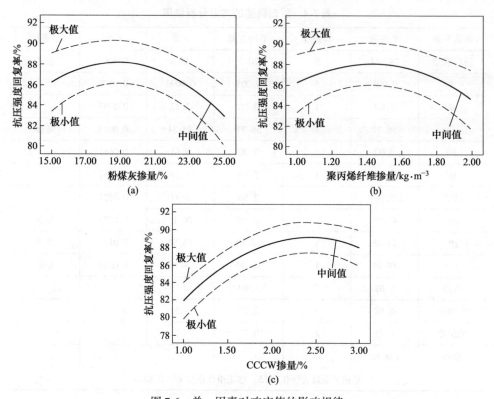

图 7-6 单一因素对响应值的影响规律

(a) 粉煤灰对抗压强度回复率的影响;(b) 聚丙烯纤维对抗压强度回复率的影响;

(c) CCCW 对抗压强度回复率的影响

恒定值时,抗压强度回复率随聚丙烯纤维掺量的提高并未发生明显变化,其值的波动范围仅为 2%。说明在混凝土受压破坏后,聚丙烯纤维的掺入并不能很好地帮助 CCCW 进行混凝土的自修复,因为纤维主要是提供拉应力,在受压破坏的形式下,纤维将很难发挥出牵拉和桥接的作用,从而不能与渗透结晶型防水剂发挥出协同作用。如图 7-6(c)所示,随着 CCCW 掺量的不断提高,抗压强度回复率也在不断上升,当掺量达到胶凝材料的 2.5% 左右时,强度回复率开始趋于稳定,且有缓慢下降的趋势。再一次证明渗透结晶型防水材料是影响混凝土抗压强度自修复性能的主导因素,但掺量不宜过高,其掺量宜控制在 2.5% 以内。

当渗透结晶型防水剂的掺量为三个水平的中间值,即胶凝材料的 2% 时,所得到的粉煤灰和聚丙烯纤维之间的交互作用等高线图和响应曲面如图 7-7 所示。从图 7-7(a)可以看出,因素 A 和因素 B 的等高线为椭圆形,说明当粉煤灰或聚丙烯纤维其中一个因素发生变化时,会影响另一个因素对响应值的作用效应。所以针对混凝土抗压强度回复率这一响应值而言,聚丙烯纤维和粉煤灰之间存在一定的交互作用,能够相互影响,但结合回归模型方差计算结果来分析,这种交互作用并不显著。图 7-7（b）为因素 A 和因素 B 的响应曲面，从图中可以看出，随着粉煤灰和纤维掺量的不断提高，图形总体上呈现先上升后下降的变化趋势，响应曲面为一个上凸的球面。说明响应值在所选定的因素变化范围内存在极值，图中红色区域即为优化区间。

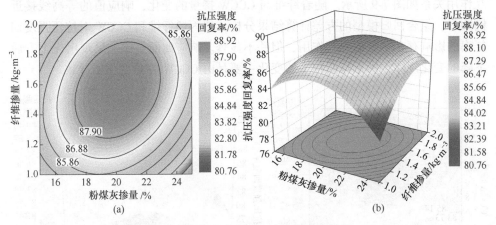

图 7-7　因素 A 和因素 B 之间的交互作用

（a）因素 A 和因素 B 的等高线图；（b）因素 A 和因素 B 的响应曲面

当聚丙烯纤维的掺量恒定为 1.5kg/m³ 时，渗透结晶型防水材料与粉煤灰的交互作用等高线图和响应曲面如图 7-8 所示。从图 7-8（a）中可以看出，随着 CCCW 和粉煤灰掺量的变化，所形成响应值的等高线图明显接近于圆形，说明 CCCW 与粉煤灰之间几乎不存在交互作用效应。由于因素 A 和因素 C 发生变化而形成的响应曲面如图 7-8（b）所示。图形整体上随着 CCCW 掺量的提高呈现出

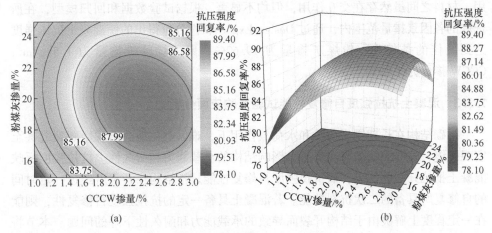

图 7-8　因素 A 和因素 C 之间的交互作用

（a）因素 A 和因素 C 的等高线图；（b）因素 A 和因素 C 的响应曲面

先逐渐上升后趋于稳定的变化规律，图中响应曲面的红色部分即为模型的优化区域，CCCW 掺量的优化区间为 2.0%~2.8%，粉煤灰掺量的优化区间为 18%~22%。

取粉煤灰掺量为胶凝材料的 20% 时，渗透结晶型防水材料与聚丙烯纤维的交互作用关系如图7-9 所示。随着纤维与 CCCW 掺量的变化，响应值的等高线接近椭圆形，结合回归模型的方差计算结果分析，聚丙烯纤维和 CCCW 对抗压强度回复率的影响存在一定的交互作用，但并不显著。响应曲面整体上呈现出先上升后下降的变化规律，图形弯曲程度的变化主要是由 CCCW 掺量变化所导致。

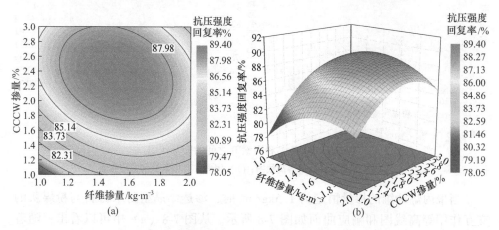

图 7-9 因素 B 和因素 C 之间的交互作用
(a) 因素 B 和因素 C 的等高线图；(b) 因素 B 和因素 C 的响应曲面

综上所述，在混凝土抗压强度自修复过程中，仅有 CCCW 发挥出了显著作用，材料之间虽然存在交互作用，但均不显著。根据试验数据和回归模型，在所选取的各因素掺量范围内，通过 Design Expert 软件分析得出的使混凝土抗压强度达到最佳的条件为：粉煤灰掺量为 19.62%；聚丙烯纤维掺量为 1.5kg/m³；CCCW 掺量为 2.39%。

7.3.3 混凝土抗拉强度自修复性能试验及响应面分析

衬砌结构在长期围岩荷载和水荷载作用下，难以避免地会出现微观裂缝甚至宏观裂缝，这些裂缝的存在势必会影响结构的承载能力和耐久性。抗拉强度反映混凝土抵抗开裂的能力，而抗拉强度自修复性能是指结构在开裂后经过一定时间的自修复所具备的二次抗裂性能。若混凝土具备一定的抗拉强度自修复性，则能在一定程度上解决由于结构开裂而导致的承载能力和耐久性下降的问题。本节将对掺入三种改性材料的混凝土试件进行一次和二次劈裂抗拉强度试验，来测定混凝土的抗拉强度回复率，并进行响应面分析，揭示三种材料对混凝土抗拉强度自修复性能的影响规律。第一次劈裂抗拉强度的具体步骤如下：首先对养护 28d 的试件进行第一次劈裂抗拉强度试验，当加载至极限荷载时，立即停止加载并记录劈裂抗拉强度；随后用防水笔描出试件表面的裂缝位置，并用裂缝测宽仪测量其宽度，试验过程如图 7-10 所示。

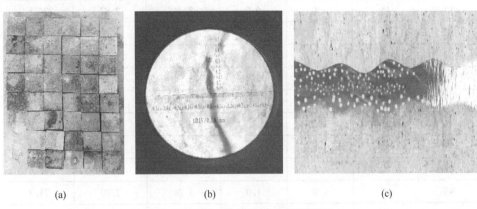

(a)　　　　　　　　　(b)　　　　　　　　　(c)

图 7-10　第一次劈裂抗拉强度试验

（a）抗拉试件；（b）预制裂缝；（c）修补裂缝

裂缝宽度测量结束后，将全部试件放入水池中继续泡水养护 28d，养护结束后进行第二次劈裂试验，整个试验流程如图 7-11 所示。

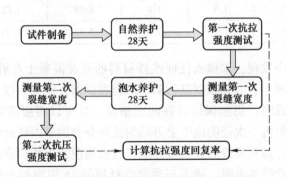

图 7-11　劈裂抗拉强度自修复性能试验流程

第一次劈裂抗拉强度记为 P_1，第二次劈裂抗拉强度记为 P_2，抗拉强度回复率的计算按式（7-6）进行。计算结果均取三个试件的平均值。

$$V = \frac{P_1}{P_2} \times 100\% \tag{7-6}$$

通过对包括基准混凝土在内的 16 组共 48 个试件进行测试，所得到的测试结果如表 7-5 所示。

表 7-5　劈裂抗拉强度回复率试验结果

试验编号	因素 A /%	因素 B /kg·m⁻³	因素 C /%	第一次 抗拉强度/MPa	第二次 抗拉强度/MPa	抗拉强度 回复率/%
X0	0	0	0	3.72	—	—
X1	15	1.0	2.0	3.74	2.87	76.8
X2	25	1.0	2.0	4.74	3.72	78.4
X3	15	2.0	2.0	4.12	3.29	79.8
X4	25	2.0	2.0	3.85	3.18	82.6
X5	15	1.5	1.0	3.87	2.97	76.8
X6	25	1.5	1.0	4.93	4.09	82.9
X7	15	1.5	3.0	4.91	4.14	84.3
X8	25	1.5	3.0	3.66	3.24	88.6
X9	20	1.0	1.0	3.78	2.70	71.3
X10	20	2.0	1.0	4.30	3.58	83.2
X11	20	1.0	1.0	4.56	3.91	85.7
X12	20	2.0	3.0	4.06	3.50	86.2
X13	20	1.5	1.0	4.42	3.84	86.9
X14	20	1.5	1.0	4.39	3.88	88.3
X15	20	1.5	1.0	3.72	3.30	88.7

　　在试验过程中发现，未掺入任何改性材料的基准混凝土在劈裂荷载作用下，很容易被劈裂为两半，因此难以进行第二次劈裂试验。而掺入改性材料的混凝土在加载至极限荷载时，仍能保持良好的完整性，且可以将裂缝宽度控制在 1mm 以内。这样的现象再一次证明成千上万均匀乱向分布的聚丙烯纤维能够很好地提高混凝土的韧性并抑制裂缝的进一步开展，这也为混凝土抗拉强度的自修复提供了必要条件。试验结果表明，掺入三种改性材料的 15 组混凝土的抗拉强度回复率在 71.3%~88.7% 之间，区间跨度较大。

　　为进一步分析抗拉强度回复率随三种材料掺量提高而产生的变化规律，以及材料之间的相互作用关系，将试验数据输入 Design Expert 软件中，以抗拉强度回复率为响应变量，以粉煤灰掺量、聚丙烯纤维掺量以及 CCCW 掺量为因素变量，建立相应的回归模型如式（7-7）所示。

$$V = -58.425 + 5.98333 \times A + 74.6 \times B + 19.40833 \times C + 0.12 \times AB -$$
$$0.09 \times AC - 5.7 \times BC - 0.14033 \times A^2 - 20.23 \times B^2 - 1.308 \times C^2$$

$$(7-7)$$

式中，V 为混凝土抗拉强度回复率；A 为粉煤灰掺量；B 为聚丙烯纤维掺量；C 为渗透结晶型防水材料的掺量；AB、AC、BC 为两种材料之间的交互作用项，A^2、B^2、C^2 为单因素作用的二次方项。为分析回归模型及模型中各次项的显著性，计算所得的方差分析结果如表 7-6 所示。

表 7-6　回归模型的方差分析结果

方差来源	平方和	自由度	平均方差	F 值	P 值	显著性
回归模型	358.53	9	39.84	16.78	0.0032	显著
A	27.38	1	27.38	11.53	0.0193	显著
B	48.02	1	48.02	20.22	0.0064	显著
C	117.04	1	117.04	49.30	0.0009	显著
AB	0.36	1	0.36	0.15	0.7130	
AC	0.81	1	0.81	0.34	0.5845	
BC	32.49	1	32.49	13.68	0.0140	显著
A_2	45.45	1	45.45	19.14	0.0072	显著
B_2	94.47	1	94.47	39.42	0.0015	显著
C_2	6.32	1	6.32	2.66	0.1637	显著
残差	11.87	5	2.37			
失拟度	10.09	3	3.36	3.76	0.2170	
纯误差	1.79	2	0.89			
总和	370.40	14				

复相关系数 $R^2 = 0.9679$；修正拟合系数 $R^2 = 0.9103$

通过分析回归系数的 F 检验值及显著性概率 P 可知，回归模型的 P 值为 0.0032<0.05，表现为显著，说明模型是有效的。从单因素的显著性概率 P 值可以看出，三个因素对响应值的影响均表现为显著，且显著性大小顺序为 $C>B>A$，说明 CCCW 仍然为影响抗拉强度回复率的主导因素。交互作用项中，仅有 BC 项的 P 值小于 0.05，表现为显著，证明在混凝土抗拉强度的自修复过程中，纤维与 CCCW 之间存在明显的交互作用。模型的复相关系数为 0.9679，修正拟合系数为 0.9103，表明此模型能够解释 91.03% 响应值的变化，与实际试验值拟合良好，可用此模型优化三种材料的复合掺量。

通过控制三个因素变量中的两个变量为定值，根据拟合结果，可以分析单一因素对响应值的影响规律，如图 7-12 所示。

随着粉煤灰掺量的提高，混凝土抗拉强度回复率呈现出先增大后缓慢减小的变化趋势，但曲线相对平缓，表明粉煤灰对响应值的影响较小；随着聚丙烯纤维

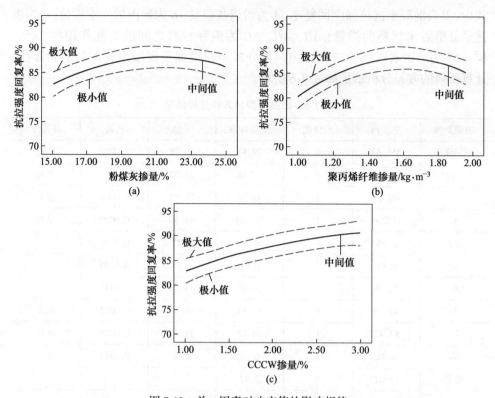

图 7-12　单一因素对响应值的影响规律

（a）粉煤灰对抗拉强度回复率的影响；（b）聚丙烯纤维对抗拉强度回复率的影响；

（c）CCCW 对抗拉强度回复率的影响

掺量的提高，响应值的变化规律也表现为先增大后减小，但变化曲线相较于前者而言更加陡峭，表明聚丙烯纤维对抗拉强度回复率的影响比粉煤灰更大。这是因为当混凝土受拉力破坏时，纤维起到了阻裂的作用，能够在一定程度上控制裂缝的宽度和数量。此外，裂缝中间横亘的无数纤维能够为结晶反应提供良好的搭接和牵拉作用，所以适当的纤维掺量能够协助渗透结晶型材料进行混凝土的自修复；当 CCCW 掺量逐渐增大时，响应值也在持续增加，说明针对混凝土抗拉强度这一指标而言，在所选取的因素变量范围之内，渗透结晶型防水材料的掺量越大，混凝土的自修复效果越明显。

三种材料之间的交互作用关系可用等高线图和响应曲面进行表示，粉煤灰和聚丙烯纤维之间的交互作用关系如图 7-13 所示。

由图 7-13（a）可知，在因素 A 和因素 B 的共同作用下，响应值的等高线图呈现为圆形，结合回归模型的方差分析结果来看，粉煤灰和聚丙烯纤维在混凝土抗拉强度自修复过程中不存在相互作用关系，两种材料单独发挥作用。图 7-13（b）为因素 A 和因素 B 对响应值产生影响的变化曲面，图形总体呈现出先上升

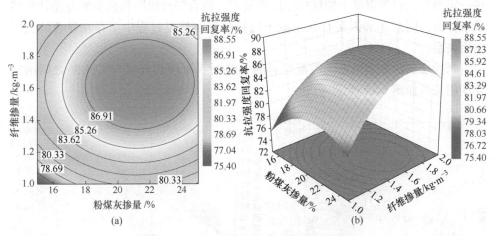

图 7-13 因素 A 和因素 B 之间的交互作用

(a) 因素 A 和因素 B 的等高线图；(b) 因素 A 和因素 B 的响应曲面

后下降的变化趋势，纤维掺量的变化是图形弯曲的主要原因。响应曲面存在优化区域，粉煤灰掺量的优化区间为 18%~24%，聚丙烯纤维掺量的优化区间为 1.4~1.8kg/m³。

通过将聚丙烯纤维的掺量设定为恒定值，可以得到粉煤灰和 CCCW 之间的交互作用等高线图和响应曲面如图 7-14 所示。

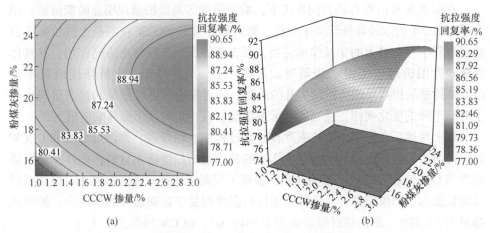

图 7-14 因素 A 和因素 C 的交互作用

(a) 因素 A 和因素 C 的等高线图；(b) 因素 A 和因素 C 的响应曲面

在渗透结晶型防水材料与粉煤灰的共同作用下，响应曲面随着 CCCW 掺量的提高呈现出持续升高的变化趋势，且在选定的因素变量范围之内，未出现极值点。因素 A 使响应曲面在纵向上有一定程度的弯曲，说明适当掺量的粉煤灰能够在一定程度上提高混凝土的抗拉强度回复率。结合等高线图和模型的方差计算结果来分析，因素 A 和因素 C 在混凝土抗拉强度自修复过程中不存在显著的交互作用关系。

当粉煤灰的掺量恒定为胶凝材料的 20% 时，聚丙烯纤维与 CCCW 之间的交互作用关系如图 7-15 所示。

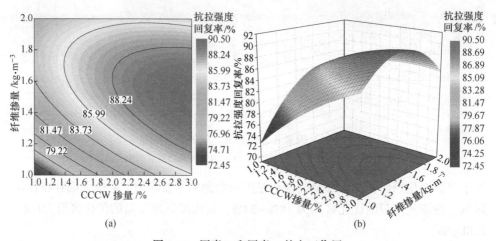

图 7-15   因素 B 和因素 C 的交互作用

(a) 因素 B 和因素 C 的等高线图；(b) 因素 B 和因素 C 的响应曲面

在因素 B 和因素 C 的共同作用下，响应值的等高线图呈现明显的椭圆形，结合模型 *BC* 项的方差计算结果来分析，聚丙烯纤维和 CCCW 在混凝土抗拉强度自修复过程中存在显著的交互作用关系，两者能够起到良好的正协同作用，其具体的微观作用机理还需进一步研究。由图 7-15（b）可知，抗拉强度回复率随 CCCW 掺量的提高呈现出持续上升的趋势，随着聚丙烯纤维掺量的提高呈现出先上升后下降的变化规律，适当的纤维掺量能够在一定程度上提高响应值。

综上所述，在混凝土抗拉强度自修复过程中，粉煤灰、聚丙烯纤维和 CCCW 都发挥出了积极作用，其中起主导作用的是渗透结晶型防水材料；此外，聚丙烯纤维与 CCCW 相互促进、互为补充，提高了混凝土的抗拉强度回复率。最后根据试验数据与回归模型拟合，计算出使抗拉强度回复率达到最佳的条件为：粉煤灰掺量为 22.57%、聚丙烯纤维掺量为 1.58kg/m^3、CCCW 掺量为 2.31%。

至此，混凝土力学性能自修复试验及数据分析已经全部完成，并提出了两个使抗压和抗拉强度回复率达到最佳的单一响应最优解。但为了满足实际工程需要，往往需要提出一种同时满足多种指标的最优解。在 Design Expert 软件中，有专门进行多指标问题分析的模块，在此模块中，可对多个响应值分别进行条件设置，软件会自动计算出满足设定条件的最优解。在本次试验中，希望所提出的复合掺量能够使混凝土抗压和抗拉强度回复率都尽可能达到最高，因此设置两种响应值的计算预期都为"maximize"，在此条件下，计算所得出的最优解为：粉煤灰掺量为19.6%；聚丙烯纤维掺量为1.5kg/m³；CCCW掺量为2.4%，且在此复合掺量下，混凝土抗压和抗拉强度回复率的预期值分别为89.4%和89.1%。后续的验证试验表明，在最佳条件下制备出的混凝土抗压和抗拉强度回复率分别为88.2%和88.5%，与预测值拟合良好。

7.4 混凝土抗渗性能自修复试验

在隧道工程中，若衬砌结构长期处于富水环境，将很容易出现渗漏水问题。如果不加以治理，将会出现大面积渗水现象，不仅会影响行车安全，还会造成钢筋锈蚀，影响结构安全若混凝土衬砌结构在渗水初期，能够发生结晶沉淀反应，封堵混凝土内部的渗水通道，即具备一定的抗渗自修复能力，将在很大程度上避免大面积渗水现象的发生。本书的最终目的就是希望制备出一种在满足较高力学性能和抗渗性能的前提下，具备一定自修复性能的混凝土。前文的研究结果已经证明，通过将粉煤灰、聚丙烯纤维和渗透结晶型防水剂进行合理复掺，能够显著提高混凝土的力学性能及抗渗性能，且能够使混凝土具备一定的强度自修复能力。本节将在前文的研究基础之上，进一步探究混凝土的抗渗性能自修复能力。

7.4.1 试验方案设计

混凝土抗渗性能自修复试验将对三组混凝土进行测试，这三组混凝土分别为：不掺任何外加材料的基准混凝土、由正交试验得出的最优复合掺量混凝土，以及由响应面试验得出的最优复合掺量混凝土。混凝土的分组和配比情况如表7-7所示。

表7-7　抗渗试件分组及配比情况　　　　　　　　（kg/m³）

编号	水胶比	水泥	砂	石	水	减水剂	粉煤灰	聚丙烯纤维	CCCW
ZJ	0.44	400	748	1076	176	0.8	0	0	0
LU	0.44	332	748	1076	176	0.8	60	1.5	8
XU	0.44	312	748	1076	176	0.8	78.4	1.5	9.6

注：ZJ为基准混凝土；LU为正交试验所得出的最优配比混凝土；XU为响应面试验所得出的最优配比混凝土。

混凝土的抗渗性能自修复能力由标准抗渗试件的第二次抗渗压力与第一次抗渗压力的比值来反映。第一次抗渗压力的测定按照《普通混凝土长期性能和耐久性能试验方法标准》（GB/T 50082—2009）中的逐级加压试验方法执行，具体步骤如下：首先浇筑成型175mm×185mm×150mm的标准抗渗试件，每组混凝土浇筑6个试件，当试件养护28d后，将试件安装在全自动抗渗仪上进行渗透试验，试验水压从0.1MPa开始，之后每隔8h自动增加0.1MPa，在此期间应随时观察试件端面的渗水情况，当6个试件中有3个试件出现渗水时，记录此时的水压力并减去0.1MPa，所得到的水压力即为该组试件的第一次抗渗压力。此时还不能停止试验，当6个试件端面全部出现渗水时，才算完成第一次抗渗试验，试验过程如图7-16所示。

(a)

(b)
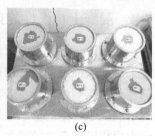
(c)

图7-16 第一次抗渗试验过程

（a）抗渗试件；（b）安装试件；（c）全部渗水

第二次抗渗压力的测定按照《水泥基渗透结晶型防水材料》（GB 18445—2012）规定的方法进行，具体步骤如下：当第一次抗渗试验结束后，将试件放入水池中进行泡水养护，养护至龄期为56d，取出试件，待试件完全干燥后，按照同样的方法进行第二次逐级加压试验，所得水压力记为第二次抗渗压力。第二次抗渗压力与第一次抗渗压力的比值即为混凝土抗渗性能自修复率，其值越大说明混凝土的抗渗性能自修复能力越强。

7.4.2 试验结果及分析

通过对三组抗渗试件依次进行第一次和第二次逐级加压试验，所得试验结果如表7-8所示。

表7-8 抗渗性能自修复试验结果

试件编号	渗透试验次数	第1个试件渗水的水压力/MPa	第2个试件渗水的水压力/MPa	第3个试件渗水的水压力/MPa	抗渗压力/MPa	自修复率/%
ZJ	第1次	0.6	0.6	0.8	0.7	57
	第2次	0.4	0.5	0.5	0.4	
LU	第1次	1.5	1.7	1.7	1.6	87
	第2次	1.3	1.4	1.5	1.4	
XU	第1次	1.4	1.4	1.6	1.5	93
	第2次	1.3	1.3	1.5	1.4	

　　试验结果表明，基准混凝土的第一次抗渗压力与第二次抗渗压力相差 0.3MPa，即抗渗等级下降了 3 个等级，这与欧进萍院士的研究结论一致。说明未掺入任何改性材料的混凝土在被水完全渗透后，其二次抗渗性能将大幅降低，若将其应用于隧道工程中，将不利于结构的长期防水。试件编号为 LU 的混凝土第一次抗渗压力为 1.6MPa，是基准混凝土的 2.28 倍（>2.0 倍），满足《水泥基渗透结晶型防水材料》（GB 18445—2012）中的相关规定。LU 的第二次抗渗压力与第一次抗渗压力相比，下降了 0.2MPa，其抗渗性能自修复率为 87%，相较于基准混凝土有一定提高。试件编号为 XU 的混凝土第一次抗渗压力为 1.5MPa，略低于 LU，但其第二次抗渗压力仅降低了 0.1MPa，抗渗性能自修复率为 93%，显著提高了混凝土的二次抗渗能力。

　　混凝土抗渗性能自修复机理可用图 7-17 进行表示。在混凝土自修复过程中，渗水通道内主要会发生以下几种反应：（a）碳酸钙的生成；（b）氢氧化钙晶体的生成；（c）渗透结晶型防水材料主导的络合沉淀反应；（d）未水化的水泥继续完成水化反应。在基准混凝土中，只存在（a）、（b）、（d）三类反应，且这种反应比较缓慢，CCCW 的掺入不仅会催化这三类反应，还会新增络合沉淀反应，生成的结晶产物会封堵渗水通道，从而起到提高混凝土二次抗渗压力的作用。

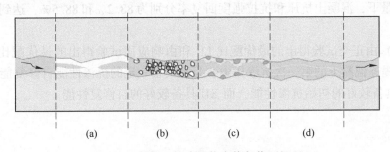

图 7-17　混凝土抗渗性能自修复作用机理

　　综上所述，由正交试验得出的最优配比和由响应面试验得出的最优配比均能显著提高混凝土的第一次抗渗压力，且都具备一定的抗渗性能自修复能力。其中 LU 具备较好的初始抗渗性能，而 XU 具备较好的自修复性能，在实际工程中可根据不同的需求选择不同的配比方案。

7.5　本章小结

　　本章通过响应面试验探究了粉煤灰、聚丙烯纤维和 CCCW 的不同复合掺量对混凝土力学性能及抗渗性能自修复能力的影响，并通过对试验数据进行计算和分析，研究了三种改性材料之间的交互作用关系，建立了针对混凝土抗压和抗拉强度回复率的数学模型，分别提出了使混凝土初始强度和抗渗压力以及二次强度和抗渗压力达到最佳的配比方案，得到的主要结论如下：

（1）基准混凝土本身就具备一定的自修复性能，但自修复效果相当有限，其抗压强度回复率仅为 76.3%，三种改性材料的掺入能够显著提高混凝土的抗压强度自修复性能。在进行试验的 15 组混凝土中，抗压强度回复率与基准混凝土的最大差值为 13.2%。

（2）在混凝土抗压强度自修复过程中，CCCW 起到了主导作用，其次为聚丙烯纤维，最后是粉煤灰。三种材料之间存在一定的交互作用关系，但均不显著。通过对试验数据进行计算和分析，得到使混凝土抗压强度回复率达到最佳的条件为：粉煤灰掺量为 19.62%、聚丙烯纤维掺量为 1.5kg/m³、CCCW 掺量为 2.39%。

（3）在混凝土抗拉强度自修复过程中，三种改性材料均起到了显著性的作用，且作用大小顺序为 CCCW>聚丙烯纤维>粉煤灰；通过分析回归模型和响应曲面发现：聚丙烯纤维和 CCCW 之间存在明显的交互作用效应，起到了正协同作用；使抗拉强度回复率达到最佳的条件为：粉煤灰掺量为 22.57%、聚丙烯纤维掺量为 1.58kg/m³、CCCW 掺量为 2.31%。

（4）使混凝土抗压和抗拉强度回复率均达到较高水平的最优解决方案为：粉煤灰掺量为 19.6%、聚丙烯纤维掺量为 1.5kg/m³、CCCW 掺量为 2.4%。在此复合掺量下，混凝土抗压和抗拉强度回复率分别为 88.2% 和 88.5%，达到了优化目的。

（5）由正交试验得出的最优配比 LU 和由响应面试验得出的最优配比 XU 均能显著提高混凝土的第一次抗渗压力，且都具备一定的抗渗性能自修复能力。其中 LU 具备较好的初始抗渗性能，而 XU 具备较好的自修复性能。

8 复掺改性材料对混凝土性能影响的微观机理分析

8.1 问题的提出

混凝土的微观形貌特征以及物质成分组成往往可以决定其宏观性能。对混凝土进行的力学性能及抗渗性能测试表明,三种改性材料的掺入能够明显改善混凝土在宏观上的各项性能。为了进一步探究粉煤灰、聚丙烯纤维和渗透结晶型防水材料在混凝土水化硬化过程中的微观作用机理,本章将对掺入不同改性材料和不同养护龄期的混凝土进行扫描电镜试验及 X 射线衍射定量物相分析试验,通过对比分析,从微观结构的角度解释外加材料的改性机理及材料之间的相互作用效应。

8.2 SEM 扫描电镜分析

8.2.1 概述

扫描电子显微镜(scanning electron microscope,SEM)是一种用于高分辨率微区形貌分析的大型精密仪器。其具有景深大、分辨率高、成像直观、放大倍数范围宽等特点。SEM 通过用聚焦电子束扫描表面来产生样品的图像,其分辨率可达 1nm,放大倍数为 10 倍到 50 万倍,由于其强大的性能,目前已被广泛应用于结晶学、矿物学及材料科学等领域的微观研究。本节进行 SEM 试验,是为了获得基准混凝土与改性混凝土在不同龄期的微观形貌特征,以此来定性分析外加材料的掺入对混凝土结构密实度、结晶状态及内部缺陷情况的影响。

8.2.2 SEM 扫描电镜试验方法

为了探究不同外加材料的掺入对混凝土微观形貌特征的影响,本节将按照 2.4 节的方法制备四组混凝土。这四组混凝土分别为:单掺聚丙烯纤维混凝土,复掺聚丙烯纤维和粉煤灰混凝土,复掺聚丙烯纤维和 CCCW 混凝土,复掺聚丙烯纤维、粉煤灰和 CCCW 混凝土。因为聚丙烯纤维在混凝土内部主要是起到物理性质的作用,其不会对水泥的水化产物和结晶情况产生影响,所以这样的试验安排既可以比较不同的胶凝复合体系所造成的混凝土基体微观形貌的差异,又可以探究纤维与基体界面的黏结特性。根据前文的研究成果,本节将聚丙烯纤维的掺量定为 1.5kg/m³，粉煤灰的掺量定为胶凝材料的 15%，CCCW 的掺量定为胶凝材料的 2.0%，四组混凝土的配合比及试件编号如表 8-1 所示。

表 8-1　扫描电镜试件分组及配比情况　　　　　　（kg/m³）

编号	水胶比	水泥	砂	石	水	减水剂	粉煤灰	聚丙烯纤维	CCCW
SEM-1	0.44	400	748	1076	176	0.8	0	1.5	0
SEM-2	0.44	340	748	1076	176	0.8	60	1.5	0
SEM-3	0.44	392	748	1076	176	0.8	0	1.5	8.0
SEM-4	0.44	332	748	1076	176	0.8	60	1.5	8.0

　　混凝土浇筑完成后，送入标准养护箱中进行养护，当龄期为 28d 时，取出试件并进行样品制备。电镜扫描的样品大小要求为：长宽不大于 1cm，厚度不大于 0.5cm。制样时利用压力机和铁锤对混凝土进行破碎，并选出大小合适的混凝土进行电镜扫描试验。因为本次试验需要观测混凝土的内部情况，所以在选取样品时，应避免选用带有混凝土收浆面的样品。剩余的混凝土改用泡水的形式进行养护，这样做的目的是与混凝土宏观试验的养护机制保持一致。泡水养护至龄期为 56d 时，按照同样的方法进行样品制备并进行第二次试验，试验样品如图 8-1（a）、（b）所示。

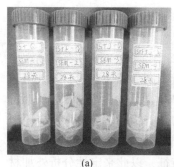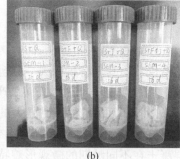

(a)　　　　　　　　　　　　　　(b)　　　　　　　　　　　　　(c)

图 8-1　SEM 送检样品及试验仪器
（a）龄期为 28d 的 SEM 样品；（b）龄期为 56d 的 SEM 样品；（c）电镜扫描仪

　　本次电镜扫描需要重点关注混凝土内部的密实度，观察复合胶凝体系的结晶情况以及混凝土内部的孔隙、微裂缝等缺陷情况，此外还需扫描纤维与混凝土基体之间的界面黏结情况。观测同一类微观形貌特征时，采用的放大倍数应该一致，确保不同混凝土之间具有可比性。使用的电镜扫描仪如图 8-1（c）所示。

8.2.3　SEM 扫描电镜试验结果及分析

　　采用仪器型号为 thermo scientific APREO 2C 的场发射扫描电镜对养护龄期分别为 28d 和 56d 的四组混凝土样品进行微观形貌特征的观测，观测重点包括混凝土基体微观形貌以及聚丙烯纤维与基体的黏结特性，现将观测结果分为以下三类进行分析。

8.2.3.1 混凝土基体 28d 龄期微观形貌特征

图 8-2（a）、（b）、（c）、（d）分别为四组混凝土进行水化反应 28d 后的表观形貌特征扫描电镜照片，四组图像的放大倍数均为 5000 倍。由图可知，不同的胶凝复合体系完成水化反应后，呈现出较为明显的微观结构差异。SEM-1 混凝土中的胶凝材料为水泥，因此图 8-2（a）中呈现出的晶体为水泥发生水化反应后的产物，图中有片状的 $Ca(OH)_2$ 晶体以及大量簇状的水化硅酸钙晶体（C-S-H 凝胶），也有少量针状的钙矾石分布于孔隙和裂缝中，其为水泥水化的中间产物。SEM-1 混凝土微观结构总体上呈现出疏松多孔的结构特征，大量细小的颗粒状 C-S-H 凝胶未能形成一个有机整体，孔隙和裂缝数量较多。这样的微观结构势必会影响混凝土的力学性能及抗渗性能。

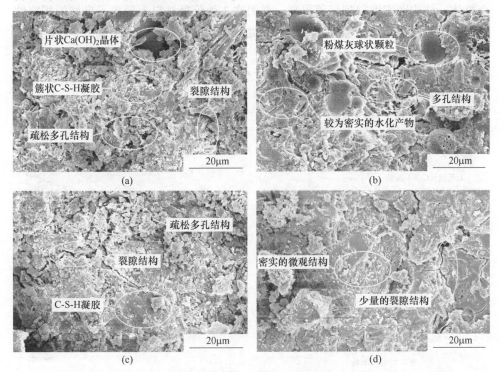

图 8-2　混凝土基体 28d 龄期放大 5000 倍的微观形貌特征
（a）SEM-1 混凝土基体形貌；（b）SEM-2 混凝土基体形貌；
（c）SEM-3 混凝土基体形貌；（d）SEM-4 混凝土基体形貌

SEM-2 混凝土的胶凝体系为水泥加粉煤灰，其完成水化反应后，所形成的微观形貌较 SEM-1 而言更加致密，孔隙和裂缝数量明显减少，水化产物更加趋于一个整体。图中出现了一定量的未完成二次水化反应的粉煤灰球状颗粒。SEM-2 混凝土的微观结构之所以会出现明显改善，是因为粉煤灰的掺入促进了水泥的水化反应，并且起到了良好的填充效应及火山灰效应。粉煤灰可与水泥的水化产物Ca(OH)₂发生反应生成更多的结晶体填充孔隙和裂纹，使微观结构变得更加密实，这也是掺入粉煤灰后，混凝土强度和耐久性得到提升的原因。

SEM-3 混凝土的胶凝材料为水泥和 CCCW，其表观形貌与 SEM-1 类似，但孔隙结构有所减少，虽然也存在一些裂隙结构但数量不多，相较于 SEM-1 而言，SEM-3 的整体性较强，且密实度有所提升。这也从微观结构的角度证明掺入 CCCW 后，能够在一定程度上改善混凝土的内部结构，从而提高其抗渗性能。

当混凝土的复合胶凝体系为普通硅酸盐水泥、粉煤灰和 CCCW 时，其完成水化反应后的微观形貌特征如图 8-2（d）所示。从图中可以看出，SEM-4 混凝土的晶体结构缺陷明显减少，水化反应更加彻底，大量的 C-S-H 凝胶相互络合为一个整体，结构密实度得到显著提高。说明这 3 种胶凝材料表现出了良好的相容性及相互协调性，共同改善了混凝土的微观结构，这也是混凝土宏观力学性能及抗渗性能得到提高的主要原因。

将四组混凝土基体的微观形貌放大至 20000 倍时，其晶体结构差异更为明显，如图 8-3 所示。

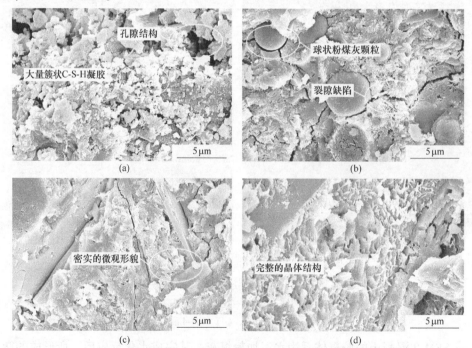

图 8-3   混凝土基体 28d 龄期放大 20000 倍的微观形貌特征
（a）SEM-1 混凝土基体形貌；（b）SEM-2 混凝土基体形貌；
（c）SEM-3 混凝土基体形貌；（d）SEM-4 混凝土基体形貌

如上所述，将图像放大 20000 倍后，SEM-1 的晶体结构依然表现为疏松多孔的形貌特征，众多簇状的 C-S-H 晶体未能形成密实的整体；而 SEM-2 和 SEM-3 的晶体结构的确更为密实，仅有少量裂缝缺陷，孔隙率显著降低；在高倍率下的 SEM-4 晶体结构最为密实，结构缺陷最少，再次证明三种胶凝材料具有良好的相容性及协同性。

8.2.3.2 纤维与混凝土基体界面过渡区 28d 龄期的微观形貌特征

图 8-4（a）、（b）、（c）、（d）分别为四组混凝土内部纤维与基体界面黏结过渡区的微观形貌特征，电镜扫描的放大倍数均为 500 倍。从图中可以看出，由不同复合胶凝体系所形成的混凝土基体与聚丙烯纤维的黏结特性存在一定差异。其中 SEM-1 混凝土中出现了纤维被拔出的现象，且由于基体存在较多缺陷，导致纤维与基体之间的黏结强度不高，黏结界面出现了较大缝隙；而 SEM-2 混凝土中，基体较为平整且缺陷较少，但纤维与基体之间的界面过渡区也出现了较大缝隙，说明粉煤灰混凝土与聚丙烯纤维之间的黏结强度也存在欠缺，这样的情况将导致纤维不能充分发挥出其增强增韧的作用。SEM-3 混凝土中，纤维-基体界面

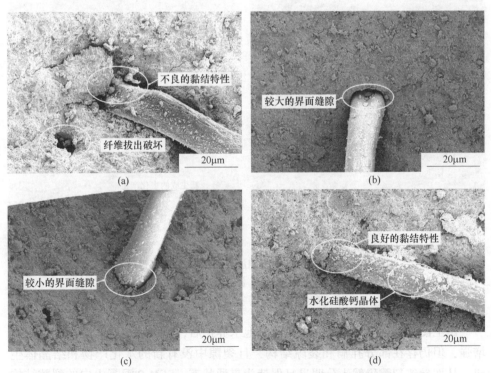

图 8-4 纤维-基体界面区 28d 龄期放大 500 倍的微观形貌特征
(a) SEM-1 纤维-基体界面形貌；(b) SEM-2 纤维-基体界面形貌；
(c) SEM-3 纤维-基体界面形貌；(d) SEM-4 纤维-基体界面形貌

黏结过渡区的缝隙较小，说明黏结强度有所提高，并且可以看到，纤维阻断了微观裂缝的贯通，这也是聚丙烯纤维能够提高混凝土抗渗性能的原因之一。SEM-4混凝土中，纤维-基体界面过渡的缝隙进一步减小，且纤维表面布满了水化硅酸钙晶体，这样的形貌特征可以加强纤维与混凝土基体之间的协同受力，使其充分发挥出阻裂效果。

8.2.3.3　混凝土基体 56d 龄期微观形貌特征

将泡水养护完成后的四组混凝土进行破碎制样，并送至第三方检测机构进行扫描电镜试验，首先将放大倍数设置为 5000 倍，观察四组混凝土的整体微观形貌特征，如图 8-5 所示。

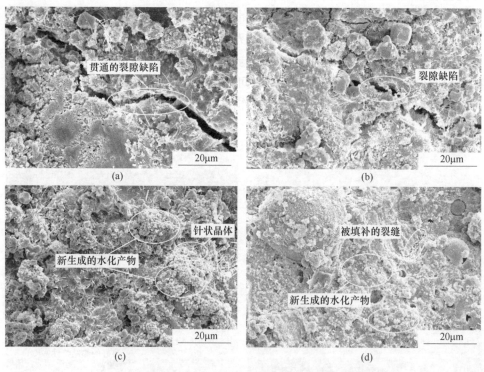

图 8-5　混凝土基体 56d 龄期放大 5000 倍的微观形貌特征
（a）SEM-1 混凝土基体形貌；（b）SEM-2 混凝土基体形貌；
（c）SEM-3 混凝土基体形貌；（d）SEM-4 混凝土基体形貌

由上图可知，SEM-1 混凝土在经过泡水养护后，整体性与 28d 龄期相比有所增强，但仍存在部分孔洞和裂隙结构，且裂隙中没有新的水化产物和结晶体生成，从而导致裂隙仍然十分明显且保持为贯通状态；SEM-2 混凝土中的裂隙结构同样没有得到较大改善，这说明基准混凝土和粉煤灰混凝土不具备裂缝自愈功能。SEM-3 混凝土中出现了大量针状和纤维状结晶体，这类晶体在 28d 龄期中的微观形貌中未曾发现，其与大量絮状的 C-S-H 凝胶相互搭接，共同填补孔隙和裂缝，使混凝土内部缺陷减少，这在宏观上将表现为更高的强度和抗渗性能。SEM-4 混凝土中有一条非常细小的裂缝，其周围分布着大量絮状和枝蔓状的结晶体，正是因为这类晶体的生成，使混凝土内部的微裂缝逐渐被修复，这也是混凝土强度和抗渗性能自修复的原因所在。

将四组图像中的局部放大至 20000 倍时，上述现象和晶体结构可以被更加明显地展现出来，如图 8-6 所示。

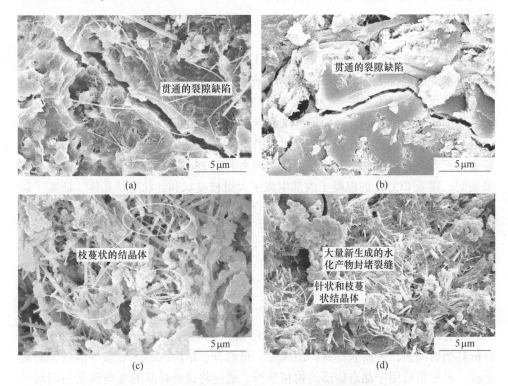

图 8-6 混凝土基体 56d 龄期放大 20000 倍的微观形貌特征
(a) SEM-1 混凝土基体形貌；(b) SEM-2 混凝土基体形貌；
(c) SEM-3 混凝土基体形貌；(d) SEM-4 混凝土基体形貌

图中 SEM-1 和 SEM-2 混凝土在泡水养护 28d 后，其内部的裂隙缺陷仍然十分明显，裂隙周围没有出现新的水化产物，而掺入 CCCW 后，其表观形貌特征表现出了较大差异。SEM-3 和 SEM-4 混凝土内部出现了大量的枝蔓状和针状结晶体，这类新生成的晶体布满微观表面，起到了填充孔隙、修补裂缝的作用。出现这种现象的原因是渗透结晶型防水材料中含有某种化学活性物质，它能在含水条件下结合混凝土中游离的 Ca^{2+}，发生络合沉淀反应，生成不溶于水的结晶体。杨晓华教授也发现了类似的现象，他认为 CCCW 中的活性化学物质 $Ca(O-R-H)_2$

可在潮湿环境下发生缩聚结晶反应，反应方程式如式（8-1）所示。

$$nCa(O—R—OH)_2 + nCa(O—R—OH)_2 \rightarrow 2(O—R)_{2n} + 2nCa(OH)_2$$

$$(8-1)$$

这些活性物质还会在渗透压力、毛细孔压力和浓度差的作用下，随自由水进入到混凝土内部孔隙中，并与孔隙溶液中的 Ca^{2+}、$Ca(OH)_2$、$Al(OH)_2$ 等物质发生络合反应，生成枝蔓状和针状的结晶体，填充孔隙、封堵渗水通道，从而在宏观上起到强度和抗渗性能修复的作用。

8.2.4　SEM 扫描电镜总结

通过对比分析四组混凝土 28d 和 56d 龄期的微观形貌特征可以发现，胶凝材料仅有水泥的混凝土，其内部存在较多缺陷，如晶体整体性较差、孔洞和裂隙结构较多及水化程度不彻底等。粉煤灰或 CCCW 的掺入均能在一定程度上改善混凝土基体的微观结构，并且聚丙烯纤维和混凝土基体之间的黏结强度也能得到一定的提高；当水泥、粉煤灰和 CCCW 共同作为混凝土的胶凝材料时，改善效果最为显著，三者表现出了良好的相容特性。泡水养护 28d 后的混凝土扫描电镜试验结果表明，掺入 CCCW 的混凝土内部生成了大量枝蔓状和针状的结晶体，证实了裂缝和孔隙被封堵的现象存在，其中当复合胶凝体系为水泥、粉煤灰和 CCCW 时，枝蔓状和针状晶体发育最好。

8.3　XRD 衍射物相分析

8.3.1　概述

X 射线衍射定量物相分析，即 XRD，是一种通过对材料进行 X 射线衍射，分析其衍射图谱，进而获得材料的成分、材料分子结构或晶体形态等信息的研究手段。其通常适用于晶态物质的物相分析。通过将试验样品的 X 射线衍射图与已知的晶态物质的 X 射线衍射谱图进行对比分析，便可以完成对样品物相组成及结构的定性鉴定；通过对样品衍射强度数据的分析计算，可以完成样品物相组成的定量分析。本节进行 XRD 衍射分析，是为了对比分析基准混凝土和改性混凝土不同龄期的水化产物在种类和数量上的差异，以此来分析外加材料的掺入对混凝土水化进程的影响。

8.3.2　XRD 衍射试验方法

为了探究粉煤灰和 CCCW 对水泥水化反应产生的影响，本次试验将按照 2.4 节的方法浇筑四组混凝土试件，这四组混凝土分别为：基准混凝土、单掺粉煤灰混凝土、单掺 CCCW 混凝土、复掺粉煤灰和 CCCW 混凝土。由于聚丙烯纤维在混凝土内部主要起到物理性质的作用，其不会对水泥水化反应产生影响，因此本次试件浇筑不再掺入聚丙烯纤维。XRD 衍射试验的试件编号及配比情况如表 8-2 所示。

表 8-2 XRD 试件编号及配合比 （kg/m³）

编号	水胶比	水泥	砂	石	水	减水剂	粉煤灰	CCCW
XRD-1	0.44	400	748	1076	176	0.8	0	0
XRD-2	0.44	340	748	1076	176	0.8	60	0
XRD-3	0.44	392	748	1076	176	0.8	0	8.0
XRD-4	0.44	332	748	1076	176	0.8	60	8.0

试件浇筑完成并标准养护 28d 后，取出试件并进行制样。制样流程如下：首先将混凝土试件破碎成小块的水泥石，随后将不含粗骨料的样品放入粉碎机中进行粉碎，最后筛分出较细的粉末继续进行手工研磨，直到粒度达到要求为止。样品越细，测试效果越好，操作过程如图 8-7 所示。剩余的混凝土继续进行泡水养护，直到龄期为 56d 时取出，按照同样的方法进行制样。

  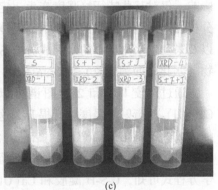

（a） （b） （c）

图 8-7 XRD 制样流程

（a）粉碎机；（b）研钵；（c）粉末样品

样品制备完成后进行测试，测试时应注意每组样品的测试参数应保持一致：衍射角度为 5°~85°，电压和电流为 40KV 和 40mA；衍射步长均为 0.02°。

8.3.3 XRD 衍射试验结果及分析

通过对测试数据进行分析和整理，可以得到四组混凝土在 28d 龄期时的 XRD 衍射图谱，如图 8-8 所示。图中"control"为基准混凝土，FA 代表粉煤灰，CCCW 为渗透结晶型防水材料，通过对比分析四组混凝土的衍射图谱，可以揭示粉煤灰和 CCCW 对水泥水化反应产生的影响。

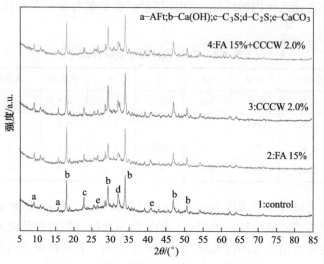

图 8-8 混凝土 28d 龄期水化产物 XRD 图谱

由图可知，单掺或复掺粉煤灰和 CCCW 均不会对混凝土水化产物的种类产生影响，仅对某些特征峰强度产生一定影响。通过对图谱中的特征峰进行物相定性分析可以发现，混凝土样品中的晶体主要包括：$Ca(OH)_2$、钙矾石 Aft、$CaCO_3$，以及未发生水化反应的水泥成分 C_3S 和 C_2S。由于水泥水化反应的另一种主要产物（水化硅酸钙凝胶）为非晶体相，所以无法通过衍射图谱进行表征。

通过比较 1 号和 2 号图谱可以发现，掺入粉煤灰后的水泥水化产物中，$Ca(OH)_2$ 的衍射峰强度略有提升。这是因为粉煤灰不仅能够促进凝胶类水化产物的形成，还能充当 $Ca(OH)_2$ 结晶的活化中心，促进 C_3S 发生水化反应，从而使 $Ca(OH)_2$ 的结晶度提高，因此其特征峰强度也相应增强。由水泥水化反应的化学方程式可知，C-S-H 凝胶和 $Ca(OH)_2$ 的含量呈正比例关系，而 C-S-H 凝胶是混凝土强度和耐久性的重要来源，在粉煤灰等量取代水泥的情况下，水泥占比减少，但水化程度更高，说明粉煤灰在节约水泥用量的同时，还能使混凝土内部结构更为致密，提高其强度和耐久性。C_3S 和 C_2S 的特征峰强度也能说明这一现象。

通过比较 1 号和 3 号图谱可以发现，CCCW 的掺入使 $Ca(OH)_2$ 特征峰的强度明显增强，这说明 CCCW 的确能够提高水泥水化产物的结晶程度，使水化反应更为彻底，生成的水化产物也更多，这能在一定程度上提高混凝土的强度和耐久性。通过分析 4 号图谱可以发现：虽然 XRD-4 号样品中的水泥占比最低，但其 $Ca(OH)_2$ 衍射峰强度仍略高于 1 号和 2 号图谱，充分说明粉煤灰与 CCCW 复合掺入不会影响水泥的水化进程，反而会提高其水化产物的结晶度。

　　将泡水养护 28d（共计龄期 56d）后的四组混凝土取出并进行干燥处理后，同样制成粉末状样品并进行 XRD 衍射试验，所得到的衍射图谱如图 8-9 所示。

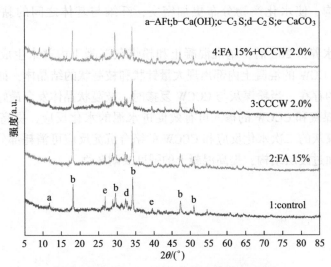

图 8-9　混凝土 56d 龄期水化产物 XRD 图谱

　　由图可知，泡水养护 28d 后的混凝土 XRD 衍射图谱中的 $Ca(OH)_2$ 晶体特征峰强度较泡水之前明显减弱，其原因各有不同。对于单掺粉煤灰混凝土而言，$Ca(OH)_2$ 可与粉煤灰中的 SiO_2 和 Al_2O_3 等成分发生二次水化反应，消耗部分 $Ca(OH)_2$；对于单掺 CCCW 混凝土而言，防水材料中的活性成分在遇水条件下被激活，与部分 Ca^{2+} 发生络合沉淀反应生成不溶于水的结晶，这一过程也会消耗部分 $Ca(OH)_2$；当粉煤灰与 CCCW 复掺时，这两种情况都会出现。有学者指出，$Ca(OH)_2$ 为层状六方薄片晶体，其容易富集在骨料与砂浆的界面过渡区，对黏结强度造成影响，因此消耗部分 $Ca(OH)_2$ 有利于改善骨料界面的过渡层结构，提高混凝土的强度及抗渗性能。

　　通过对比分析四组混凝土 28d 和 56d 龄期的 XRD 衍射图谱可以发现，基准混凝土在 28d 龄期时，水化程度还不彻底，C_3S 和 C_2S 的特征峰强度较强，粉煤灰和 CCCW 的掺入可有效促进水泥的水化反应，提高水化产物的结晶度；掺入粉煤灰或 CCCW 的混凝土在泡水养护后，能够消耗部分 $Ca(OH)_2$，这一现象有利于改善骨料界面过渡层结构，提高混凝土的强度及耐久性。

8.4　本章小结

　　本章在前文的研究基础之上，设计特定的配合比，对混凝土进行 SEM 扫描电镜试验及 XRD 衍射试验，研究粉煤灰、CCCW 及聚丙烯纤维对混凝土微观结构的影响，主要得到以下结论：

（1）基准混凝土 28d 龄期时，内部存在较多孔洞及裂隙缺陷，且聚丙烯纤维与混凝土基体之间的黏结强度不高；而粉煤灰或 CCCW 的掺入能够显著改善混凝土的微观结构，使水化产物分布更加密实，纤维与基体之间的黏结特性得到改善。

（2）泡水养护 28d 后，基准混凝土和粉煤灰混凝土内部未生成新的晶体结构，而掺有 CCCW 的混凝土内部出现大量针状和枝蔓状的结晶体，证实了晶体封堵裂缝现象的存在，当粉煤灰与 CCCW 复掺时，枝蔓状晶体发育最好。

（3）粉煤灰和 CCCW 的掺入可有效促进水泥的水化反应，提高水化产物的结晶度；粉煤灰的二次水化反应和 CCCW 的络合沉淀反应可消耗部分 $Ca(OH)_2$，改善骨料界面过渡层结构，提高混凝土的强度及耐久性。

9 荷载作用下隧道二次衬砌结构模型试验研究

9.1 问题的提出

隧道衬砌是一种受力情况和工作环境都较为复杂的结构，围岩与衬砌之间的应力应变关系更是受多种因素的影响，仅对混凝土标准试件进行试验不足以反映混凝土二次衬砌结构的实际受力状态及变形情况，而室内模型试验作为一种行之有效的科学研究方法，其具有针对性强、易模拟复杂工况、试验结果准确直观等优点。利用模型试验可以严格控制试验对象的主要参数而不受外界条件和自然条件的限制，做到结果准确，并且有利于在复杂的试验过程中突出主要矛盾，以便于揭示现象的内在规律。因此本章将在前文的研究基础之上，进行隧道二次衬砌结构的缩尺模型试验，综合评价粉煤灰、聚丙烯纤维、CCCW复掺混凝土（下文简称FPPRC混凝土）在隧道工程中的应用可行性，并在开裂荷载、极限承载能力和抵抗变形能力等方面与普通混凝土进行对比分析，检验FPPRC混凝土的各项性能，为其在实际工程中的应用提供参考。

9.2 缩尺模型与相似模型的特点分析

模型试验通常分为缩尺模型试验和相似模型试验，这两种试验方法都具有模型的共性，即它们都是模拟结构原型全部或部分性能的复制品。但这两种试验在设计比例、设计理论和试验步骤等方面具有很大的差异。

在设计比例方面，相似模型根据试验对象的不同可以设计不同的相似比，既可以将原型进行放大，也可以将原型缩小，但缩尺模型专指将大尺寸或特大尺寸的原型结构缩小的试验模型。

在设计理论方面，相似模型与缩尺模型之间存在根本性的区别，相似模型试验的设计理论为相似三定理：即相似第一定理、相似第二定理和相似第三定理。

缩尺模型的设计理论则与原型的设计理论完全相同。比如在简支梁的设计过程中就包括斜截面抗剪、正截面抗弯等内容。而简支梁的缩尺模型就是一根按一定比例缩小的简支梁，其受力状态和计算方法与原型保持一致，但试验结果不能直接回推至原型，其目的是验证某个已知理论的正确性或揭示某种现象和规律。

在试验步骤方面，相似模型与缩尺模型之间也存在明显的区别。相似模型试验的步骤主要包括：根据试验目的配制相似材料、利用相似理论导出相似准则、根据试验条件确定相似常数、绘制模型施工图并设计试验方案，最后将试验结果回推至原型结构。缩尺模型试验的步骤主要包括：根据试验目的选定模型材料、依据试验条件确定缩小比例、绘制模型施工图、由原型的设计理论确定试验方案，最后将试验结果与理论值进行比较并揭示某种现象或规律。

　　综上所述，相似模型不仅要求外在的几何相似，更要求整个系统内在的相似，一般需要选用相似材料进行试验，其目的是解决目前理论上还没有彻底解决的某一具体工程的实际应用问题。因为针对性很强，相似模型的试验结果可以直接推广到原型结构，但由于其在试验设计和试验组织方面都存在较大难度，所以应用频率较低；缩尺模型只是将原型结构按一定比例缩小，对系统内在的物理参数等要求并不严格，一般采用原型材料进行试验，其目的是验证设计理论的真实性或揭示某种现象和规律，试验结果不能直接应用于原型结构。由于缩尺模型在试验设计和试验组织方面都比较容易，所以在与力学相关的学科中得到了广泛的应用。

9.3　二次衬砌结构模型试验设计

9.3.1　二次衬砌结构模型制作

　　本次模型试验的重点是综合评价 FPPRC 混凝土二次衬砌结构在隧道复杂受力环境下的抗裂性能、极限承载力以及抵抗变形的能力，测定混凝土衬砌在围岩荷载作用下的初裂荷载、接触压力及变形情况，并将其与普通 C35 混凝土二次衬砌结构进行对比分析，检验前文的研究成果。由于 FPPRC 混凝土中含有渗透结晶型防水剂和聚丙烯纤维等不易采用相似材料的添加剂，本次试验采用自行配制的混凝土材料浇筑两组衬砌模型。模型制作前应首先根据试验条件和原型尺寸确定缩小比例。考虑到模型箱的尺寸限制以及混凝土浇筑时的振捣难易程度，确定原型衬砌与模型衬砌的比例为 20:1，模型长度取模型箱的净深为 50cm，模型断面尺寸示意图如图 9-1 所示。

　　由于衬砌模型是由多段半径不同的弧形组成，在制作模板时，首先将图纸以1:1 的比例打印出来，随后将图纸平整覆盖粘贴在三合板表面并按照衬砌内外轮廓切割出模板的前后断面，用于模板的定形和封口。衬砌模型的主体模板采用经过特殊处理表面光滑的铁皮，其具有易成型、刚度大、易脱模等优点。整个模板分为内模、外模和端口三个部分。内模和外模均按照衬砌内外轮廓弯曲成形，铁皮接口处用铆钉进行固定，模板主体用多段铁丝进行加固，防止在混凝土浇筑时发生变形；模板底部三合板和铁皮的接缝处用黏合剂进行封堵，防止模型浇筑时发生漏浆。模板制作结束后开始进行模型的浇筑工作。首先对混凝土进行拌

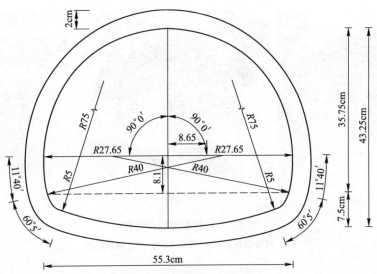

图 9-1　模型断面尺寸示意图

制，FPPRC 混凝土的配合比采用前文确定的最优配比，普通 C35 混凝土的配合比与前文保持一致。混凝土搅拌程序和原材料参考前文的 2.4.1 节，两组模型的配合比如表 9-1 所示。

表 9-1　二次衬砌模型配合比

编号	水胶比	水泥	砂	石	水	减水剂	粉煤灰	聚丙烯纤维	CCCW
ZJ	0.44	400	748	1076	176	0.8	0	0	0
FPPRC	0.44	332	748	1076	176	0.8	60	1.5	8.0

模型浇筑时，应将模板放置在平整的地面，在内模净空内填筑细砂，这样做一方面可以增加模型的稳定性，另一方面也可为内膜提供环向的支撑作用力，保证模型的成型效果以及尺寸的准确性。浇筑混凝土时应不断用橡胶锤敲击模板侧壁，保证混凝土浇筑密实，模型制作过程如图 9-2 所示。

9.3.2　监测元器件及测点布置

衬砌模型浇筑完成并完全硬化后，进行脱模并标准养护 28d，养护完成后即可进行监测元器件的布置和试验准备工作。本次模型试验用到的元器件主要包括：混凝土应变片、微型土压力盒和高精度位移计。试验的应变测试点包括拱顶、左右拱肩、左右边墙和仰拱共 8 个测点，分别在模型的两个三分之一断面的内外两侧进行布置；围岩与衬砌的接触压力利用土压力盒测得，测试断面为模型的二分之一截面，其测试部位与应变测试点保持一致；由于空间限制，本次试验共设置四个位移测试点，分别为拱顶、左右边墙和仰拱，测点布置如图 9-3 所示。

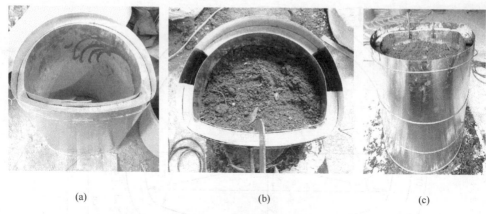

(a)   (b)   (c)

图 9-2   衬砌模型制作过程

（a）衬砌模板；（b）填筑细砂；（c）浇筑成型

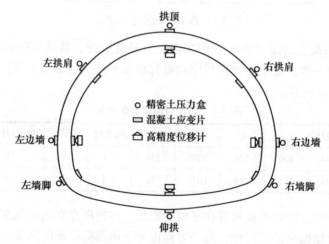

图 9-3   模型试验测点布置示意图

为保证测试数据的准确性，元器件的选型和布置方法是关键。由于混凝土是由水泥和骨料组成的非均质材料，因此在选用应变片时，其敏感栅的尺寸必须足以测量结构的平均应变，本次试验选用栅长为 60mm 的混凝土应变片。在粘贴应变片时，应首先在模型上标注出测试点位，随后先用打磨机分别安装粗砂纸盘和细砂纸盘将贴片处打磨平整，再用酒精棉球反复擦洗，直到棉球无污渍为止。混凝土表面处理好后，用 AB 胶水按照 1∶1 的比例均匀涂抹在贴片处，使其能将表面的空洞和裂纹填补平整；最后将应变片放置在贴片处，调整应变片的位置并挤出气泡，这样可以保证测试结果的准确性。贴片完成后进行接线，接线时应保证电路通畅并对每条线路进行标记，方便后续试验数据的读取和记录。应变片粘贴过程如图 9-4 所示。

(a)   (b)   (c)

图 9-4 应变片粘贴过程

（a）打磨表面；（b）粘贴应变片；（c）测试电路

　　模型结构界面与围岩材料之间的接触压力采用单膜电阻式微型土压力盒测定，相关研究表明：模型试验中采用微型土压力盒进行结构界面土压力的测定，会受到环境温度、围岩材料密实度和土体压缩模量等因素的影响。因此本次试验将对土压力盒进行温度补偿，埋设土压力盒时，应保证承压面能够均匀受力，且在填筑围岩材料时应进行分层夯实，并控制夯实次数，保证土体密实度，尽可能确保土压力测试值的准确性，微型土压力盒的布置如图9-5所示。高精度位移计的布设在围岩材料填筑完成后进行，位移的监测部位为仰拱、拱顶和左右边墙，如图9-6所示。

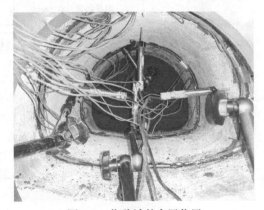

图 9-5 土压力盒的布置位置   图 9-6 位移计的布置位置

　　地下空间结构室内模型试验中，围岩材料的选用是至关重要的一步，国内外学者对围岩相似材料展开了大量的探索和研究，并取得了很多有意义的研究成果。在总结既有研究成果的基础之上，经过多次试验配制出了一种用于隧道模型试验的围岩材料。其是由重晶石粉、河砂、粗石英砂、细石英砂、机油和粉煤灰以 $1:0.56:0.39:0.72:0.33:1.33$ 的比例拌合而成，主要力学参数为：重度为 $12.2kN/m^3$；弹性模量为 $0.19GPa$；黏聚力为 $0.018MPa$；内摩擦角为 $36.7°$；泊松比为 0.31。本次缩尺模型试验的重点在于研究 FPPRC 混凝土二次衬砌结构在隧道受力状态下的力学性能，采用这种围岩材料可将外部荷载均匀的传递至衬砌结构，使模型的受力状态更贴近工程实际。

9.3.3　模型加载方案及试验步骤

模型试验装置包括两大系统，分别为加载系统和数据采集系统。模型加载系统由钢制模型箱、反力梁、承载板和油泵加压系统组成；数据采集系统由静态应变测试仪和位移分析仪组成，模型试验装置如图 9-7 所示。

模型试验装置的传力路径如图 9-8 所示，首先由油泵加压系统将集中荷载传递至具有足够刚度的承载板上，随后由承载板将分布荷载传递至围岩材料，围岩在荷载作用下产生收敛变形，最终将荷载传递至隧道模型。整个过程是为了模拟隧道结构的真实受力状态，在加载过程中可实现对结构应变、位移和土压力的实时测定。荷载加载方式为逐级加载，每级荷载增量为 1t，加载速率为 $0.5t/min$，每级荷载持荷 2min，待变形稳定后即可继续加载，直至模型达到其极限承载力即可停止加载。

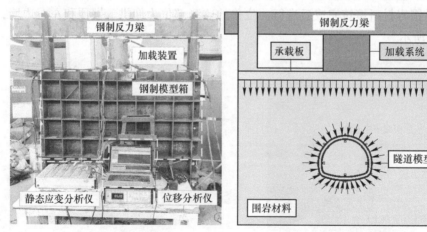

图 9-7　模型试验装置　　　　　图 9-8　模型试验传力机制

每级荷载施加给围岩的压力可通过承载板的尺寸和集中荷载大小求得：承载板的尺寸与模型箱的截面尺寸相同，为 $1.5m×0.5m=0.75m^2$，每级荷载增量为 1t，故每级荷载施加给围岩的分布荷载大小为 $0.013MPa$，模型加载方案如表 9-2 所示。

表9-2 模型分级加载方案

荷载级别	集中荷载/t	分布荷载/kPa	加载速率/t·min⁻¹	荷载级别	集中荷载/t	分布荷载/kPa	加载速率/t·min⁻¹
第1级	1	13	0.5	第5级	5	67	0.5
第2级	2	27	0.5	第6级	6	80	0.5
第3级	3	40	0.5	第7级	7	93	0.5
第4级	4	53	0.5	第8级	8	107	0.5

9.4 模型试验结果及分析

模型试验结束后，通过对试验数据进行处理和计算，可对比分析素混凝土和FPPRC混凝土在隧道受力模式下的力学及变形特性。本节主要对两种模型在加载过程中的荷载应变关系、初裂荷载、破坏模式以及结构在极限状态下的内力分布规律进行分析。

9.4.1 衬砌模型应变及初裂荷载分析

衬砌模型的应变测点布置及编号如图9-9所示，包括拱顶、左右拱肩、左右边墙、左右墙脚及仰拱共8个测点。

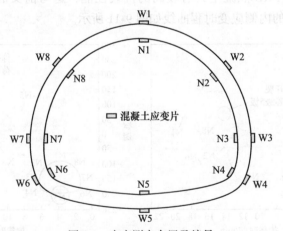

图9-9 应变测点布置及编号

在每个测点的内外两侧各布置一个应变片，是为了分别测得模型在各关键点处的内外应变变化规律，当某个测点的应变发生突变时，即认为该点发生开裂现象，素混凝土模型和FPPRC混凝土模型的外侧应变测试结果如图9-10所示。

由图9-10（a）可知，随着荷载等级的提升，素混凝土衬砌结构在围岩荷载作用下，拱顶和仰拱表现为外侧承受压应变，其余各点表现为外侧承受拉应变，

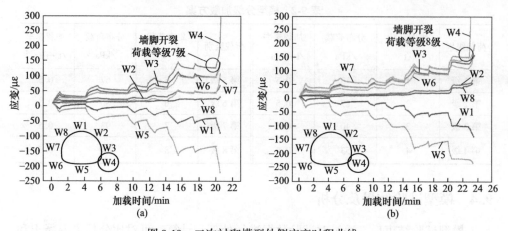

图 9-10 二次衬砌模型外侧应变时程曲线

（a）素混凝土外侧应变时程曲线；（b）FPPRC混凝土外侧应变时程曲线

且右墙脚部位的应变增速最快，当荷载等级达到 7 级时，右墙脚部位的应变发生突变，表明其已经发生开裂现象；FPPRC 混凝土衬砌结构的应变时程曲线与素混凝土相似，且受压与受拉部位与素混凝土衬砌结构相同，但其各部位应变变化趋势较为缓慢，说明 FPPRC 混凝土具有较好的控制变形的能力。此外，FPPRC混凝土衬砌结构首先出现开裂现象的部位同样位于右墙脚，但其对应的荷载等级为 8 级，证明 FPPRC 混凝土具有较高的抗裂性能，这与前文的研究结果一致。两种模型各部位的内侧应变时程曲线如图 9-11 所示。

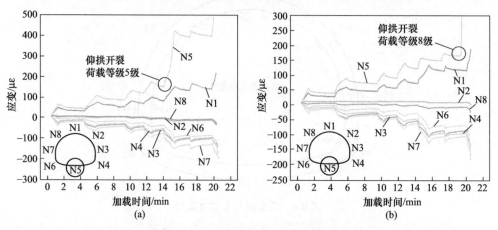

图 9-11 二次衬砌模型内侧应变时程曲线

（a）素混凝土内侧应变时程曲线；（b）FPPRC混凝土内侧应变时程曲线

由图 9-11 可知，在围岩荷载作用下，素混凝土和 FPPRC 混凝土模型内部各测点的应变分布规律相似，均为仰拱和拱顶表现为拉应变，其余各点表现为压应变；随着荷载等级的持续提高，素混凝土衬砌结构的仰拱部位首先出现开裂现象，其对应荷载等级为 5 级，说明其仰拱部位属于最不利位置，且混凝土抗裂性能较差，所能承担的开裂荷载较小；FPPRC 混凝土衬砌结构的内部应变同样发展缓慢，且当荷载等级升至 8 级时，仰拱部位才出现开裂现象。通过对模型内外两侧的应变进行分析可知，FPPRC 混凝土衬砌结构在隧道受力模式下的抗裂性能和抵抗变形的能力均优于普通混凝土结构，在模型试验中的初裂荷载相较于素混凝土能够提高 3 个等级。

9.4.2 衬砌模型位移及破坏模式分析

本次模型试验的加载方式决定了隧道模型的受力形式主要以竖向的重力荷载为主，因此在拱顶、仰拱和左右边墙处可能会出现较大位移，所以在这 4 个部位布置位移计用以监测衬砌结构在加载过程中的位移变化规律，测试结果如图 9-12 所示。

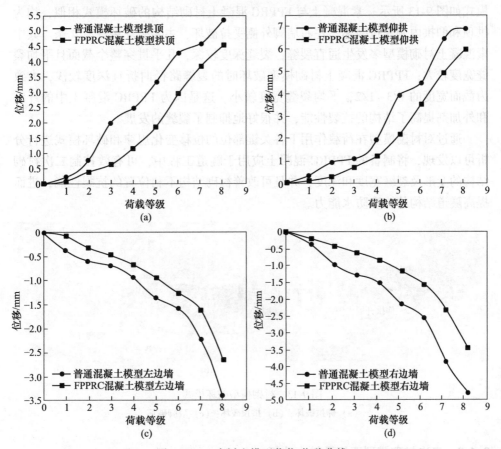

图 9-12 二次衬砌模型荷载-位移曲线

(a) 拱顶荷载-位移曲线；(b) 仰拱荷载-位移曲线；(c) 左边墙荷载-位移曲线；(d) 右边墙荷载-位移曲线

　　图中位移正值代表测点部位发生指向为隧道内部的收敛变形，位移负值代表监测点部位发生指向围岩方向的变形。两种混凝土材料所制成的衬砌结构各测点位移随荷载等级的提高而不断增加，其中 FPPRC 混凝土衬砌结构的位移在荷载等级为 6 级之前增加缓慢，当荷载等级超过 6 级时，位移增速有所提高。而普通混凝土衬砌结构在加载过程中的位移增速明显高于 FPPRC 混凝土，当荷载等级为 8 级时，普通混凝土衬砌拱顶位移达到了 5.34mm，而 FPPRC 混凝土衬砌仅为 4.54mm，相比降低了 14.9%；两种模型位移最大的部位均发生在仰拱，其中普通混凝土模型为 6.9mm，FPPRC 混凝土为 5.95mm，相比减少了 13.8%。当荷载等级为 5 级时，素混凝土衬砌结构仰拱位移迅速增大，再次证明此时该部位已经产生裂缝；在围岩荷载的约束作用下，两组模型左右边墙的变形均较小，但素混凝土在边墙处的位移值和增速均大于 FPPRC 混凝土。

　　随着荷载等级的不断提高，衬砌模型逐渐达到其极限承载能力而破坏，破坏模式如图 9-13 所示。素混凝土与 FPPRC 混凝土衬砌结构的破坏模式相似，均为拱顶和仰拱内侧受拉破坏，左右墙脚外侧受拉破坏，主要破坏裂缝有 4 条。其中素混凝土衬砌模型多发生通直裂缝，裂缝深度较深，几乎贯穿整个截面且平均裂缝宽度较大；FPPRC 混凝土衬砌模型破坏时的裂缝路径曲折且深度较浅，大致为截面宽度的 1/3~1/2，平均裂缝宽度较小。这是因为 FPPRC 混凝土中的纤维和外加剂提高了结构的抗裂性能，并很好地抑制了裂缝的发展。

　　通过对衬砌模型在荷载作用下各关键部位的位移变化规律和破坏模式进行分析可以发现，将制备的 FPPRC 混凝土应用于隧道工程中，可有效控制二次衬砌结构的变形及裂缝宽度和深度，并且可改善衬砌结构不利位置的抗裂性能，进而提高隧道结构的抗渗防水能力。

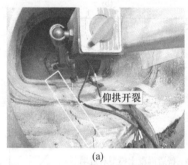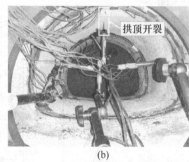

(a)　　　　　　　　　　　(b)　　　　　　　　　　　(c)

图 9-13　衬砌模型破坏模式
(a) 仰拱破坏；(b) 拱顶破坏；(c) 墙脚破坏

9.4.3　二次衬砌模型弯矩及轴力分析

　　通过在隧道模型关键截面的内外两侧粘贴应变片可测得结构应变，进而求得截面两侧的应力，再通过材料力学中的压弯组合公式可以换算出模型达到极限承载力时的轴力和弯矩值。计算方法如式（9-1）和式（9-2）所示：

$$N = \frac{1}{2}E(\varepsilon_{内} + \varepsilon_{外})bh \tag{9-1}$$

$$M = \frac{1}{12}E(\varepsilon_{内} - \varepsilon_{外})bh^2 \tag{9-2}$$

式中，E 为混凝土弹性模量，取 31.5GPa；b 为截面宽度，取 1m；h 为截面厚度，取模型厚度为 0.02m；$\varepsilon_{内}$ 和 $\varepsilon_{外}$ 分别为测得的截面内侧和外侧的应变值。

对两组模型分别求出拱顶、左右拱肩、左右边墙、左右墙脚和仰拱的轴力和弯矩，并用平滑的曲线将各个截面的内力值连接起来，即可得出衬砌模型的弯矩、轴力示意图。其中弯矩图如图 9-14 所示。

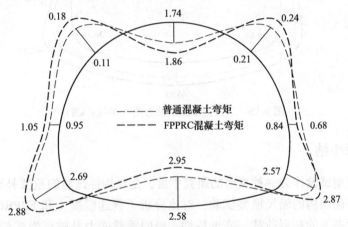

图 9-14 二次衬砌模型弯矩图（单位：kN·m）

两组模型在极限荷载作用下的弯矩分布规律相似，均为左右拱肩、拱顶和仰拱承担正弯矩，即结构内表面受拉，而边墙和左右墙脚承担负弯矩，即结构外表面受拉。但由于 FPPRC 混凝土在强度和抗裂性能等方面均优于素混凝土，因此由 FPPRC 混凝土制成的隧道模型在破坏时，各部位所承担的弯矩值均大于普通混凝土衬砌结构。两组衬砌模型在拱肩和边墙部位承担的弯矩较小。模型的仰拱和左右墙脚为受力较大部位，相较于普通混凝土衬砌结构而言，FPPRC 混凝土衬砌结构在破坏时，仰拱所能承担的最大弯矩提高了 14.3%，墙脚的最大弯矩能够提高 11.7%。在拱顶部位，FPPRC 混凝土模型所能承担的最大弯矩提高了 6.9%。此研究结果表明，将 FPPRC 混凝土应用于隧道工程中，可提高隧道结构的承载能力。

混凝土衬砌模型在极限荷载作用下的轴力分布规律如图 9-15 所示。两组模型的全断面轴力均为负值，说明模型在加载过程中的受力形式为全断面受压。

FPPRC 混凝土衬砌模型在破坏时，各部位所能承担的最大轴力值均大于普通混凝土衬砌模型。轴力较大值出现在拱顶、左右墙脚和仰拱四个部位，其中FPPRC 混凝土衬砌结构仰拱部位轴力值相较于普通混凝土提高了 14.1%，左右墙脚部位的轴力分别提高了 9.9%和 10.2%，拱顶部位轴力值提高了 7.9%。

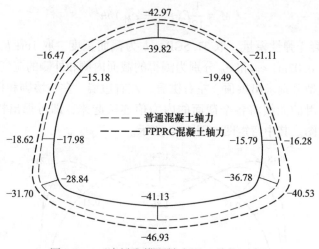

图 9-15   二次衬砌模型轴力图（单位：kN）

9.5   本章小结

室内模型试验作为一种重要的研究手段，是对构件试验的重要补充。本章通过混凝土衬砌结构的缩尺模型试验，对比分析了普通混凝土和 FPPRC 混凝土在隧道受力状态下的初裂荷载、变形特性、极限承载能力及破坏模式等各项性能，主要得到以下结论：

（1）通过分析应变时程曲线可知，相较于普通混凝土衬砌结构，FPPRC 混凝土的应变增速较小，表明其具备更高的抵抗变形的能力；两组衬砌模型的初始裂缝均发生在仰拱，FPPRC 混凝土的初裂荷载明显高于普通混凝土，其开裂荷载等级提高了 3 级，即竖向均布荷载提高了 40kPa。

（2）随着荷载等级的不断提高，衬砌模型各测点位移随之增大，普通混凝土衬砌模型的位移增速高于 FPPRC 混凝土，两组衬砌模型的位移最大值均出现在仰拱，其中普通混凝土模型为 6.9mm，FPPRC 混凝土为 5.95mm，相比减少了 13.8%。

（3）通过对模型在破坏时的弯矩和轴力进行分析可知，FPPRC 混凝土衬砌模型具有更高的极限承载能力，最大弯矩发生在墙脚和仰拱，相比普通混凝土衬砌模型提高了 11.7%和 14.3%；最大轴力出现在仰拱，相比普通混凝土提高了 14.1%。

（4）普通混凝土的破坏模式表现为脆性破坏，结构裂缝发展速度快且裂缝深度几乎贯穿整个截面；FPPRC 混凝土衬砌模型在破坏时表现出较好的延性特征，裂缝发展速度缓慢且裂缝宽度较小。破坏特征表明，将 FPPRC 混凝土应用于隧道工程中，可抑制裂缝的发展速度，并改善结构的裂缝形式。

10 钢纤维混凝土单层衬砌支护作用及破坏机理分析

在隧道与地下工程中，作为一种近代才发展起来的围岩支护技术——单层衬砌支护技术，是一种控制和维护围岩稳定性的现代支护技术，在未来隧道与地下工程中的应用和发展具有较大空间。与复合式衬砌相比，单层衬砌最大的特点为取消了复合式衬砌中初期支护与二次衬砌之间的防水层，支护层之间能较好地传递层间剪力，整个支护体系为一匀质受力体。单层衬砌支护技术的出现，体现了岩石力学、地下工程力学等学科研究的最新成果。

国内外学者对目前广泛使用的复合式衬砌在设计方法、衬砌结构受力特征，以及衬砌结构的裂损规律等方面进行了大量研究且取得了丰硕的成果，单层衬砌支护技术的研究，在设计方法、受力机理与支护结构的稳定性等方面有一定的研究进展，但对单层衬砌裂损规律与承载特性的研究相对较少。由于隧道单层衬砌在施工方法与自身支护结构特性都具有与复合式衬砌不同的特点，无论是支护结构与围岩之间的相互力学问题，还是支护结构在力学响应效果方面都有不同之处。因此，本章首先对单层衬砌的结构类型、支护特性以及单层衬砌的力学机理进行分析，再对钢纤维在衬砌混凝土中的增强机理及阻裂原理进行探讨。

10.1 隧道单层衬砌的结构形式及支护特性

10.1.1 单层衬砌的结构类型

随着喷射混凝土在隧道工程中的应用与发展，单层衬砌结构形式随之产生，尤其是钢纤维混凝土在隧道工程中的应用，使得衬砌结构的弯曲韧性与抗裂性能得到大幅度提升，为单层衬砌结构形式的多样性提供了有利的技术支撑。

在国际上，单层衬砌最早的结构形式主要是由单层喷射混凝土加锚杆形成的一个整体支护结构，随着在隧道与地下工程中的应用与发展，单层衬砌的结构形式逐渐多元化，出现了由两层或多层组合而成的单层衬砌复杂结构形式。德国首先建议了单层衬砌的结构构造形式，如表10-1所示；单层衬砌的设计方法主要有 Q 系统设计法、极限状态法和能量原理的设计方法，基于挪威法的 Q 系统设计法单层衬砌结构形式可分为 9 种结构类型，如表10-2所示；瑞士菲尔艾那隧道衬砌结构是由喷射三层混凝土形成的单层衬砌，如表10-3所示；按照围岩稳定性的要求，单层衬砌又可分为如表 10-4 所示的 9 种结构形式。

表 10-1 德国建议的单层衬砌结构形式

构造形式	第一层	第二层
1	钢纤维喷射混凝土	钢纤维喷射混凝土
2	钢纤维喷射混凝土	钢纤维模筑混凝土
3	钢纤维喷射混凝土	钢筋网喷射混凝土
4	钢纤维喷射混凝土	钢筋混凝土
5	钢筋网喷射混凝土	钢纤维喷射混凝土
6	钢筋网喷射混凝土	钢纤维模筑混凝土

表 10-2 基于 Q 系统设计的挪威法单层衬砌结构形式

编号	永久支护类型
1	无支护
2	局部锚杆
3	系统锚杆
4	系统锚杆+喷混凝土（4~8cm）
5	纤维喷射混凝土+锚杆支护（5~9cm）
6	纤维喷射混凝土+锚杆支护（9~12cm）
7	纤维喷射混凝土+锚杆支护（12~15cm）
8	纤维喷射混凝土+格栅纤维喷射混凝土（15~25cm）+系统锚杆
9	模筑混凝土（>25cm）

表 10-3 菲尔艾那隧道单层衬砌结构形式

喷混凝土	L1	L2	L3
适用范围	掌子面快速支护	二次稳定围岩	后方永久支护
喷混凝土厚度/cm	2~4	4~8	8~15
工法		湿喷	
骨料		0~8mm	
抗压强度/MPa	B40/30	B40/30	B50/40
12h 强度/MPa	15	7	—
试验喷混凝土强度富余/MPa	5~8	6~8	8~10
透水性	40mm 以下	30mm 以下	20mm 以下
回弹率/%		10 以下	
粉尘量/mg·m^{-3}		4 以下	

表10-4 按围岩稳定性分级的单层衬砌结构形式

分级	围岩稳定性	支护体系	支护类型
I	极稳定	围岩	无支护
II	很稳定	构造支护	喷混凝土
III	稳定	悬吊支护	局部锚杆+喷混凝土
IV	较稳定	悬吊支护+壳体支护	系统锚杆+喷混凝土
V	一般	悬吊支护+壳体支护	局部锚杆+合成纤维混凝土
VI	较不稳定	锚杆+加强壳体支护	局部锚杆+合成纤维喷混凝土+钢拱架
VII	不稳定	预支护+锚杆+加强壳体支护	超前支护+局部锚杆+合成纤维喷混凝土+钢拱架
VIII	很不稳定	预支护+锚杆+加强壳体支护	超前支护+局部锚杆+钢纤维喷混凝土+钢拱架
IX	极不稳定	预支护+锚杆+加强壳体支护	超前支护+局部锚杆+钢纤维喷混凝土+ 钢拱架+模筑混凝土
			特殊设计

10.1.2 单层衬砌的支护对象

对单层衬砌支护对象进行分析是研究单层衬砌力学支护机理的重要前提，只有弄清楚单层衬砌支护的对象是什么，才能知道单层衬砌这种支护结构所承担的荷载来源以及荷载类型。早期的普氏与太沙基支护理论认为，隧道坍落拱内的围岩重量是构成支护结构荷载的来源，即作为支护结构设计时的荷载，此时认为支护结构的支护对象为坍落拱内的围岩重量。现代岩石力学的弹塑性支护理论认为，作用在衬砌结构上的荷载是围岩的形变压力，支护结构的作用是限制塑性区的发展，防止围岩松动破坏。基于此理论，围岩的塑性变形与处于弹塑性状态的围岩圈层形成了支护结构的支护对象。这种支护理论以连续介质与各向同性为前提条件，认为支护结构始终与围岩接触良好且忽略围岩破碎后的体积变化，但实际工程中，能满足以上理论条件的情况十分罕见。

工程实践证明，在岩体开挖后围岩的破裂过程中，岩石会产生碎胀变形和碎胀力，在此状态下的支护结构主要起到两方面的作用：第一，将破裂后的岩石维持在原位不垮塌，第二，阻止围岩松动圈在形成过程中的有害变形。因此，单层衬砌的支护对象是围岩破裂过程中产生的碎胀变形与碎胀力。

隧道开挖之前，岩体处于三向应力的压缩状态，围岩内聚集了大量的"膨胀势能"。在隧道开挖后，岩体应力得到释放，原岩的三向应力状态失衡，释放出了储存在原岩中的"膨胀势能"，岩体的体积压缩量逐渐恢复，岩体产生向隧道开挖后空洞内的收敛变形，使得围岩因变形压力或形变量而破裂。

在隧道开挖后，岩体因释放应力发生变形而破裂，在破裂岩体的碎胀变形过程中，岩体周围没有限制其膨胀的任何约束时，岩体的碎胀变形可自由释放。根据力的作用相互定理可知，当岩体的碎胀变形受到外界约束（支护结构的支护作用）时，会产生碎胀变形压力，碎胀变形压力也会给约束者一个同等大小的反作用力。因此，岩体碎胀变形压力的大小并不独立，它与支护结构的刚度、岩体碎胀变形量、周围介质的力学性质和约束状况都息息相关。不同于岩体应力，岩体应力可视为一种主动力，而碎胀变形压力是一种被动力。如图10-1（a）所示，当岩体破裂后没有外界约束时，破裂的块体可自由滑移，由于没有外界条件约束破裂岩块移动，岩块只有碎胀变形没有碎胀力；若在碎裂岩块边界处施加刚性约束，则限制了岩块的位移，但仍有滑移的潜在势能，如图10-1（b）所示，此时岩块只有碎胀力而没有碎胀变形；若在岩块边界处施加非刚性约束时，如图10-1（c）所示，岩块均会产生碎胀变形与碎胀力，且碎胀变形与碎胀力的大小与约束作用的刚度有关，在隧道中为衬砌的刚度。

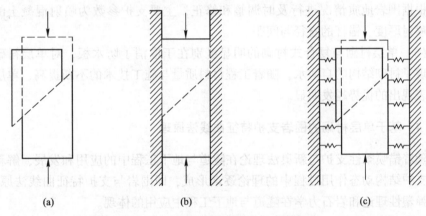

图 10-1 破裂岩块的碎胀力与碎胀变形

（a）有碎胀变形无碎胀力；（b）有碎胀力无碎胀变形；（c）既有碎胀力又有碎胀变形

　　根据上述分析可知，围岩开挖后所选取的支护形式与岩体中碎裂能、碎裂变形和碎胀力有着至关重要的联系，而不同支护结构类型又体现出不同的支护力与支护效果，支护结构所产生的力学响应也有差异。上面论述也确定了支护结构的作用对象为岩块的碎胀变形与碎胀力，而隧道支护结构的目的是将破裂的岩块维持在原位不垮落和限制松动圈发生有害变形。

10.1.3　单层衬砌的支护特点

　　隧道单层衬砌可根据实际工程环境条件选择不同的结构形式，根据10.1.1节分析可知单层衬砌可选用的结构形式多样化，具体的支护参数可依据工程实际环境中岩体的完整度、围岩等级与围岩的初始地应力状态进行修正与调整。相较于复合式衬砌形式，单层衬砌的支护特点主要表现在以下几方面：

(1) 单层衬砌这种支护结构的刚度性质可根据上述条件进行设计，其刚度的主要影响因素体现在支护材料以及衬砌的厚度。对支护-围岩体系有约束变形的可根据实际围岩地质条件进行控制，协调围岩与支护体系的共同承载作用，使得围岩能充分发挥自身承载能力。

(2) 单层衬砌与围岩有更加优越的密贴性，多层施作组合而成的单层衬砌不同层间的接触性较好，不仅能传递径向的作用荷载，还能充分传递层间剪力，加强了支护-围岩体系的整体性，更好地发挥整体承载作用。

(3) 相较于复合式衬砌中的二衬，单层衬砌的施作具有及时性。一般情况下隧道开挖后便及时地喷射混凝土，避免围岩长时间暴露在空气中，出现性质恶化和产生过大的变形。根据工程实践经验，在隧道开挖后，围岩达到极限平衡状态之前施作的单层衬砌能有效发挥其承载能力。

(4) 单层衬砌的可操作性和实用性表现更佳，其施作工艺和支护参数的选用可根据围岩地质情况进行及时调整和修正，主要支护参数为喷射混凝土的层数、喷射厚度、锚杆的直径与间距。

(5) 单层衬砌与复合式衬砌的明显区别在于取消了防水板，对单层衬砌来说实现了衬砌结构的自防水，随着工程材料质量与施工技术的不断提高，单层衬砌所表现出的优势越发明显。

10.1.4 基于单层衬砌的围岩支护特征曲线法原理

随着锚喷柔性支护与新奥法理论在隧道与地下工程中的应用和发展，解释围岩与支护结构动态作用过程中的理论逐渐形成，即围岩与支护特征曲线法原理，它是弹塑性理论和岩石力学在隧道与地下工程中应用的体现。

特征曲线法是用如图 10-2 中所示的几条特性曲线来进行表示和说明支护结构与围岩之间的作用原理，从图中可看出，三个轴向方向代表不同的内容，横坐标 u_r 为隧道开挖后围岩向隧洞内发生收敛变形的位移；纵坐标轴上下坐标所表现的内容不一样，上半部分表示的是隧道开挖后岩壁在围岩压力作用下的径向应力 σ_r，施作衬砌后则是支护反力 p_i；纵坐标的下半部分表示隧道开挖后时间 t 的变化情况。

由图 10-2 可知，隧道开挖到施作支护结构后，围岩的变形过程分为三个部分：第一部分是隧道开挖短时间内，围岩卸载后的弹塑性变形部分；第二部分是在围岩收敛变形过程中，发生碎胀变形并产生碎胀力，围岩处于碎胀变形状态；第三部分为围岩碎胀变形完成后的松散压力部分。从图中还可看出，在不同变形区的特性曲线走势有所不同。曲线①是隧道侧壁的径向位移 u_r 与侧壁径向压力 σ_r 的关系曲线，曲线上的 AB 段表示隧道在开挖后的短时间内，围岩首先发生弹性变形，此时掌子面对围岩变形有一定的约束作用，若此时原岩应力不足以让围岩发生塑性变形，围岩不产生碎胀。但随着掌子面的不断推进，掌子面对围岩的支撑作用不断减弱直至完全丧失，此时隧道周边应力才真正到达零值，围岩弹塑性变形达到曲线①中的 C 点才最终稳定下来。

曲线②表示，当原岩中的应力足够大时，此时围岩产生松动塑性区，围岩会发生碎胀变形，随之产生较大的围岩压力，径向位移也随之持续增大，在此时，就有必要对围岩进行支护才能确保洞室的稳定性，围岩的碎胀变形阶段为 CF 段。曲线②在图中表现出不同峰值的原因，是围岩碎胀变形后松动区的岩体特性以及围岩发生碎胀程度的不同所导致的结果。在图中 D 点开始施加支护，在支护生效后，围岩与支护结构共同发生协调变形，最终达到平衡状态；曲线③、④是支护特征曲线，该曲线代表了不同

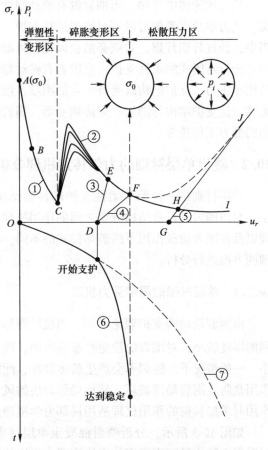

图 10-2 围岩与支护特征曲线法原理图

支护刚度的支护效果，所以这两条曲线的平衡点分别发生在 E、F 两点。

从图 10-2 还可看出，随着围岩位移与围岩径向压力的变化，当径向位移达到 F 点时，围岩的碎胀变形量基本为零，即此时施加支护结构，围岩与支护结构的相互作用基本不会产生碎胀力，施加在支护结构上的荷载主要来源于塑性区内岩体的自重，因此，在 F 点是最佳的支护时机。而在图中 F 点以后，由于塑性区的不断扩张，塑性区内出现松弛荷载使得支护反力逐渐增大，曲线发生如 FJ 段的翘曲现象；若围岩较好，围岩强度较高，围岩不产生塑性变形，或者塑性区的范围极小，不产生松弛压力，此时支护结构承担的荷载只有部分岩体的自重，支护反力不会增加，因此曲线会呈现出 HI 不会翘曲的水平段。如图中的曲线⑤，此时支护结构的支护阻力最小，但围岩在此时所发生的变形量已达到较大程度，围岩很有可能在此时已经发生坍塌或冒落。故此，综合各方条件，认为 F 点才是最好的支护时机。

从上述论述中可知，当围岩没有松动塑性区时，围岩是处于自稳且安全的状态。从力学角度考虑可以不对围岩进行支护，但在隧道开挖后，岩壁暴露在空气当中，经过日积月累，岩壁必然会风化，可能会产生局部围岩垮塌，故有必要对围岩进行封闭式的柔性支护。当围岩有松动塑性变形时，此时支护结构受到岩体的松弛压力，支护结构既要有一定的刚度，限制围岩过大的变形，也要有一定的柔性，让支护结构与围岩一起协调变形，围岩卸掉一部分内在荷载，改善支护结构的静力工作条件。

10.2　隧道单层衬砌的力学传递机理分析

单层衬砌是一种偏于柔性支护的衬砌结构形式，较其他结构形式的刚度偏小；它与围岩、自身结构分层之间的作用机理比较复杂，根据单层衬砌的受力机理以及在围岩荷载作用下的破坏模式的不同，可以从局部力学机理与整体力学机理两方面进行分析。

10.2.1　单层衬砌的局部受力机理

由围岩松动圈支护理论可知，当松动圈厚度 $L_p = 0 \sim 40\text{cm}$ 时，认为该松动圈的厚度较小，对围岩的稳定性影响较弱，围岩产生的碎胀变形量与碎胀力也偏小，一般情况下，隧洞不会产生整体破坏，此时所施作的单层喷射混凝土衬砌的作用是防止围岩局部破坏，例如局部岩块的风化、潮解和局部岩块的垮落，此类作用对单层衬砌的作用机理适用局部力学机理进行考虑和分析。

如图 10-3 所示，分析喷射混凝土单层衬砌的局部力学机理，以单层衬砌喷射混凝土防止局部不稳定的岩块垮落或岩块的挤出为例进行讨论。在分析中，假定挤出或垮落的岩块为三角形，并考虑岩块在自重下的静力平衡。

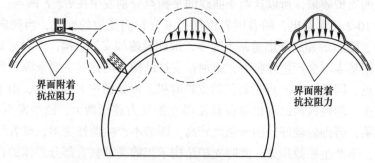

图 10-3　单层衬砌在局部荷载作用下的模式图

施作喷射混凝土单层衬砌后，喷射混凝土与围岩的黏结状态出现两种情况：一种是混凝土与围岩黏结牢固的情况；另一种因为施工工艺或岩壁的因素使得喷射混凝土与围岩剥离的情况。当混凝土与围岩黏结牢固时，围岩与混凝土形成有机统一体，围岩厚度的增加，使得围岩-混凝土这一黏合体的整体刚度增大，出现图 10-4（a）中的情况，在自重作用下，围岩-混凝土黏合体产生的应力与挠曲程度比仅有喷射混凝土单层衬砌支撑岩块时的情况要小；如图 10-4（b）所示，当混凝土喷层与围岩剥离时，单层衬砌结构除了要承担自重外，还要承担来自围岩的压力，在喷射混凝土层中会产生较大弯矩与挠曲；可以将单层衬砌结构看成两端固支的梁，围岩两端与单层衬砌粘结剥离时（如图 10-4（c）所示），梁越长，梁中弯矩与挠曲量越大。

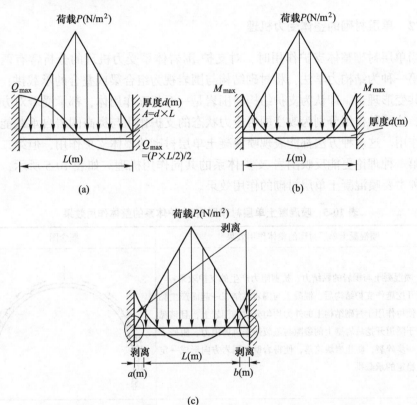

图 10-4　单层衬砌梁模型在岩块作用下的抗剪、抗弯曲模式图
(a) 剪切阻力；(b) 弯矩阻力；(c) 弯矩阻力（锚固端剥离）

图 10-4（a）中单层衬砌的梁模型处于冲剪状态时，由结构力学方法可求出衬砌的支护厚度为：

$$t = \frac{3Pl^2}{8b[\tau]} \tag{10-1}$$

图 10-4（c）中单层衬砌的梁模型处于弯拉状态时，衬砌的支护厚度为：

$$t = \sqrt{\frac{5Pl^3}{16b[\sigma]}} \qquad (10\text{-}2)$$

式中，t 为单层衬砌的结构厚度，m；P 为支护结构所承担的荷载，Pa；l 为垮落或挤出岩块的尺寸，m；b 为岩块沿隧道纵向的尺寸，计算时取单位长度；$[\tau]$ 为混凝土的允许剪切强度，Pa；$[\sigma]$ 为容许弯拉强度，Pa，$[\sigma] = \sigma_t/K$，$\sigma_t = 0.15f_c$，f_c 为衬砌混凝土的单轴抗压强度，σ_t 为混凝土弯拉强度，K 为安全系数，一般取 0.2。

10.2.2 单层衬砌的整体受力机理

当单层衬砌整体支护作用时，对支护-围岩体系受力机理的分析常有两种方法。第一种为结构力学法，将衬砌结构与围岩视为组合梁或叠合的承载拱；第二种是共变形理论，即认为支护结构与围岩是一对相互作用体，都承受着对方的作用力，这两种作用分别为改变围岩应力状态的支护作用与提高围岩自承载能力的加固作用。这两种方法都能表现喷混凝土单层衬砌的整体支护作用，但第二种理论较第一种理论更能反映围岩-支护体系的共同作用机理。如表 10-5 所示，列举了三种主要喷混凝土单层衬砌的作用效果。

表 10-5 喷混凝土单层衬砌围岩-支护体系的整体作用效果

喷混凝土单层衬砌的整体作用效果	概念图
（1）喷混凝土与围岩的黏结力、抗剪阻力产生的支护效果： 隧道开挖施作支护结构后，混凝土与围岩黏结在一起而产生黏结力，使得作用于衬砌结构上的外力均匀分散到围岩上，且该黏结力对于隧道开挖后岩壁上的裂隙与龟裂带来抗剪阻力，阻碍了围岩进一步碎裂，防止岩块垮落，使得岩壁向围岩方向形成一定厚度且稳定的承载拱	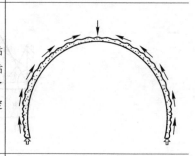
（2）内压与闭合环效果： 对于开挖后的围岩来说，在一定环向范围内，衬砌结构可视为两段固定具有一定刚度的梁模型，它的作用限制了一定量的围岩变形，又与围岩共同协调变形而达到平衡状态，能给围岩提供一个与围岩压力相对立的支护力，此支护力即为内压力。在这种内压力的作用下围岩处于三向应力状态，抑制了围岩压力的释放。另一方面，尽早施作仰拱使衬砌结构提早封闭成环，能进一步发挥衬砌结构的支护效果	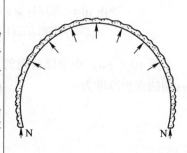

喷混凝土单层衬砌的整体作用效果	概念图
（3）外力的分配效果： 当喷射混凝土同时有钢拱架或锚杆支护时，钢拱架嵌固在混凝土中形成统一体，锚杆端部经喷混凝土后也锚固至混凝土中，衬砌的任一应力均会传至钢拱架或锚杆，此时喷射混凝土单层衬砌结构起到给钢支撑或锚杆传递压力的作用	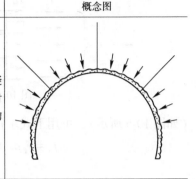

10.3 钢纤维在衬砌混凝中的增强机理和阻裂原理

钢纤维混凝土是一种性能优良、应用广泛的复合型材料，在单层衬砌中的应用改善了衬砌结构的力学性能，促进了单层衬砌的进一步扩大应用与发展。为了更好地发挥钢纤维在单层衬砌中的作用效果，必须探明钢纤维在衬砌混凝土中的作用机理、钢纤维混凝土在力学作用下的响应状况，以及钢纤维在单层衬砌结构中如何增强基体抗裂性，这对于单层衬砌在隧道工程中的应用尤为重要，因单层衬砌处于地下隐蔽环境中，承受着围岩压力、水压力，以及其他的侵蚀作用，它的抗裂性能、抗弯拉性能对衬砌结构的安全性与耐久性都起到关键作用，因此，对钢纤维混凝土的研究是对单层衬砌合理设计的前提。

10.3.1 钢纤维在混凝土中的增强机理

10.3.1.1 复合材料力学理论

在使用复合材料力学理论分析纤维或其他复合材料的增强作用时，基本将复合材料视为多相复合体系，对钢纤维混凝土进行增强机理分析时，常常将 SFRC 中的钢纤维简化为一相，混凝土为另一相基体的两相复合材料，如图 10-5 所示。各相材料性能的加和值构成了符合材料的性能，在评定复合材料的性能时，要遵循以下假定：

（1）纤维在基体中排列均匀且平行，排列方向与复合材料的受力方向一致；

（2）纤维与基体为协调统一体，有完好的黏结性，复合体在力学作用下，纤维与基体发生同变形且无相对滑移（$\varepsilon_c = \varepsilon_f = \varepsilon_m$）；

（3）纤维与基体均为弹性变形，横向变形相等。

复合材料力学理论的思路在于根据纤维与基体之间界面应力的传递模型来求出复合体内部的承载力分布状态，再对其均值进行统计分析，进而得到复合材料整体的承载力效果，根据以上三点假定，当复合材料受到与纤维同方向的力时

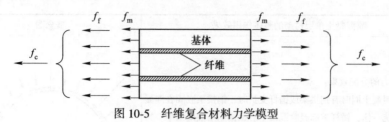

图 10-5   纤维复合材料力学模型

（如图 10-5 所示），可用下式求得顺向连续纤维复合材料的平均应力和弹性模量：

$$f_c = f_f \rho_f + f_m \rho_m = f_f \rho_f + f_m(1 - \rho_f) \tag{10-3}$$

$$\begin{cases} f_c = \sigma_c A_c \\ f_m = \sigma_m A_m \\ f_f = \sigma_f A_f \end{cases} \tag{10-4}$$

式中，f_c、f_f、f_m 分别为复合材料的平均应力、纤维的应力和基体的应力；A_c、A_m、A_f 分别为截面上复合材料、基体与纤维的面积；ρ_f 为纤维体积率，$\rho_f = A_f/A_c$；ρ_m 为基体体积率，$\rho_m = A_m/A_c$。

纤维混凝土复合材料的弹性模量计算公式如式（10-5）所示：

$$\frac{df_c}{d\varepsilon_c} = \frac{\partial(f_f\rho_f)}{\partial f_f}\frac{df_f}{d\varepsilon_c} + \frac{\partial(f_f\rho_f)}{\partial \rho_f}\frac{d\rho_f}{d\varepsilon_c} + \frac{\partial(f_m\rho_m)}{\partial f_m}\frac{df_m}{d\varepsilon_c} + \frac{\partial(f_m\rho_m)}{\partial \rho_m}\frac{d\rho_m}{d\varepsilon_c}$$

$$= \rho_f\frac{df_f}{d\varepsilon_c} + f_f\frac{d\rho_f}{d\varepsilon_c} + \rho_m\frac{df_m}{d\varepsilon_c} + f_m\frac{d\rho_m}{d\varepsilon_c} \tag{10-5}$$

由上述三点假定可得：

$$\frac{d\rho_f}{d\varepsilon_c} = 0, \quad \frac{d\rho_m}{d\varepsilon_c} = 0, \quad d\varepsilon_c = d\varepsilon_f = d\varepsilon_m \tag{10-6}$$

故式（10-3）可推导为：

$$E_c = E_f \rho_f + E_m \rho_m = E_f \rho_f + E_m(1 - \rho_f) \tag{10-7}$$

式中，E_c、E_f、E_m 分别为复合材料、纤维和基体的弹性模量。

式（10-3）与式（10-7）均表明，在弹性范围内，纤维混凝土在受到与纤维方向一致的力时，纤维混凝土中的纤维与基体变形一致，复合材料中应力组成为基体应力与纤维应力，即复合材料的应力或弹性模量是各相材料应力或弹性模量的数量和。

在试验与实际的工程中，钢纤维在混凝土中的分布，多为不连续三维乱向分布（如图 10-6 所示），这种不连续三维乱向分布的纤维复合材料与定向连续纤维复合材料相比最大的区别在于纤维的分布方向和短尺度，这些因素对复合材料强度有一定影响。因此，在分析钢纤维混凝土的增强机理时，必须将钢纤维在混凝土中分布的取向、长度以及与基体的黏结状态考虑进去，其中钢纤维的取向、长度、界面黏结对复合材料的影响作用分别用 η_θ、η_l、η_b 表示，且这些影响系数均在 0~1 之间。

图 10-6　钢纤维在混凝土中的分布形态

考虑纤维的取向、长度、界面黏结的影响之后，对于不连续的三维乱向分布纤维复合材料的弹性模量 E_c 与强度 σ_c 由下式表示：

$$\sigma_c = \eta_f \sigma_f \rho_f + \sigma_m \rho_m = \eta_f \sigma_f \rho_f + \sigma_m(1 - \rho_f) \tag{10-8}$$

$$E_c = \eta_f E_f \rho_f + E_m \rho_m = \eta_f E_f \rho_f + E_m(1 - \rho_f) \tag{10-9}$$

$$\eta_f = \eta_\theta \eta_l \eta_b \tag{10-10}$$

由式（10-8）与式（10-9）可知钢纤维混凝土的弹性模量与强度均与钢纤维的体积率成正相关，在式（10-8）中，虽然 $\eta_f < 1$，但钢纤维的弹性模量与强度远大于基体混凝土，故钢纤维对混凝土仍有增强作用。

10.3.1.2　纤维间距理论

在 1963 年，J. P. Romualdi 与 J. B. Batson 基于弹性断裂力学提出了纤维间距理论，该理论表示在混凝土中具有不同尺寸的微裂隙，在受到外力时，在这些微裂隙的尖端处会出现应力集中的现象，较大的尖端应力使结构内部产生裂缝并扩展，最终使整个结构发生破坏。在混凝土中掺入钢纤维，对裂缝的发生与扩展起到阻碍的作用，提高混凝土结构的抗裂性能与抗弯性能。

如图 10-7（a）所示，当复合材料中纤维方向与受力方向一致时，假定纤维均匀分布，纤维之间的间距为 s，裂缝的半宽为 a，裂缝发生在相邻几根纤维所围成区域的中心处，在外力的作用下，临近于裂缝周边的纤维将产生如图 10-7（b）所示的黏结应力 τ，由于黏结力 τ 的存在，对裂缝的尖端施加了一个反向的应力作用，能降低裂缝尖端应力集中的效果，抑制了裂缝的扩展。因纤维的黏结力，使得裂缝尖端处产生一个与尖端相应的应力强度因子，使得总的应力强度因

子变为 K_T：

$$K_T = K_\sigma - K_f \tag{10-11}$$

K_T 又可表示为：

$$K_T = \frac{2\sqrt{a}}{\pi}(f_{fc} - \tau) \leqslant K_{1c} \tag{10-12}$$

式中，K_T 为复合材料的实际应力强度因子；K_σ 为无纤维应力强度因子；K_f 为纤维掺入后复合材料产生相反的应力强度因子；a、f_{fc} 分别为裂缝的半宽值与沿纤维方向的拉应力；τ 为在混凝土裂缝周边的纤维基体截面上所产生的最大剪应力。

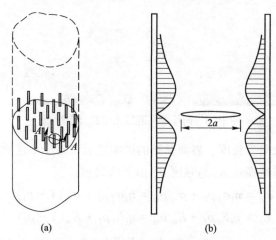

图 10-7 间距理论的纤维约束模型

(a) 纤维在基体中的分布；(b) A—A 截面

纤维间距 s 表达式的推导：

纤维的平均间距 s 除了与纤维体积率 ρ_f、纤维长度 l_f、纤维直径 d_f 有关外，还与纤维的排列方式、纤维的方向（一维、二维、三维分布）也有关。当单位体积钢纤维混凝土中含有体积率为 ρ_f 的钢纤维时，假设在垂直受力方向的单位面积上有 n 根钢纤维，则钢纤维的平均间距 s 为：

$$s = \sqrt{1/n} \tag{10-13}$$

$$n = \frac{P}{100} \bigg/ \frac{\pi d_f^2}{4} l_f = \frac{P}{25\pi d_f^2 l_f} \tag{10-14}$$

式（10-14）中，P 为纤维体积百分数（$p = 100\rho_f$），考虑到纤维方向的有效系数 η_θ，则有：

$$\frac{n}{\eta_\theta l_f} = \frac{P}{25\pi d_f^2 l_f} \tag{10-15}$$

由式（10-13）可得：

$$n = 1/s^2 \tag{10-16}$$

由式（10-15）与式（10-16）可得：

$$n = \frac{P}{25\pi d_{\mathrm{f}}^2 l_{\mathrm{f}}}(\eta_\theta l_{\mathrm{f}}) = \frac{\eta_\theta P}{25\pi d_{\mathrm{f}}^2} \tag{10-17}$$

根据式（10-13）与式（10-17）可求得纤维的平均间距 s 的表达式为：

$$s = 5d_{\mathrm{f}}\sqrt{\frac{\pi}{\eta_\theta P}} = 8.86d_{\mathrm{f}}\sqrt{\frac{1}{\eta_\theta P}} \tag{10-18}$$

当纤维在基体中为一维分布时，取方向有效系数 $\eta_\theta = 1$，则纤维平均间距 s 为：

$$s = 8.86d_{\mathrm{f}}\sqrt{\frac{1}{P}} \tag{10-19}$$

当纤维在基体中为二维乱向分布时，取方向有效系数 $\eta_\theta = 0.64$，则纤维平均间距 s 为：

$$s = 11.1d_{\mathrm{f}}\sqrt{\frac{1}{P}} \tag{10-20}$$

当纤维在基体中为三维乱向分布时，取方向有效系数 $\eta_\theta = 0.41$，则纤维平均间距 s 为：

$$s = 13.8d_{\mathrm{f}}\sqrt{\frac{1}{P}} \tag{10-21}$$

从式（10-18）可知，纤维在基体中的平均间距 s 与纤维的直径 d_{f} 有着密切关系，当纤维体积率 ρ_{f} 一定时，纤维直径越小，纤维的平均间距则越大，此时纤维抑制裂缝扩展的约束力就越强；纤维的平均间距与纤维的体积率 ρ_{f} 有关，当纤维直径一定时，纤维体积率越大，纤维的平均间距越小，在混凝土裂缝扩展时所提供的阻裂作用越大。

10.3.2 钢纤维在混凝土中的阻裂原理

混凝土是一种具有较高强度的脆性材料，因其较低的抗拉强度使混凝土单层衬砌结构在围岩压力作用下容易开裂，混凝土在凝结硬化过程中的收缩也容易导致裂缝的产生，为了增强其抗裂性，在混凝土中掺入钢纤维。下面从三个方面进行分析钢纤维在混凝土中是如何起到阻裂效应的。

（1）阻止原始微裂缝的产生。在混凝土结构浇筑过程中，钢纤维在基体中的分布方向杂乱无序，水泥浆不仅对骨料有黏结作用，对乱向分布的钢纤维同样有黏结作用，正是这种黏结作用，使混凝土凝固硬化过程中混凝土收缩产生微裂缝的效应受到阻碍，减少了混凝土结构内部的微裂隙。

由于隧道衬砌结构处于地下环境中，特别是单层衬砌，难免产生地下水渗漏的现象，渗水也会导致混凝土内部形成许多毛隙孔，由于衬砌内壁与空气接触，衬砌内壁的水分散失快于衬砌混凝土内部的水分散发速度，故形成地下水通过混凝土内部毛隙孔由内向外传输的失水趋势，这种趋势使毛隙孔内的水面呈凹面形状，凹形液面的表面张力沿毛隙孔方向的分力，对毛隙孔而言是一种拉力，这种拉力促进了混凝土内部微裂缝的产生。当钢纤维掺入后，混凝土内的失水面积减少，由内向外的水分迁移较为困难，同时钢纤维与基体混凝土的黏结力与机械咬合力也抑制了因毛隙孔内液面的表面张力形成微裂隙的作用。

（2）限制微裂缝的进一步扩展。普通混凝土的抗拉强度与抗压强度比都较低，基本在1/10左右，延伸率也较小，体现了普通混凝土结构在受力状态下的不可变形能力。在混凝土硬化过程中，因混凝土收缩而形成不同程度的微隙裂缝以及在施工过程中所带来的毛隙孔、气孔等缺陷的尖端处易形成应力集中点（如图10-8（a）所示），在外力作用下，在裂缝尖端处因应力集中，微细裂缝从该处急剧扩展，加快了混凝土结构失效的速度，导致其脆性破坏。

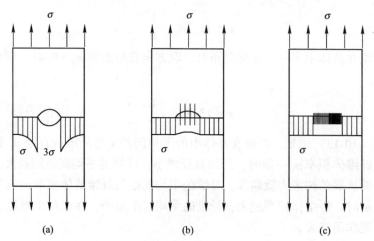

图 10-8　钢纤维抑制裂缝尖端应力集中的效果模型图
(a) 无纤维作用；(b) 少量纤维贯穿裂缝；(c) 多纤维贯穿裂缝

当混凝土中掺入不同体积掺量的钢纤维后，部分钢纤维贯穿裂缝，桥接裂缝的两个裂开面，因钢纤维与混凝土的黏结作用与机械咬合力，使得裂缝两侧面的扩张受到限制，起到了阻裂效应，如图10-8（b）、（c）所示。因钢纤维跨越裂缝以及在裂缝尖端处，使得混凝土的断裂能提高了上百倍，从图10-8（b）、（c）中可看出，随着钢纤维掺量的增加，裂缝尖端应力的大小逐渐减小，即纤维的掺量与裂缝尖端应力集中的效应呈负相关，且在一定掺量时，裂缝尖端的应力集中效应有消失的可能性，故钢纤维的掺入对抑制裂缝的扩展有较好的效果。这就使得钢纤维混凝土单层衬砌结构能保持很强的承载能力，在长时间内能维持围岩的稳定性，能较好地应对围岩-支护体系连续变形的问题。

（3）提高混凝土的弯曲韧性。由于贯穿裂缝的钢纤维对裂缝裂开的两个侧面具有桥接作用，即在混凝土原始裂缝周边施加了一个与裂缝尖端集中应力相反的应力场，减弱了应力集中的效果，使结构受力更加均匀，与普通混凝土相比，钢纤维混凝土结构破坏时的裂缝数量较多，裂缝宽度较小，结构破坏的形态为裂而不碎，提高了结构的承载力和弯曲韧性。

10.4 本章小结

本章首先对单层衬砌的结构类型进行了分析，并对单层衬砌的支护对象进行了讨论，结合单层衬砌分析了支护特征曲线的原理，针对钢纤维在单层衬砌中的应用，探明了钢纤维在混凝土基体中的增强及阻裂原理，得到以下几点结论：

（1）德国与挪威提出的几种单层衬砌结构类型，大致可分为喷混凝土层、喷混凝土层+喷钢纤维混凝土层、喷混凝土层+模筑混凝土层等。

（2）单层衬砌的支护对象主要为岩石的碎胀变形与碎胀力，其支护作用是将破碎的岩块维持在原位不垮落和限制形成松动圈中的有害变形。

（3）通过对支护特征曲线的原理分析，提出了施作支护结构的最佳时机，根据支护结构与围岩的接触属性将衬砌结构力学传递机理分为局部受力机理与整体受力机理两部分。

（4）钢纤维增强混凝土力学性能与抑制混凝土裂缝扩展的原因是钢纤维与混凝土基体产生了黏结力和机械咬合力，且钢纤维具有较高的刚度与强度，使贯穿裂缝的钢纤维起到抑制基体内微细裂纹尖端处应力集中的效应，阻碍了裂缝扩展，增加了混凝土结构抗弯韧性与抗裂性。

11 CF35 强度的钢纤维混凝土力学性能试验研究

混凝土中掺入钢纤维能有效提高混凝土结构的力学性能，本章以剪切波浪型钢纤维为切入点，采用室内试验方法，考虑钢纤维的不同长径比、不同掺量，对 CF35 强度（钢纤维混凝土的强度等级，采用符号 CF 与立方体抗压强度标准值（MPa）表示）的钢纤维混凝土开展系列力学性能试验研究，探究钢纤维对混凝土立方体抗压强度、轴心抗压强度、弹性模量以及弯曲韧性等力学指标的影响，以期获得钢纤维的最优掺量、长径比，以及最优掺量及长径比情况下适用于钢纤维混凝土单层衬砌的弹性模量及泊松比，为后续章节中模型试验与数值模拟提供有效的力学参数，可为钢纤维混凝土单层衬砌在实际工程中的应用提供参考。

11.1 钢纤维混凝土力学性能试验设计

11.1.1 试验原材料

（1）钢纤维。根据《纤维混凝土试验方法标准》（CECS 13—2009）与《钢纤维混凝土》（JGT 472—2015）中的相关要求，本次试验所选用的钢纤维为波浪剪切型钢纤维，其外观形态如图 11-1 所示，物理力学性能指标如表 11-1 所示。

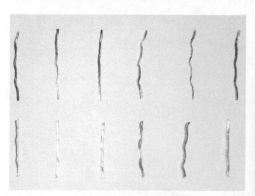

图 11-1　钢纤维外观形态图

（2）胶凝材料（水泥）。选用钢纤维混凝土所用的胶凝材料应满足《通用硅酸盐水泥》（GB 175—2007）中的相关要求，根据该规范的规定，混凝土所用普通硅酸盐水泥标准不应低于 42.5 级且碱含量要求 ≤0.6%。故在本次试验中采用

P·O42.5级水泥，通过强度试验测得水泥净浆28d强度能达到45.7MPa，满足规范及使用要求。

表 11-1 钢纤维性能参数表

钢纤维类型	长度/mm	直径/mm	长径比	密度/g·cm^{-3}	抗拉强度/MPa	弹性模量/GPa
I 型钢纤维	25	0.5	50	7.8	950	210
II 型钢纤维	35	0.5	70	7.8	950	210

（3）钢纤维混凝土粗骨料。用于钢纤维混凝土单层衬砌中的粗骨料应满足《钢纤维混凝土》（JG/T 472—2015）中5.3节中的规定，用于钢纤维混凝土的粗骨料应采用连续级配，且最大公称粒径小于等于25mm和钢纤维长度的3/4，粗骨料的含泥量小于1%。本次试验选用的粗骨料粒径为5~16mm与5~25mm的碎石，其级配分别如表11-2与表11-3所示。

表 11-2 碎石（5~25mm）筛分表

筛孔直径/mm	质量/g	筛余量/%	累计筛余量/%
25	15.7	0.3	0.3
20	923.5	18.5	18.8
16	1168.4	23.4	42.2
10	2438.6	48.8	91.0
5	430.2	8.6	99.6
2.5	17.3	0.3	99.9
筛底	6.3	0.1	100

表 11-3 碎石（5~16mm）筛分表

筛孔直径/mm	质量/g	筛余量/%	累计筛余量/%
20	0	0	0
16	260.4	5.2	5.2
10	1880.3	37.6	42.8
5	2565.7	51.3	94.1
2.5	235.2	4.7	98.8
筛底	58.4	1.2	100.0

（4）钢纤维混凝土细骨料。本次试验用细骨料选用天然河砂，钢纤维混凝土所用细骨料的技术指标应满足《建设用砂》（GB/T 14684—2011）中的相关规定，其细度模数应大于 2.5，含泥量应小于 3%，其具体级配筛分数据如表 11-4 所示。

表 11-4　试验用细骨料筛分表

筛孔直径/mm	质量/g	筛余量/%	累计筛余量/%
5	23.5	4.7	4.7
2.5	88	17.6	22.3
1.25	76.3	15.3	37.6
0.63	116.2	23.2	60.8
0.315	136.4	27.3	88.1
0.16	48.7	9.7	97.8
筛底	10.9	2.2	100

（5）粉煤灰。本试验钢纤维混凝土所用粉煤灰选用一级粉煤灰，细度为 1.0，满足《用于水泥和混凝土中的粉煤灰》（GB/T 1596—2017）中规定要求。

11.1.2　试验用料配合比及试件分组设计

（1）配合比计算。本章试验是基于 CF35 强度的钢纤维混凝土进行展开的，按照《普通混凝土配合比设计规程》（JGJ 55—2011）的相关内容对钢纤维混凝土的水胶比进行计算与配合比的调整，直至满足设计与施工要求；综合考虑关宝树等对钢纤维掺量的建议与《钢纤维混凝土结构设计标准》（JTG/T 465—2019）中的相关规定，本章分别选取三种钢纤维掺量（$30kg/m^3$、$40kg/m^3$、$45kg/m^3$）来探究对混凝土性能的影响，并为在单层衬砌结构中的应用提供数据参考。钢纤维混凝土材料的配合比计算如下：

1）钢纤维混凝土的配置强度，按下式确定：

$$f_{cu,0} \geq f_{cu,k} + 1.645\sigma \tag{11-1}$$

式中，$f_{cu,0}$ 为钢纤维混凝土的配置强度，MPa；$f_{cu,k}$ 为钢纤维混凝土立方体抗压强度标准值，MPa；σ 为混凝土强度标准差，MPa，按规范要求取值。

2）钢纤维混凝土的水胶比按下式确定：

$$W/B = \frac{\alpha_a f_b}{f_{cu,0} + \alpha_a \alpha_b f_b} \tag{11-2}$$

式中，W/B 为水胶比；α_a、α_b 为两个不同回归系数，其值按规范取用；f_b 为胶凝材料 28d 抗压强度，MPa，在本章 11.1.1 节中已通过试验测得其值。

3）每立方米混凝土胶凝材料用量的计算：

$$m_{b0} = \frac{m_{w0}}{W/B} \tag{11-3}$$

式中，m_{b0} 为每立方米胶凝材料用量，kg/m^3；m_{w0} 为每立方米混凝土的用水量，kg/m^3。

4）每立方米混凝土矿物掺量（粉煤灰）的计算：

$$m_{f0} = \frac{m_{b0}}{\beta_f} \tag{11-4}$$

式中，m_{f0} 为每立方米混凝土矿物掺量，kg/m^3；β_f 为矿物掺量的百分比，其值按规范规定确定。

由式（11-2）~式（11-4）可联合计算得到每立方米混凝土的水泥用量：

$$m_{c0} = m_{b0} - m_{f0} \tag{11-5}$$

当按照质量法计算混凝土配合比时，每立方米混凝土中的粗、细骨料用量按式（11-6）与式（11-7）进行计算。

$$m_{f0} + m_{c0} + m_{g0} + m_{s0} + m_{w0} = m_{cp} \tag{11-6}$$

$$\beta_s = \frac{m_{s0}}{m_{g0} + m_{s0}} \tag{11-7}$$

式中，m_{g0} 为每立方米粗骨料的用量，kg/m^3；m_{s0} 为每立方细骨料的用量，kg/m^3；β_s 为砂率，其值按规范规定选取；m_{cp} 为每立方米混凝土的假定质量，kg，可在 $2350 \sim 2450kg/m^3$ 之间选取。

通过以上混凝土配合比计算公式求得各材料用量，经配合比试配与调整得到基于 CF35 强度的钢纤维混凝土配合比，如表 11-5 所示。

表 11-5　CF35 基准混凝土配合比　　　　　　　　（kg）

水泥	粉煤灰	砂	级配碎石	水	外加剂
410	45	672	1100	190	8

（2）试验试件分组与编号。本章所涉及的力学性能试验主要有钢纤维混凝土的立方体抗压强度、轴心抗压强度、弯曲韧性以及不同钢纤维掺量和长径比的钢纤维混凝土弹性模量试验，根据文献中的规定，试验所用到的试件尺寸、数量要求与分组编号如表 11-6~表 11-9 所示。

表 11-6　测试立方体抗压强度的试件编号与分组设计

涉及因素	L_{I-30}	L_{I-40}	L_{I-45}	L_{II-30}	L_{II-40}	L_{II-45}	L_0
钢纤维掺量/kg·m^{-3}	30	40	45	30	40	45	—
钢纤维直径/mm	0.5	0.5	0.5	0.5	0.5	0.5	—
钢纤维长度/mm	25	25	25	35	35	35	—
钢纤维长径比	50	50	50	70	70	70	—
试件数量/个	3	3	3	3	3	3	3
试件尺寸	150mm×150mm×150mm						

注：试件编号的下标代表钢纤维的类型与掺量，例 "L_{I-30}" 代表 I 型钢纤维掺量为 30kg/m^3 时的钢纤维混凝土用于测试立方体抗压强度的试件。

表 11-7　测试轴心抗压强度的试件编号与分组设计

涉及因素	C_{I-30}	C_{I-40}	C_{I-45}	C_{II-30}	C_{II-40}	C_{II-45}	C_0
钢纤维掺量/kg·m^{-3}	30	40	45	30	40	45	—
钢纤维直径/mm	0.5	0.5	0.5	0.5	0.5	0.5	—
钢纤维长度/mm	25	25	25	35	35	35	—
钢纤维长径比	50	50	50	70	70	70	—
试件数量/个	3	3	3	3	3	3	3
试件尺寸	150mm×150mm×300mm						

注：试件编号的下标代表钢纤维的类型与掺量，例 "C_{I-30}" 代表 I 型钢纤维掺量为 30kg/m^3 时的钢纤维混凝土用于测试轴心抗压强度的试件。

表 11-8　测试弹性模量的试件编号与分组设计

涉及因素 ＼ 试件编号	B_{I-30}	B_{I-40}	B_{I-45}	B_{II-30}	B_{II-40}	B_{II-45}	B_0
钢纤维掺量/kg·m^{-3}	30	40	45	30	40	45	—
钢纤维直径/mm	0.5	0.5	0.5	0.5	0.5	0.5	—
钢纤维长度/mm	25	25	25	35	35	35	—
钢纤维长径比	50	50	50	70	70	70	—
试件数量/个	3	3	3	3	3	3	3
试件尺寸	150mm×150mm×300mm						

注：试件编号的下标代表钢纤维的类型与掺量，例"B_{I-30}"代表Ⅰ型钢纤维掺量为 30kg/m^3 时的钢纤维混凝土用于测试弹性模量的试件。

表 11-9　测试弯曲韧性的试件编号与分组设计

涉及因素 ＼ 试件编号	N_{I-30}	N_{I-40}	N_{I-45}	N_{II-30}	N_{II-40}	N_{II-45}	N_0
钢纤维掺量/kg·m^{-3}	30	40	45	30	40	45	—
钢纤维直径/mm	0.5	0.5	0.5	0.5	0.5	0.5	—
钢纤维长度/mm	25	25	25	35	35	35	—
钢纤维长径比	50	50	50	70	70	70	—
试件数量/个	3	3	3	3	3	3	3
试件尺寸	100mm×100mm×400mm						

注：试件编号的下标代表钢纤维的类型与掺量，例"N_{I-30}"代表Ⅰ型钢纤维掺量为 30kg/m^3 时的钢纤维混凝土用于测试弯曲韧性的试件。

11.1.3　试件浇筑与养护成型

（1）投料顺序与搅拌混合料。混凝土中掺入钢纤维后，混合料在搅拌时的均匀性不好掌握，根据文献中对钢纤维混凝土制备过程中的要求，使用强制搅拌机进行拌和，在浇筑前将粗骨料中的杂质和泥土清洗干净并风干。为了防止钢纤维在拌和时结团，投料顺序采用如图 11-2 所示的方法，材料的用量按设计配合比进行计算，称量过程如图 11-3 所示，搅拌锅中加入各材料进行搅拌如图 11-4 所示。

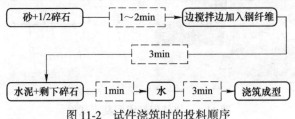

图 11-2　试件浇筑时的投料顺序

图 11-3　称量各材料

图 11-4　搅拌混合料

（2）浇筑与振捣成型。按照文献中对钢纤维混凝土的振捣要求，将搅拌均匀的混合料装入预先涂刷好脱模剂的试模中，装入的混合料略高于试模口，以保障振捣后的饱满度，混合料装模如图 11-5 所示。将填筑好的混合料放置于振动

图 11-5　浇筑钢纤维混凝土试件

台进行振捣，振捣时间控制在 20~30s，直至混合料表面无气泡以及表面浆液冒出时停止振捣。

（3）试件编号与养护。将浇筑完成的试件按照不同使用目的与不同钢纤维掺量进行编号，并按照规范要求进行养护和脱模，将脱模后的试件放至养护箱进行养护，达到养护标准时取出晾干后进行各项性能测试，如图 11-6 所示。

图 11-6　养护后的部分钢纤维混凝土试件

11.2　钢纤维混凝土抗压性能试验与结果分析

本节中钢纤维混凝土的抗压强度采用 2000kN 电液伺服压力试验机（如图 11-7 所示）进行试验。根据文献中的规定，当抗压强度为 30~60MPa 时，压力机的加载速度应控制在 0.5~0.8MPa/s，因此在抗压强度试验时，将压力机的加载速率设置为 0.5MPa/s，压溃后的钢纤维混凝土破坏形态如图 11-8 所示。

图 11-7　电液伺服压力试验机　　　　图 11-8　钢纤维混凝土的破坏形态

按照文献中的要求, 对钢纤维混凝土进行立方体抗压强度的试验, 并按式 (11-8)对立方体抗压强度值进行计算。取 3 个试件立方体抗压强度测值的平均值作为该组试件的强度值; 当 3 个测值中的最大或最小值中有一个与中间值的差值超过中间值的 15%时, 则将最大与最小值筛出, 把中间值作为该组试件的抗压强度值; 当最大值和最小值与中间值的差值均超过了中间值的 15%时, 则该组试验无效, 另需设计试件进行试验。

$$f_{cc} = \frac{F}{A} \tag{11-8}$$

式中, f_{cc} 为钢纤维混凝土的立方体抗压强度值 (精确至 0.1MPa); F 为试件破坏时的极限荷载, N; A 为试件的承载面积, mm^2。

通过对每组试件试验数据的统计, 采用式 (11-8) 对每个试件强度值进行计算, 得到如表 11-10 所示的各试件立方体抗压强度值。通过对每组试件立方体抗压强度值的分析, 得到不同钢纤维掺量及长径比对强度影响规律和影响程度, 为提出适用于单层衬砌钢纤维混凝土的力学指标提供借鉴和参考, 为后续章节中对钢纤维混凝土的综合评价提供支撑数据。

表 11-10   钢纤维混凝土立方体抗压强度试验统计表

钢纤维型号	钢纤维掺量 /kg·m⁻³	试件编号	养护时间 /d	破坏荷载 /kN	立方体抗压强度 /MPa	平均值 /MPa
I 型钢纤维	30	L I-30-1	30	931.5	41.4	
	30	L I-30-2	30	974.25	43.3	42.4
	30	L I-30-3	30	958.5	42.6	
I 型钢纤维	40	L I-40-1	30	1026	45.6	
	40	L I-40-2	30	963	42.8	44.0
	40	L I-40-3	30	983.25	43.7	
	45	L I-45-1	30	996.75	44.3	
	45	L I-45-2	30	1023.75	45.5	44.9
	45	L I-45-3	30	1010.25	44.9	
II 型钢纤维	30	L II-30-1	30	895.5	39.8	
	30	L II-30-2	30	931.5	41.4	40.8
	30	L II-30-3	30	924.75	41.1	
	40	L II-40-1	30	949.5	42.2	
	40	L II-40-2	30	974.25	43.3	42.7
	40	L II-40-3	30	958.5	42.6	
	45	L II-45-1	30	965.25	42.9	
	45	L II-45-2	30	958.5	42.6	42.4
	45	L II-45-3	30	940.5	41.8	

续表 11-10

钢纤维型号	钢纤维掺量 /kg·m⁻³	试件编号	养护时间 /d	破坏荷载 /kN	立方体抗压强度 /MPa	平均值 /MPa
—	—	L₀₋₁	30	882	39.2	39.5
		L₀₋₂	30	852.75	37.9	
		L₀₋₃	30	929.25	41.3	

由表 11-10 可知，试验所得各试件的立方体抗压强度值均满足配合比设计的强度要求，掺入钢纤维后，混凝土的立方体抗压强度值均有所提高，但钢纤维不同掺量与不同长径比对混凝土的强度影响有所差异。根据表 11-10，可绘制如图 11-9 所示的立方体抗压强度与钢纤维类型与掺量的关系图。从图中可看出，Ⅰ型钢纤维对立方体抗压强度的提高程度普遍高于Ⅱ钢纤维混凝土，相比素混凝土，Ⅰ型钢纤维掺量为 30kg/m³ 时立方体抗压强度提高了 7.3%，掺量为 40kg/m³ 时立方体抗压强度提高了 11.4%，掺量为 45kg/m³ 时立方体抗压强度提高了 13.7%。Ⅱ型钢纤维掺量为 40kg/m³ 时，立方体抗压强度获得较大值，相比素混凝土提高了 8.1%，高于掺量为 45kg/m³ 时的混凝土强度值，出现该现象的原因可能是由于钢纤维在混凝土基体中分布不均匀，出现结团现象。从整体情况来看，Ⅰ型钢纤维掺入后的混凝土立方体抗压性能优于掺入Ⅱ型钢纤维的混凝土。

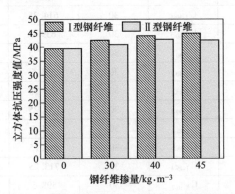

图 11-9 立方体抗压强度与钢纤维类型与掺量的关系图

钢纤维混凝土轴心抗压强度试验过程如图 11-10、图 11-11 所示，采用式 (11-9)对轴心抗压强度进行计算。

$$f_{cp} = \frac{F}{A} \tag{11-9}$$

式中，f_{cp} 为钢纤维混凝土的立方体抗压强度值（精确至 0.1MPa）；F 为试件破坏时的极限荷载，N；A 为试件的承载面积，mm²。

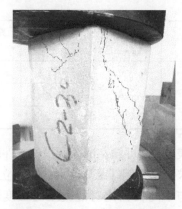

图 11-10　轴心抗压强度试验过程图　　　图 11-11　轴心抗压试件破坏形态图

采用式（11-9）对每个试件轴心抗压强度值进行计算，得到如表 11-11 所示的各试件轴心抗压强度值，并绘制轴心抗压强度与钢纤维掺量和型号的关系图，如图 11-12 所示。

表 11-11　钢纤维混凝土轴心抗压强度试验统计表

钢纤维型号	钢纤维掺量 /kg·m⁻³	试件编号	养护时间 /d	破坏荷载 /kN	轴心抗压强度 /MPa	平均值 /MPa
Ⅰ型钢纤维	30	$C_{Ⅰ-30-1}$	30	614.25	27.3	27.5
	30	$C_{Ⅰ-30-2}$	30	639.0	28.4	
	30	$C_{Ⅰ-30-3}$	30	600.75	26.7	
	40	$C_{Ⅰ-40-1}$	30	643.5	28.6	28.5
	40	$C_{Ⅰ-40-2}$	30	623.25	27.7	
	40	$C_{Ⅰ-40-3}$	30	659.25	29.3	
	45	$C_{Ⅰ-45-1}$	30	724.5	32.2	31.1
	45	$C_{Ⅰ-45-2}$	30	686.25	30.5	
	45	$C_{Ⅰ-45-3}$	30	713.25	31.7	
Ⅱ型钢纤维	30	$C_{Ⅱ-30-1}$	30	598.5	26.6	27.8
	30	$C_{Ⅱ-30-2}$	30	645.75	28.7	
	30	$C_{Ⅱ-30-3}$	30	632.25	28.1	
	40	$C_{Ⅱ-40-1}$	30	609.75	27.1	28.1
	40	$C_{Ⅱ-40-2}$	30	659.25	29.3	
	40	$C_{Ⅱ-40-3}$	30	625.5	27.8	
	45	$C_{Ⅱ-45-1}$	30	733.5	32.6	33.7
	45	$C_{Ⅱ-45-2}$	30	783.0	34.8	
	45	$C_{Ⅱ-45-3}$	30	758.25	33.7	

钢纤维型号	钢纤维掺量 /kg·m⁻³	试件编号	养护时间 /d	破坏荷载 /kN	轴心抗压强度 /MPa	平均值 /MPa
—	—	C₀₋₁	30	564.75	25.1	
		C₀₋₂	30	555.75	24.7	25.8
		C₀₋₃	30	621.0	27.6	

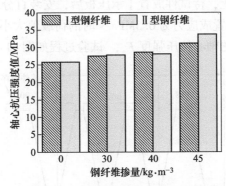

图 11-12　轴心抗压强度与钢纤维类型与掺量的关系图

从表 11-11 与图 11-12 均可看出，在混凝土中掺入钢纤维对混凝土的轴心抗压强度有提高作用，但不同钢纤维类型与不同掺量又表现出不同的增强作用。从图 11-12 中可明显看出轴心抗压强度与钢纤维的掺量呈正相关，Ⅰ型钢纤维与Ⅱ型钢纤维的混凝土均在掺量为 45kg/m³ 时获得最大轴心抗压强度值。相对素混凝土而言，钢纤维掺量为 30kg/m³ 时，Ⅰ型钢纤维混凝土轴心抗压强度提高了6.2%，Ⅱ型钢纤维混凝土轴心抗压强度提高了 7.8%；掺量为 40kg/m³ 时，Ⅰ型钢纤维混凝土轴心抗压强度提高了 10.5%，Ⅱ型钢纤维混凝土轴心抗压强度提高了 8.9%；掺量为 45kg/m³ 时，Ⅰ型钢纤维混凝土轴心抗压强度提高了 20.5%，Ⅱ型钢纤维混凝土轴心抗压强度提高了 30.6%；掺量为 45kg/m³ 的Ⅱ型钢纤维混凝土轴心抗压强度是素混凝土的 1.3 倍，均是掺量为 30kg/m³ Ⅰ型钢纤维混凝土和Ⅱ型钢纤维混凝土的 1.2 倍。从以上分析可知，掺入 45kg/m³ 的Ⅱ型钢纤维，使得混凝土轴心抗压强度值最优。

11.3　钢纤维混凝土弹性模量测试与结果分析

弹性模量是衬砌结构的重要力学指标之一，在截面类型与尺寸一定时，它将直接影响钢纤维混凝土结构的刚度。对于单层衬砌而言，隧道开挖后施作衬砌结构的刚度直接关系到围岩-支护体系的协调变形程度，若实际衬砌刚度小于设计值，可能导致围岩过度变形甚至引发坍塌或冒顶；若衬砌刚度较大，会限制围岩变形，使衬砌结构的支护压力过大，最理想的围岩-支护体系是围岩变形与支护结构刚好达到协调统一状态，故对钢纤维混凝土弹性模量的探究尤为重要。本节从试验出发，探明钢纤维对混凝土弹性模量的影响程度，以期提出适用于钢纤维混凝土单层衬砌模型试验与数值模拟的参数指标，为后续章节提供数据支撑。

根据规范对静压弹性模量试验的规定，对试件加载采用如图 11-13 所示的方式进行控制。试验开始前，在试件上画好弹模架的标距线，然后将弹性模量测试架按标线固定在试件上，待试件放置于承压板后，安装百分表并检查灵敏性，将施加的初始荷载 F_0 设置成应力为 0.5MPa/s 时的荷载值大小，并对每次试验的试件设置好该试件 1/3 的轴心抗压强度 F_a，试验过程如图 11-14 所示。

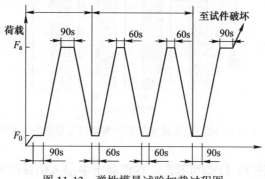

图 11-13　弹性模量试验加载过程图

图 11-14　弹性模量试验现场图

在试验过程中分别读取试件两侧在初始荷载 F_0 时试件所发生的变形量，求得平均值 ε_0，读取试件在荷载 F_a 时两侧面发生的变形量并求得的平均值 ε_a，按式（11-10）对静压弹性模量进行计算，将计算得到的弹性模量汇总于表 11-12。

$$E_c = \frac{F_a - F_0}{A} \times \frac{L}{\Delta n} \qquad (11\text{-}10)$$

$$\Delta n = \varepsilon_a - \varepsilon_0 \qquad (11\text{-}11)$$

其中，E_c 为钢纤维混凝土的静力受压弹性模量，精确至 0.1GPa；F_a 为应力为 1/3 轴心抗压强度时的荷载，N；F_0 为荷载为 0.5MPa 时的初始荷载，N；A 为试件的承压面积，mm^2；L 为测量标距（取 150mm）。

表 11-12 钢纤维混凝土弹性模量试验统计表

钢纤维型号	钢纤维掺量 /kg·m⁻³	试件编号	养护时间 /d	弹性模量 /GPa	平均值 /GPa
I 型钢纤维	30	B I-30-1	30	33.8	34.3
	30	B I-30-2	30	34.4	
	30	B I-30-3	30	34.7	
	40	B I-40-1	30	34.2	34.6
	40	B I-40-2	30	34.9	
	40	B I-40-3	30	34.1	
	45	B I-45-1	30	35.0	35.2
	45	B I-45-2	30	36.1	
	45	B I-45-3	30	34.5	
II 型钢纤维	30	B II-30-1	30	34.6	37.2
	30	B II-30-2	30	35.1	
	30	B II-30-3	30	35.0	
	40	B II-40-1	30	36.7	36.6
	40	B II-40-2	30	36.2	
	40	B II-40-3	30	36.9	
	45	B II-45-1	30	37.8	37.2
	45	B II-45-2	30	37.1	
	45	B II-45-3	30	36.7	
—	—	B 0-1	30	32.7	32.6
		B 0-2	30	32.2	
		B 0-3	30	32.9	

由表 11-12 可绘制如图 11-15 所示的钢纤维混凝土弹性模量受钢纤维掺量及类型的影响关系图，从表与图中可看出，除了 II 型钢纤维在掺量为 45kg/m³ 对弹

性模量的影响较显著外，其余情况对混凝土弹性模量的影响甚微。从图 11-15 中发现，在 CF35 强度的钢纤维混凝土中，Ⅱ型钢纤维在掺量为 45kg/m³ 时对混凝土弹性模量的提高值较大，且为各组试验值的最大值，是素混凝土弹性模量的 1.14 倍，是同掺量Ⅰ型钢纤维混凝土的 1.06 倍，相较于掺量为 30kg/m³ 的Ⅰ、Ⅱ型钢纤维混凝土弹性模量值提高了 8.5% 和 6.6%。从图 11-15 中还可看出Ⅱ型钢纤维对混凝土弹性模量的影响程度大于Ⅰ型钢纤维，即较长的钢纤维对混凝土弹性模量的影响程度大于短钢纤维，Ⅰ型钢纤维对混凝土的弹性模量影响均较小。

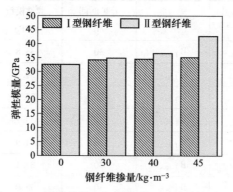

图 11-15　弹性模量与钢纤维类型及掺量的关系图

11.4　钢纤维混凝土弯曲韧性试验与结果分析

　　钢纤维能有效改善混凝土的力学性能，其中弯曲韧性是衡量钢纤维混凝土韧性能力的重要指标。隧道衬砌在围岩压力作用下所表现出的力学形态，类似于两端固定的梁，受到外力荷载呈现出一种弯曲状态。在隧道衬砌中，特别是单层衬砌结构，弯曲韧性对结构的耐久性与安全性起着至关重要的作用，对钢纤维混凝土而言，钢纤维的哪些参数对弯曲韧性有显著影响，这对钢纤维混凝土在单层衬砌中的应用具有重要研究意义。在本节中，通过对不同钢纤维掺量及长径比的混凝土梁开展四点弯曲试验，探究钢纤维对混凝土弯曲韧性的影响规律。四点弯曲试验操作便捷，能较好地模拟实际结构的工程情况，通过能量法对混凝土梁的弯曲韧性进行评定。

11.4.1　钢纤维混凝土梁荷载-挠度曲线

　　国内外对纤维混凝土弯曲韧性标准试验方法的规定有所不同，美国常用的方法标准是 ASTM-C1018，在日本和挪威使用的试验标准分别是 JSCE-SF4 与 NBP NO7，在本节中弯曲韧性的试验方法标准主要依据我国的《纤维混凝土试验方法标准》（CECS 13—2009）。根据 11.1 节中试验分组及配合比的设计，对已经养护到期的 100mm×100mm×400mm 小梁试块进行弯曲韧性试验，每种类型的 3 个试件为一组，试验加压装置采用伺服万能试验机，通过自主设计的试验装置将压力传至试件上表面，在试件跨中梁底两侧分别设置一个 LVDT 位移计，实时监测试件的跨中挠度变化情况。根据标准规定，试件初裂前加载速率设置为 0.05MPa/s，在试件出现裂缝后，加载速率采用每分钟 l/3000mm 的位移控制，当跨中挠度达到 3.5mm 时停止试验，试验原理与加载示意图如图 11-16 与图 11-17 所示，通过系统自动采集的荷载与挠度信息，绘制荷载-挠度全曲线。

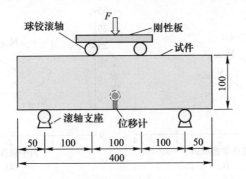

图 11-16 四点弯曲试验原理图（单位：mm）

图 11-17 弯曲韧性加载示意图

各个试件的荷载-挠度曲线如图 11-18 所示。观察图 11-18（a）~（g）不难发现，钢纤维对混凝土梁抗弯韧性有明显正影响作用。从图 11-18（a）中可知素混凝土梁在荷载作用下短时间内试件达到极限荷载，试件瞬间断裂破坏，卸载作用非常明显，表现为明显的脆性断裂破坏。钢纤维掺入后，荷载-挠度曲线与坐标轴的包络面积增加明显，体现出了钢纤维混凝土较强的抗裂性，但不同钢纤维

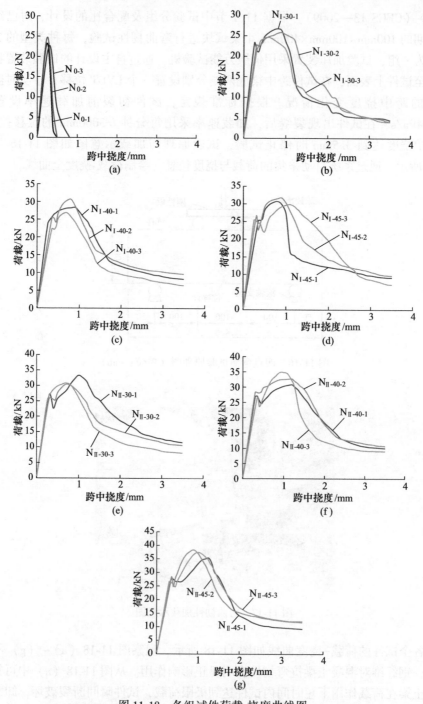

图 11-18   各组试件荷载-挠度曲线图
（a）素混凝土试件；（b）N_{I-30} 试件；（c）N_{I-40} 试件；（d）N_{I-45} 试件；
（e）N_{II-30} 试件；（f）N_{II-40} 试件；（g）N_{II-45} 试件

长径比和不同掺量，对弯曲韧性的影响效果不同。从图 11-18（b）~图 11-18（g）中可看出，当荷载增加到一定程度时，荷载-挠度曲线出现了一段波浪形的下降段，表明试件在该荷载作用下开始出现裂缝，裂缝的产生对施加的荷载进行卸载，但在短时间内荷载-挠度曲线又出现了小段的上升趋势，这是由于当试件中出现裂缝后，混凝土中的拉应力转移至桥接在裂缝之间的钢纤维上，使试件能够继续承载。随着荷载的继续增加，会听到试件中发出钢纤维被拉断或被拔出的"嘭嘭"声响，跨中挠度迅速增大，作用在试件上的荷载也快速卸载，试件逐渐丧失承载力、钢纤维的掺入提高了基体混凝土抗弯强度的同时也增强了混凝土的弯曲韧性，提高了结构的极限承载能力。将各组试件的荷载挠度值取平均并绘制出如图 11-19 所示的荷载-挠度汇总曲线图，观察图 11-19 发现 N_{II-45} 试件的荷载-挠度曲线与坐标轴的包络面积在所有分组情况下达到最大，其次是 N_{II-40}，在11.4.2 节中采用抗弯韧性指标对各组试件抗弯韧性的提高程度进行定量分析。

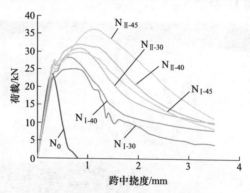

图 11-19　各组荷载-挠度汇总曲线

11.4.2　试件破坏形态与抗弯韧性指标

（1）试件的破坏过程及断裂形态。在混凝土中掺入钢纤维后，混凝土由脆性破坏变为韧性破坏，素混凝土在弯曲韧性试验过程中，荷载刚作用在试件上，试件底部便开始出现初始裂缝，短时间内瞬间贯穿试件横截面，裂缝的走向大致垂直于梁的纵向，发展为一条控制试件承载能力的主裂缝，如图11-20 所示。

钢纤维混凝土梁在荷载作用下，首先在梁底出现初始裂缝，随着荷载的增加，初始裂缝逐渐向梁体内部延伸，当扩展至钢纤维处，由于钢纤维的桥接作用使裂缝的扩展受到阻碍，裂缝的扩展方向发生转变，不再垂直于梁的纵向，根据钢纤维掺量与长径比的不同，裂缝的倾斜扩展路径也有所差异。当主裂缝扩展至一定程度时，裂缝尖端处又出现 2~3 条微裂缝，如图 11-21 所示。试件断裂后的

图 11-20 素混凝土梁裂缝扩展图

裂缝细观图如图 11-22 所示，在试件中虽然出现了一条主裂缝并沿截面高度扩展了一定范围，但由于钢纤维的桥接作用，试件还具有一定的承载能力，且持荷时间比素混凝土长，体现了钢纤维混凝土较强的抗弯韧性与阻裂能力，部分试件断裂形态对比情况如图 11-23 所示。

图 11-21 钢纤维混凝土梁裂缝扩展图

图 11-22 裂缝细观图　　　图 11-23 各组试件断裂形态图

（2）抗弯初裂强度、弯曲韧性指数及弯曲韧性比的确定与计算。根据弯曲韧性试验获得的各组试件荷载-挠度曲线（如图 11-19 所示），按照《纤维混凝土试验方法标准》（CECS 13—2009）中对初裂荷载 F_{cr} 及初裂挠度 δ_{cr} 的确定方法，求得各组试件的初裂荷载 F_{cr} 及初裂挠度 δ_{cr} 的平均值并汇总于表 11-13 中。

表 11-13 荷载-挠度情况统计表

试件	初裂荷载 F_{cr}/kN	初裂荷载均值/kN	初裂挠度 δ_{cr}/mm	初裂挠度均值/mm	峰值荷载 F_{max}/kN	峰值荷载均值/kN	峰值挠度 δ_f/mm	峰值挠度均值/mm
N_0	23.3	23.53	23.3	0.27	23.3	26.87	0.25	0.30
	24.7		24.7		34.7		0.35	
	22.6		22.6		22.6		0.3	
N_{I-30}	23.2	22.33	23.2	0.28	26.7	25.70	0.8	0.70
	22.7		22.7		25.8		0.7	
	21.1		21.1		24.6		0.6	
N_{I-40}	23.6	23.77	23.6	0.32	28.3	28.57	0.9	0.80
	25.4		25.4		30.6		0.8	
	22.3		22.3		26.8		0.7	
N_{I-45}	25.2	25.63	25.2	0.30	30.7	30.73	0.9	0.93
	26.3		26.3		31.7		0.9	
	25.4		25.4		29.8		1.1	
N_{II-30}	26.8	25.70	26.8	0.28	33.3	31.50	0.8	0.73
	25.7		25.7		30.41		0.7	
	24.6		24.6		30.8		0.7	
N_{II-40}	26.8	27.20	26.8	0.32	30.8	32.77	0.9	1.07
	28.3		28.3		32.7		1.1	
	26.5		26.5		34.8		0.9	
N_{II-45}	27.7	27.47	27.7	0.33	35.4	37.03	1.1	1.00
	28.1		28.1		38.3		0.9	
	26.6		26.6		37.4		1.0	

根据表 11-13 中的数据，按照式（11-12）对弯曲抗折强度进行计算，规定初裂强度为三个试件计值的算术平均值，若三个测值中的最大值或最小值与中间测值之差大于中间值的 15%，取中间值作为该组试件的初裂强度，若两者与中间值之差大于中间值的 15% 时，则试验结果无效。

$$f_{cr} = \frac{F_{cr}L}{bh^2} \tag{11-12}$$

式中，f_{cr} 为初裂强度，精确至 0.1MPa；F_{cr} 为初裂荷载，N；L 为支座之间的距离，mm。

如图 11-24 所示的弯曲韧性指数计算示意图，以 O 点为原点，按照 1.0、3.0、5.5 和 10.5 倍的初裂挠度在横坐标轴上确定了 B、D、F、H 四个点，运用 origin 积分求得各荷载挠度曲线中的 OAB、$OACD$、$OAEF$ 和 $OAGH$ 四个部分荷载挠度曲线与横坐标轴所包围的面积，并分别计作 Ω_δ、$\Omega_{3\delta}$、$\Omega_{5.5\delta}$、$\Omega_{10.5\delta}$，并按照式（11-13）~式（11-15）求得各试件的弯曲韧性指数。

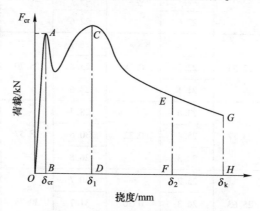

图 11-24　弯曲韧性指数计算示意图

$$I_5 = \frac{\Omega_{3\delta}}{\Omega_\delta} \tag{11-13}$$

$$I_{10} = \frac{\Omega_{5.5\delta}}{\Omega_\delta} \tag{11-14}$$

$$I_{20} = \frac{\Omega_{10.5\delta}}{\Omega_\delta} \tag{11-15}$$

钢纤维混凝土梁的弯曲韧性比按照式（11-16）~式（11-17）进行计算：

$$f_e = \frac{\Omega_k L}{bh^2 \delta_k} \tag{11-16}$$

$$R_e = \frac{f_e}{f_{cr}} \tag{11-17}$$

式中，f_e 为等效弯曲强度，MPa；Ω_k 为跨中挠度为 $L/150$ 时荷载-挠度曲线下的面积，kN·mm；δ_k 为跨中挠度为 $L/150$ 时的挠度值，mm；R_e 为弯曲韧性比。

将式（11-13）~式（11-17）所计算的各个值汇总于表 11-14 中，根据表中的数据可绘制等效抗弯强度与钢纤维类型及掺量的变化趋势图，如图 11-25 所示；同时还可绘制各组试件的弯曲韧性比与钢纤维类型及掺量的变化趋势图，如图 11-26 所示，根据图中折线的变化趋势，可以对各组试件的弯曲韧性进行分析评价，以期得到弯曲韧性最优时的钢纤维掺量及钢纤维长径比。

表 11-14 弯曲韧性指标统计表

性　　能		N_0	N_{I-30}	N_{I-40}	N_{I-45}	N_{II-30}	N_{II-40}	N_{II-45}
f_{cr}/MPa		7.06	6.7	7.13	7.69	7.71	8.16	8.24
Ω_δ/kN·mm		3.13	3.16	3.77	3.84	3.65	4.3	4.59
$\Omega_{3\delta}$/kN·mm		—	16.39	19.24	19.59	19.1	22.43	24.11
$\Omega_{5.5\delta}$/kN·mm		—	28.97	34.35	35.84	36.69	43.25	47.74
$\Omega_{10.5\delta}$/kN·mm		—	40.54	49.78	56.1	57.07	64.07	68.39
韧性指数	I_5	—	5.19	5.1	5.05	5.24	5.21	5.27
	I_{10}	—	9.18	9.28	9.44	10.08	10.07	10.47
	I_{20}	—	12.82	13.5	14.92	15.62	14.97	15.05
Ω_k/kN·mm		—	34.54	38.33	47.50	45.42	52.06	57.83
f_e/MPa		—	5.18	5.75	7.13	6.81	7.81	8.68
R_e		—	0.77	0.81	0.93	0.88	0.96	1.05

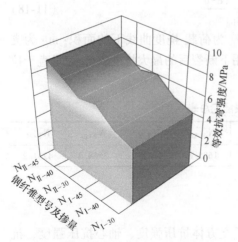

图 11-25　等效抗弯强度变化趋势图

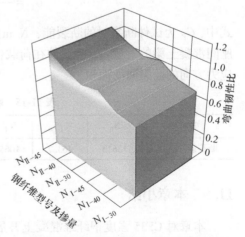

图 11-26　弯曲韧性比变化趋势图

由表 11-14 可以看出，在混凝土中掺入钢纤维后，混凝土的弯曲强度普遍增高，相对于素混凝土试件而言，抗弯初裂强度随钢纤维长径比与掺量的改变而变化，从数值上看，掺入Ⅰ型钢纤维对混凝土初裂强度的提高作用普遍低于掺入Ⅱ型钢纤维对混凝土初裂强度的提高作用。对等效抗弯强度而言，无论是掺入Ⅰ型钢纤维还是Ⅱ型钢纤维的混凝土试件，均在掺量为 45kg/m³ 时取得最大值，表明掺入同类型钢纤维的混凝土等效抗弯强度与钢纤维的掺量呈正相关。观察图 11-25 也能看出等效抗弯强度与钢纤维掺量的关系规律，可知 $N_{Ⅱ-45}$ 的等效抗弯强度是 $N_{Ⅰ-45}$ 的 1.22 倍，相比增长了 21.7%，与 $N_{Ⅱ-30}$、$N_{Ⅱ-40}$ 相比，等效抗弯强度分别增加了 27.5% 和 11.1%。对弯曲韧性比而言，在掺入Ⅰ型钢纤维的混凝土中，$N_{Ⅰ-45}$ 弯曲韧性比分别是 $N_{Ⅰ-30}$、$N_{Ⅰ-40}$ 的 1.21 与 1.15 倍，分别增加了 20.8% 和 14.8%，反观掺入Ⅱ型钢纤维的混凝土发现，$N_{Ⅱ-45}$ 的弯曲韧性比比 $N_{Ⅱ-30}$ 增大了 19.3%，比 $N_{Ⅱ-40}$ 的弯曲韧性比提高了 9.4%，与等效抗弯强度的变化规律相似，同在 $N_{Ⅱ-45}$ 取得最大值。从图 11-25 与图 11-26 能看出等效抗弯强度、弯曲韧性比与钢纤维的掺量及长径比的变化规律，从以上分析可知，钢纤维对增强混凝土弯曲韧性具有极大的促进作用，这对于隧道单层衬砌结构的应用具有实质性的工程意义。

（3）断裂能的计算。混凝土断裂能是用来评定混凝土断裂性能的重要指标，也是试件断裂时裂缝扩展所需要的一定能量，它是表征混凝土断裂的重要参数之一。根据试验所获取的荷载-挠度曲线，按照式（11-18）计算各组试件的断裂能 G_F。将各试件断裂能计算值汇总于表 11-15 中，计算得到的断裂能为后续章节钢纤维混凝土裂缝扩展规律的数值模拟提供了数值依据。

$$G_F = \frac{W_0 + mg\delta_0}{A_{lig}} \qquad (11-18)$$

式中，G_F 为试件断裂时的断裂能，N/m；W_0 为荷载-挠度曲线下的面积；mg 为支座间混凝土梁的重量；δ_0 为试件在荷载作用下断裂后的最大挠度；A_{lig} 为垂直于拉应力方向的断裂面的面积。

表 11-15 断裂能汇总表

试件	N_0	$N_{Ⅰ-30}$	$N_{Ⅰ-40}$	$N_{Ⅰ-45}$	$N_{Ⅱ-30}$	$N_{Ⅱ-40}$	$N_{Ⅱ-45}$
断裂能/N·m	126.3	463.7	1065.8	1685.6	1162.1	3568.4	4231.2

11.5 本章小结

本章对 CF35 强度钢纤维混凝土开展了立方体抗压强度、轴心抗压强度、抗弯韧性及弹性模量试验研究，探明了不同钢纤维掺量与长径比对以上力学性能指标的影响规律，并得到以下几点结论：

（1）在混凝土中掺入钢纤维后，立方体抗压强度有不同程度的提高，长径比为 50 的钢纤维对混凝土立方体抗压强度的影响普遍大于长径比为 70 的钢纤维。在 I 型钢纤维混凝土中，掺量为 45kg/m³ 时获得最大立方体抗压强度值，相对素混凝土提高了 13.7%；掺入 II 型钢纤维的混凝土中，混凝土的最大立方体抗压强度值在钢纤维掺量为 40kg/m³ 时获得，相比素混凝土提高了 8.1%。

（2）钢纤维对混凝土轴心抗压强度有一定提高作用，II 型钢纤维在掺量为 45kg/m³ 时混凝土的轴心抗压强度表现最佳，相比素混凝土提高了 30.6%，是素混凝土的 1.3 倍，相比掺入 I 型钢纤维达到最高轴心抗压强度的 C_{I-45}，C_{II-45} 的强度是它的 108.4%。

（3）钢纤维对混凝土弹性模量的影响程度普遍不高，但 II 型钢纤维在掺量为 45kg/m³ 时，对混凝土弹性模量的提高作用相比其他几种情况表现出了最大效应，是素混凝土的 1.14 倍，是掺量为 45kg/m³ I 型钢纤维混凝土的 1.06 倍，相较于掺量为 30kg/m³ 的 I 型、II 型钢纤维混凝土，其弹性模量值增长了 8.5% 和 6.6%。长径比为 70 的钢纤维对混凝土弹性模量的影响大于长径比为 50 的钢纤维。

（4）钢纤维对提高混凝土弯曲韧性具有极大的促进作用，长径比为 70 的钢纤维对混凝土弯曲韧性的提高作用大于长径比为 50 的钢纤维，钢纤维混凝土初裂强度与弯曲韧性比均与钢纤维的掺量成正相关；在掺入两种长径比的钢纤维混凝土中，均在掺量为 45kg/m³ 时获得等效抗弯强度最大值，N_{II-45} 的等效抗弯强度是 N_{I-45} 的 1.22 倍，相比提高了 21.7%。对弯曲韧性比而言，在两种长径比的钢纤维混凝土中，同在掺量为 45kg/m³ 时取得最大值，且 N_{II-45} 的弯曲韧性比是 N_{I-45} 的 1.13 倍，增大了 12.9%。在所有工况下，长径比为 70 的钢纤维在掺量为 45kg/m³ 时对混凝土弯曲韧性的正影响作用最大。

（5）钢纤维对混凝土断裂能的提高幅度达到数倍至几十倍不等，断裂能与钢纤维掺量、长径比呈正相关；所有工况下，断裂能在 II 型钢纤维掺量为 45kg/m³ 时取得最大值，是素混凝土的 33.5 倍，是 N_{I-45} 的 2.5 倍。

（6）钢纤维能有效提高混凝土结构的抗弯韧性，确定掺量为 45kg/m³ 时的 II 钢纤维为最优的钢纤维掺量及类型，为后续章节相似模型试验提供数据参考。

12 钢纤维混凝土单层衬砌裂损规律及安全性模型试验研究

为了探明钢纤维混凝土单层衬砌结构的力学特性、裂缝演化规律、结构破坏特征及安全性等，在本章中开展围岩相似材料与衬砌模型相似材料的配合比试验，探究Ⅳ级围岩相似材料、CF35 钢纤维混凝土单层衬砌相似材料的组成及配合比。基于相似材料配合比试验的结果，采用 1∶20 的几何相似比开展相似模型试验，研究钢纤维混凝土单层衬砌结构在围岩压力作用下的力学性能、结构变形状态、破坏特征、安全性和裂缝演化规律，为钢纤维在单层衬砌结构中的应用提供参考。

12.1 相似模型试验概述及相似理论

12.1.1 相似模型试验概述与原型概况

（1）相似模型试验概述。模型试验是对原型结构按照一定相似准则与相似比例复制出来的相似体进行的一项试验过程，它具有与原型结构形式和荷载全部或部分的特征。由于受到试验条件与经济条件的限制，相似模型试验与原位试验相比，模型试验具有问题针对性较强、经济型好、数据复原性好、试验开展易操作等优点，另外通过小比例尺的相似模型试验，可以对较大体量结构进行实际工况的模拟研究。模型试验的成功开展，一般需要经过以下几个步骤：

1）针对实际问题，确定研究目的与研究任务，通过借鉴他人研究成果或试验手段确定模型的相似材料；

2）根据实际结构与试验条件，按照相似理论原理，确定模型结构的基本物理量，运用相似准则的导出方法求出相似判据；

3）根据试验能力，选定几项相似条件进行控制，拟定基础相似常数（一般为几何相似常数），运用相似准则求得其他相似系数；

4）根据确定的相似常数，对模型几何尺寸、试验方案进行设计；

5）根据试验方案开展模型试验，采集相关数据并进行计算分析。

（2）原型概况。本章模型试验是基于某高速公路隧道的支洞衬砌，该支洞衬砌结构原型为厚度 300mm 的单层衬砌结构形式，衬砌所处围岩级别为Ⅳ级围岩，埋深为深埋状态，根据《公路隧道设计规范》（第一册　土建工程　JTG 3370.1—2018）中的规定，Ⅳ级围岩的基本物理力学参数如表 12-1 所示，衬砌的跨度为 6.54m，高度为 7.07m，其断面形式如图 12-1 所示。该单层衬砌采用 CF35 强度的钢纤维混凝土。

表 12-1　Ⅳ级围岩基本物理力学参数

围岩级别	重度/kN·m⁻³	弹性模量/GPa	泊松比	内摩擦角/(°)	黏聚力/MPa
Ⅳ	22.5~24.5	1.3~6	0.3~0.35	27~39	0.2~0.7

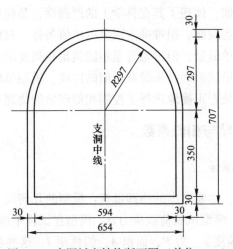

图 12-1　支洞衬砌结构断面图（单位：cm）

12.1.2　相似模型试验基本理论

模型试验是在现场受到诸多限制条件时处理问题的一种有效方法，根据试验与实际的相似关系建立相似准则，以此准则可将模型试验数据转换成原型结构数据，反映出原型结构的实际情况。设计模型试验研究的关键是相似准则的推导，模型试验必须按照相似准则与原型相对应，而相似定理又是模型试验的理论基础。

（1）相似第一定理。相似现象的相似指标为 1，即凡是相似的现象，在对应瞬间，对应点上的同名准则相同。该定理说明了相似现象之间具有什么性质和相似现象的必要条件。

（2）相似第二定理。相似第二定理也可称为 π 定理。即一个物理系统含有 n 个物理量和 k 个基本量纲，其余量纲可由基本量纲导出，则这 n 个物理量可表示为 $(n-k)$ 个独立的相似判据 π_1、π_2、$\cdots$、π_{n-k} 之间的函数关系。彼此相似的现象，在对应点和对应时刻上相似判据保持同值，它们的 π 也是相同的，相似第二定理指出了模型与原型的关系问题，各项独立的 π 项之间存在着直接的换算关系，由模型得到的结果就可转换至原型结构。

（3）相似第三定理。对于同一类物理现象，如果单值条件（几何条件、物理条件、边界条件、初始条件）相似，并且由单值条件的物理量所组成的相似判据在数值上相等，即认为现象相似。相似第三定理是现象相似的充分必要条件。

相似第一定理和相似第二定理是在假定现象相似前提下得出相似后的性质，是现象相似的必要条件，相似第三定理由于与直接和代表具体现象的单值条件相联系，强调单值量相似，体现了其在科学上的严谨性，是模型试验必须遵循的理论原则。对于复杂工程问题，很难确定现象的单值条件，只能凭经验判断最主要的参数，或已知一些单值量，但很难甚至不能满足相似要求，则很难对相似第三定理进行应用，使模型试验的结果带有近似的性质。模型试验是否反映了原型的客观规律，关键在于是否正确地选择了控制相似现象的物理参数。

12.2 相似准则推导与相似系数

12.2.1 相似准则的推导

本章模型试验中，主要考虑的物理量有：模型的几何尺寸 l，模型的质量 m、密度 ρ、弹性模量 E、模型试验荷载应力 σ、模型在试验中所发生的位移 x、围岩的黏聚力 c、重力加速度 g、力 F、面积 A、惯性矩 I。这些物理量所需满足的方程式如下所示：

$$f(l, m, \rho, \sigma, x, E, c, g, F, A, I) = 0 \tag{12-1}$$

在绝对系统中，采用力、长度、时间（$[F] - [L] - [T]$）为基本量纲系统，采用量纲分析法导出其他量的量纲：

$$[l] = [L], [m] = [FL^{-1}T^2], [\rho] = [FL^{-4}T^2], [\sigma] = [FL^{-2}],$$
$$[x] = [L], [E] = [FL^{-2}], [c] = [FL^{-2}], [g] = [LT^{-2}],$$
$$[F] = [F], [A] = [L^2], [I] = [L^4]$$

且：$[\varphi] = [1], [\varepsilon] = [1], [\mu] = [1]$。

设 α_1、α_2、α_3、α_4、α_5、α_6、α_7、α_8、α_9、α_{10}、α_{11} 分别代表 l、m、ρ、σ、x、E、c、g、F、A、I 的指数，根据相似第二定理，可得到如下量纲矩阵：

$$
\begin{array}{cccccccccccc}
\alpha_1 & \alpha_2 & \alpha_3 & \alpha_4 & \alpha_5 & \alpha_6 & \alpha_7 & \alpha_8 & \alpha_9 & \alpha_{10} & \alpha_{11} \\
l & m & \rho & \sigma & x & E & c & g & F & A & I \\
\end{array}
$$

$$
\begin{bmatrix} F \\ L \\ T \end{bmatrix}
\begin{bmatrix}
0 & 1 & 1 & 1 & 0 & 1 & 1 & 0 & 1 & 0 & 0 \\
1 & -1 & -4 & -2 & 1 & -2 & -2 & 1 & 0 & 2 & 4 \\
0 & 2 & 2 & 0 & 0 & 0 & 0 & -2 & 0 & 0 & 0
\end{bmatrix} \tag{12-2}
$$

由量纲矩阵，得到三个线性齐次代数方程：

$$\begin{cases} \alpha_2 + \alpha_3 + \alpha_4 + \alpha_6 + \alpha_7 + \alpha_9 = 0 \\ \alpha_1 - \alpha_2 - 4\alpha_3 - 2\alpha_4 + \alpha_5 - 2\alpha_6 - 2\alpha_7 + \alpha_8 + 2\alpha_{10} + 4\alpha_{11} = 0 \quad (12\text{-}3) \\ 2\alpha_2 + 2\alpha_3 - 2\alpha_8 = 0 \end{cases}$$

上式有 11 个参数，但只有 3 个方程，所以可以建立 8 个相似准则，将式中的 α_1、α_2 和 α_8 转化为 α_3、α_4、α_5、α_6、α_7、α_9、α_{10}、α_{11} 的函数关系：

$$\begin{cases} \alpha_2 = -(\alpha_3 + \alpha_4 + \alpha_6 + \alpha_7 + \alpha_9) \\ \alpha_1 = \alpha_2 + 4\alpha_3 + 2\alpha_4 - \alpha_5 + 2\alpha_6 + 2\alpha_7 - \alpha_8 - 2\alpha_{10} - 4\alpha_{11} \quad (12\text{-}4) \\ \alpha_8 = -(\alpha_4 + \alpha_6 + \alpha_7 + \alpha_9) \end{cases}$$

因相似准则数为 8 个，故 α_3、α_4、α_5、α_6、α_7、α_9、α_{10}、α_{11} 前后设定 8 套参数，最简单化的方法就是分别设其中一个值为 1，其余相应为零，将结果采用 π 矩阵列出：

$$\begin{array}{c} \begin{array}{cccccccccccc} \alpha_1 & \alpha_2 & \alpha_3 & \alpha_4 & \alpha_5 & \alpha_6 & \alpha_7 & \alpha_8 & \alpha_9 & \alpha_{10} & \alpha_{11} \\ l & m & \rho & \sigma & x & E & c & g & F & A & I \end{array} \\ \begin{array}{c} \pi_1 \\ \pi_2 \\ \pi_3 \\ \pi_4 \\ \pi_5 \\ \pi_6 \\ \pi_7 \\ \pi_8 \end{array} \left[\begin{array}{ccccccccccc} 3 & -1 & 1 & 0 & 0 & 0 & 0 & 0 & 0 & 0 & 0 \\ 2 & -1 & 0 & 1 & 0 & 0 & 0 & -1 & 0 & 0 & 0 \\ -1 & 0 & 0 & 0 & 1 & 0 & 0 & 0 & 0 & 0 & 0 \\ 2 & -1 & 0 & 0 & 0 & 1 & 0 & -1 & 0 & 0 & 0 \\ 2 & -1 & 0 & 0 & 0 & 0 & 1 & -1 & 0 & 0 & 0 \\ 0 & -1 & 0 & 0 & 0 & 0 & 0 & -1 & 1 & 0 & 0 \\ -2 & 0 & 0 & 0 & 0 & 0 & 0 & 0 & 0 & 1 & 0 \\ -4 & 0 & 0 & 0 & 0 & 0 & 0 & 0 & 0 & 0 & 1 \end{array} \right] \end{array}$$

$$(12\text{-}5)$$

根据 π 矩阵可推出如下 8 个相似准则：

$$\pi_1 = \frac{l^3 \rho}{m}, \quad \pi_2 = \frac{l^2 \sigma}{mg}, \quad \pi_3 = \frac{x}{l}, \quad \pi_4 = \frac{l^2 E}{mg}$$

$$(12\text{-}6)$$

$$\pi_5 = \frac{l^2 c}{mg}, \quad \pi_6 = \frac{F}{mg}, \quad \pi_7 = \frac{A}{l^2}, \quad \pi_8 = \frac{I}{l^4}$$

12.2.2　确定模型试验的相似系数

本章模型试验根据原型衬砌结构尺寸大小与试验条件，将模型试验几何相似比设为 1∶20、弹性模量相似比设为 1∶35。根据式（12-6）的相似准则，可计算出相关物理量的相似系数，如表 12-2 所示。

表 12-2　模型试验相似关系表

物理量	量纲	相似关系	相似系数
长度 l	L	S_l	20

物理量	量纲	相似关系	相似系数
质量 m	$FL^{-1}T^2$	$S_m = S_l^2 S_E$	14000
密度 ρ	$FL^{-4}T^2$	$S_\rho = S_E/S_l$	1.75
应力 σ	FL^{-2}	$S_\sigma = S_E$	35
应变 ε	—	$S_\varepsilon = 1$	1
位移 x	L	$S_x = S_l$	20
泊松比 μ	—	$S_\mu = 1$	1
弹性模量 E	FL^{-2}	S_E	35
黏聚力 c	FL^{-2}	$S_c = S_E$	35
内摩擦角 φ	—	$S_\varphi = 1$	1
重力加速度 g	LT^{-2}	S_E	1
力 F	F	$S_F = S_l^2 S_E$	14000
面积 A	L^2	$S_A = S_l^2$	400
惯性矩 I	L^4	$S_I = S_l^4$	1.6×10^5

　　根据表 12-2 中的相似系数，可计算出试验所用模型高度为 35.35cm，宽度为 32.7cm，模型衬砌的厚度为 1.5cm，隧道围岩相似材料与衬砌模型相似材料的力学性能应满足表 12-2 中的相似关系。以下对各相似材料进行选取并开展配合比试验，获取满足相似关系的配合比，再以确定后的相似材料配合比浇筑衬砌模型、配置相似围岩，开展相似模型试验。

12.3　相似材料的确定与配合比试验

　　采用模型试验对衬砌结构进行研究时，对于模型材料的选取与试验方法的确定，需要考虑两方面的问题：一方面考虑模型结构能否正确反映原型特征的问题；另一方面需要考虑模型制作时是否具有可操作性的问题。当这两方面问题都能得到解决，试验能顺利开展；当这两方面问题存在矛盾时，则必须采用适当技术手段来尽可能地满足模型设计中所提出的相似条件。

12.3.1　相似材料的选用原则

　　在相似材料选用时，没有一种是绝对理想的材料。所以，需要选择一种或多种适合的模型材料来开展模型试验，就必须要了解各种材料的性能，比较其优缺点，最后作出合理的选择或配比，在相似材料选用时应遵循以下几点原则：

　　（1）选用的模型材料需满足相似条件的要求。选用相似材料应受到相似指标中各个物理量的相互制约，其性能应满足模型试验设计中提出的相似条件要求。这就需要对模型材料开展全面的性能试验，如材料的强度、弹性模量、泊松比、重度等，寻求尽可能满足设计条件的模型材料，这一要求是成功完成模型试验的先决条件。

（2）选用的模型材料需满足试验目的的要求。根据不同结构形式与不同工程条件，每次模型试验目的不尽相同，在模型材料选用时可作不同的要求。例如在研究结构强度及破坏形态时，除了要保证材料在弹性范围内的特性应满足相似条件外，材料的强度特性也须满足相似条件。

（3）选用的模型材料需满足试验仪器测量精度的要求。大量模型试验总是通过测量模型的变形来分析结构特性，模型试验常用的检测传感元件也大都通过对结构变形的监测，通过监测数据换算出各类物理量。为了在模型试验中提高各物理量的测量精度，需考虑模型材料的物理参数，例如材料的弹性模量、泊松比等直接与结构的非线性特性相关，故在模型材料选用时需对模型相似条件要求与试验测量精度进行平衡。

（4）选用的模型材料需满足易于加工成型的要求。结构模型材料应满足易于加工的要求，这对加快试验进度与试验经济性都很重要，对于复杂和形状不规则的结构，模型材料的选择决定了制作模型的工艺难度，模型制作的精细程度也关系到试验仪器测量的精度与模型的相似性。

12.3.2 围岩相似材料

在隧道模型试验中，国内外学者对围岩相似材料的研究已做了大量的工作并取得了不少成果。其中，崔光耀采用重晶石粉、机油、河砂、石英砂、松香等材料并按一定比例配置相似围岩模拟了Ⅴ级围岩，在该相似围岩材料下开展了钢纤维混凝土模型试验研究；何川、曹淞宇在研究裂缝位置与数量对衬砌管片力学性能的影响时，围岩相似材料的采用均主要考虑了河砂和重晶石粉，并掺入了松香、粗、细石英砂、重晶石粉和机油，按重晶石粉∶细石英砂∶粗石英砂∶粉煤灰∶机油∶河砂∶松香=1.00∶0.35∶0.35∶0.35∶0.15∶0.65∶0.06 的比例配置相似围岩混合材料，模拟了残积砾质黏土与粉质黏土的原型围岩土；在Ⅳ级围岩相似材料研究方面，武伯弢采用试验手段探究了重晶石粉、细砂、石膏、洗衣液与水配置成的围岩相似材料在物理力学参数方面的性质，确定了适用于模拟Ⅳ级围岩相似材料的配比；陈政律通过直接剪切试验，研究了由重晶石粉、粉煤灰、河砂、粗石英砂、细石英砂、机油配置而成的Ⅳ级围岩相似材料的配合比，最终得到河砂∶粗石英砂∶细石英砂∶粉煤灰∶重晶石粉∶机油=0.5∶0.25∶0.5∶1∶1∶0.32 的配比关系能较好地模拟Ⅳ级围岩的力学特性的研究成果。

从以上分析可知，在围岩相似材料的选用时，多以重晶石粉和石英砂作为相似围岩材料的粗细骨料，以松香或机油作为黏结剂。本试验根据现有的试验条件并依据12.3.1节中相似材料的选用原则，同时参考上述学者成功的研究经验，以河砂、粗石英砂、细石英砂、粉煤灰、重晶石粉、机油为基材，调制了如表12-3所示的5个不同比例的混合料。通过试验探明不同配合比围岩相似材料的力学特征与物理力学参数，验证各力学参数是否满足推导的相似要求，找出与相似要求较接近的一组混合料配合比，对配合比进行细微调整，再次对混合料进行试验，直至找到最接近相似要求的混合料配合比。

表 12-3　试验用围岩相似材料的不同配合比

配　　比	重晶石粉	河砂	粗石英砂	细石英砂	机油	粉煤灰
A	1	0.65	0.35	0.65	0.2	0.8
B	1	0.65	0.35	0.5	0.25	0.8
C	1	0.65	0.3	0.5	0.3	1.0
D	1	0.5	0.3	0.6	0.3	1.2
E	1	0.5	0.2	0.6	0.35	1.3

对表12-3中各配合比的混合料进行称量配料，得到的混合料样式如图12-2所示，对配置好的混合料进行制样，开展直剪切试验与三轴试验。如图12-3所示，采用四联自动直剪仪对围岩相似混合料开展直接剪切试验，试验的垂直压力通过砝码进行施加，垂直压力分级设置为100kPa、200kPa、300kPa、400kPa，按照规范要求将剪切速率设置为0.8～1.2mm/min，通过计算机实时记录试验过程中的剪应力与位移变化数据，直至试样剪切破坏（如图12-4所示）再进行下组试验。

图 12-2　围岩相似材料的配料　　　图 12-3　四联直剪仪　　　图 12-4　被剪坏试样

通过对不同配合比的相似围岩材料力学性能试验，得到主要的物理参数有：重度 γ、弹性模量 E、黏聚力 c、内摩擦角 φ、泊松比 ν，汇总于表 12-4 中。与表 12-1 围岩原型的数据进行对比可知，D 组配合比配置的相似围岩混合料相较于其他几组情况较符合试验设计的相似关系，但弹性模量相较于相似换算理论值偏大，故需对其配合比进行进一步微调。

表 12-4　各组围岩相似材料的物理力学参数

分组情况		重度/kN·m⁻³	弹性模量/GPa	黏聚力/MPa	内摩擦角/(°)	泊松比
围岩原型值		20~23	1.3~6	0.2~0.7	27~39	0.3~0.35
相似理论值		11.4~13.1	0.04~0.2	0.006~0.02	27~39	0.3~0.35
各组相似 材料试验值	A	14.2	0.36	0.011	42.6	0.30
	B	13.2	0.22	0.010	41.1	0.32
	C	22.6	0.15	0.012	37.4	0.33
	D	12.9	0.25	0.017	35.2	0.30
	E	12.4	0.21	0.021	32.6	0.32

根据王成平的研究结论，重晶石粉的含量与弹性模量呈正相关，而弹性模量却随着石英砂含量的增加而降低，考虑这二者材料的综合效应，对 D 组配合比进行微调，将配合比调整为重晶石粉：河砂：粗石英砂：细石英砂：机油：粉煤灰＝1∶0.56∶0.39∶0.72∶0.33∶1.33。对调整后的配合比混合料再次进行室内试验，得到如图 12-5 所示的剪应力与位移关系图，取峰值剪应力拟合得到的抗剪强度直线如图 12-6 所示，根据拟合直线可求得围岩相似材料的内摩擦角与黏聚力。

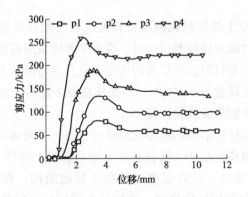

图 12-5　剪应力-位移曲线

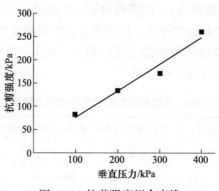

图 12-6 抗剪强度拟合直线

对调整后的围岩相似混合料进行其他物理参数的测定,将测定后的各物理参数汇总于表 12-5 中。从表 12-5 中可看出,调整后的配合比围岩相似材料各物理性能基本满足试验设计的相似比要求,故对围岩的相似模拟可按此配合比开展后续试验。

表 12-5 模拟围岩材料物理力学参数

分组情况	重度/kN·m⁻³	弹性模量/GPa	黏聚力/MPa	内摩擦角/(°)	泊松比
围岩原型值	20~23	1.3~6	0.2~0.7	27~39	0.3~0.35
相似理论值	11.4~13.1	0.04~0.2	0.006~0.02	35~39	0.3~0.31
模型材料值	12.2	0.19	0.018	36.7	0.31

12.3.3 钢纤维混凝土单层衬砌相似材料

(1)钢纤维混凝土单层衬砌模型材料的选取与配合比设计。隧道衬砌的基材为混凝土,在对衬砌开展模型试验时,许多学者均采用石膏制作模型来模拟衬砌结构。石膏作为模型材料已有很长的历史,它具有与混凝土相似的性质,均属于脆性材料,其弹性模量为 1~5GPa,泊松比在 0.2 左右,且制作的构件性质稳定,成型方便,易于制作成线弹性模型。

在采用石膏模拟衬砌结构的模型试验研究方面,王鸿儒在研究隧道衬砌抗错断破坏特征时,采用高强石膏:低强石膏:重晶石粉:河砂:水=1:1:3.8:2.4:4.6 的配合比模拟了 C30 强度的混凝土衬砌结构;程选生采用水膏比为 1.3:1 的石膏混合料制作衬砌模型,能较好地模拟衬砌结构在振动作用下的力学响应;合川、曹淞宇均采用了水、石膏、硅藻土的质量比为 1:1.38:0.1 作为衬砌管片模型的混合料，模型试验结果很好地体现出了裂缝对衬砌管片力学效应的影响效果；崔光耀采用水膏比为 0.686：1 的石膏混合料模拟了 C25 强度混凝土衬砌在围岩压力作用下的力学响应。基于以上学者在隧道衬砌相似模型材料研究的成功经验，本章模型试验中，衬砌的相似材料选用石膏与重晶石粉，同时考虑钢纤维在基体中的黏结性，掺入一定剂量的水乳胶。结合第 11 章 CF35 钢纤维混凝土力学性能的室内试验结果，按照表 12-2 的相似关系，计算出 CF35 钢纤维混凝土单层衬砌模型相似材料的物理力学参数（如表 12-6 所示）。

表 12-6　衬砌原型与模型材料物理力学参数对照表

分组情况	重度/kN·m⁻³	弹性模量/GPa	立方体抗压强度/MPa	泊松比
衬砌原型值	23.4	37.2	42.4	0.2
模型材料理论值	13.4	1.06	1.21	0.2

本章衬砌模型相似材料在选用与配合比设计中，主要考虑并控制的指标有抗压强度、弹性模量与泊松比。采用石膏作为衬砌模型主要相似材料，常用的水膏比为 1.0~2.0，当水膏比小于 1 时，材料性质不易把控；当水膏比大于 2 时，浇筑模型混合料容易离析。故根据表 12-6 中弹性模量目标控制值为依据，借鉴王戍平提出的衬砌相似材料水膏比与弹性模量的经验公式（式（12-7）），可计算出基准水膏比。

$$E = 3.6(P/W - 0.1W/P) \qquad (12\text{-}7)$$

式中，E 为弹性模量，GPa；W/P 为水膏比。

根据目标弹性模量，可由式（12-7）计算出基准水膏比 $W/P = 1.8$，以此水膏比为基准，如表 12-7 设计多组上下浮动不同水膏比的石膏混合料，根据已有研究成果掺入重晶石粉和其他添加料进行配合比试验。

表 12-7　衬砌模型材料配合比设计表

类型	配比 1	配比 2	配比 3	配比 4
A 型	1:1.6:1.8:0.01	1:1.7:1.8:0.01	1:1.8:1.8:0.01	1:1.9:1.8:0.01
B 型	1:1.6:1.5:1:0.01	1:1.7:1.5:1:0.01	1:1.8:1.5:1:0.01	1:1.9:1.5:1:0.01

注：A 型配比为石膏：水：河砂：胶；B 型配比为石膏：水：重晶石粉：河砂：胶。

在文献中，研究人员采用试验用特细钢纤维（如图 12-7 所示）相似模拟实际工程钢纤维制作衬砌模型，开展了相关模型试验研究，试验结果表明在衬砌模型材料中掺入试验用特细钢纤维能很好地模拟实际工程情况，验证了在模型试验中使用该钢纤维的合理性。在本章模型试验中，借鉴文献中研究人员成功的试验经验，采用特细钢纤维开展相似模型试验，钢纤维的掺量参照第3章钢纤维最优掺量的结论执行。

图 12-7 试验用特细钢纤维

（2）钢纤维混凝土单层衬砌模型材料配合比试验。根据表12-7中的设计配合比，浇筑石膏试块，石膏试块的要求及需求量如表12-8、表12-9所示。石膏试块浇筑过程如图12-8~图12-10所示，试件浇筑成型待石膏混合料凝结硬化后进行脱模，将脱模后的试件放置室内干燥处进行初次晾干，试件表面水分晾干后将试件放置在烤箱内进行烘干，如图12-11所示，每天对试件进行称量并记录试块的重量变化情况，如表12-10列举了4个不同配比的石膏试块在烘干期间重量的变化情况，根据表12-10可知，试块在烘烤至第5d时试块重量已无变化，故可判定试块已达到干燥状态，可对试件进行相关力学性能试验。

表 12-8 测试立方体抗压强度的石膏试件数量及编号

涉及因素	L_{A-1}	L_{A-2}	L_{A-3}	L_{A-4}	L_{B-1}	L_{B-2}	L_{B-3}	L_{B-4}
钢纤维掺量/kg·m^{-3}	45	—	45	—	45	—	45	—	45	—	45	—	45	—	45	—
试件数量/个	3	3	3	3	3	3	3	3	3	3	3	3	3	3	3	3
试件尺寸	100mm×100mm×100mm							

注：试件编号下标为配合比类型与配合比例情况，例"L_{A-1}"为配合比例为配比1的A型测试立方体抗压强度试件。

表 12-9 测试弹性模量的石膏试件数量及编号

涉及因素	C_{A-1}	C_{A-2}	C_{A-3}	C_{A-4}	C_{B-1}	C_{B-2}	C_{B-3}	C_{B-4}
钢纤维掺量/kg·m^{-3}	45	—	45	—	45	—	45	—	45	—	45	—	45	—	45	—
试件数量/个	6	6	6	6	6	6	6	6	6	6	6	6	6	6	6	6
试件尺寸	150mm×150mm×300mm							

注：试件编号下标为配合比类型及配合比例情况，例"C_{A-1}"为配合比例为配比1的A型测试弹性模量试件。

图 12-8 称量石膏混合料

图 12-9 搅拌混合料 图 12-10 浇筑试件 图 12-11 烘干试件

表 12-10 试块烘干过程质量变化表 （kg）

编号	初始	1d	2d	3d	4d	5d
C_{A-1}	6.724	6.568	6.443	6.281	6.237	6.237
C_{A-3}	5.973	5.764	5.641	5.586	5.542	5.542
C_{B-2}	8.304	8.173	7.974	7.896	7.877	7.877
C_{B-2}	7.365	7.243	7.116	6.997	6.973	6.973

烘干后的试件如图 12-12 所示，根据文献中试验的相关规定及要求，对石膏试件开展抗压强度及弹性模量试验（如图 12-13、图 12-14 所示），根据试验数据计算出不同配合比例石膏试件的物理力学参数，并将试验数据均值汇总于表 12-11 中。

图 12-12　烘干后石膏试件　　　图 12-13　试件强度试验　　　图 12-14　试件弹性模量试验

表 12-11　石膏试件试验数据

涉及因素	A-1	A-2	A-3	A-4	B-1	B-2	B-3	B-4
抗压强度/MPa	1.53	1.34	1.27	1.13	1.42	1.23	1.17	1.04
弹性模量/GPa	1.257	1.184	1.026	0.873	1.136	1.054	0.866	0.731
重度/kg·m^{-3}	9.24	8.36	8.21	7.64	11.67	11.22	10.89	10.33
泊松比	0.21	0.22	0.21	0.22	0.20	0.21	0.23	0.22

　　通过将表 12-11 与表 12-10 进行对比发现，B-2 试件的物理力学数据相较于其他几组更接近衬砌模型材料力学参数理论值，但从试件的重度来看，与模型材料重度理论值还存在一定偏差。对试件重度的影响主要是重晶石粉与河砂，根据 B-2 试件混合料的配合比，对重晶石粉和河砂的比例进行微调，再次浇筑一组试件重复上述试验过程，通过再次试验发现，增加重晶石粉与河砂的比例后，试件的重度确实有所提高，但河砂与重晶石粉的增加降低了试件的强度与弹性模量，不再满足相似比的要求，而在模型力学试验研究中，对模型试验结果影响最大的是模型材料的强度与弹塑性关系，材料的弹塑性关系又与弹性模量息息相关，故综合以上论述，采用 B-2 的配合比及石膏：水：重晶石粉：河砂：胶 = 1：1.7：1.5：1：0.01 作为衬砌模型的相似材料，且钢纤维掺量取 45kg/m³。

12.4　模型试验准备及试验步骤

12.4.1　单层衬砌模型的制作

　　采用 12.3.3 节所确定的衬砌模型材料配合比浇筑衬砌模型，在模型浇筑前根据衬砌模型的尺寸制作模具，本章试验的模具采用铁皮，因铁皮具有易成型、表面光滑易脱模且成型后的模具具有一定刚度等优点。模具分为内模和外模两部分（如图 12-15 所示），衬砌内外模具按照衬砌高度、宽度与厚度制定好后，用细铁丝将其固定成型，封堵模具两个端头，在模型浇筑时起到防止漏浆和控制模型高度的作用。将制定好的模具放置在平整地面上，在衬砌模具净空内填满细砂（如图 12-16 所示），细砂的作用是增加浇筑模型时模具的稳定性，同时，细砂也可为内模板提供环向的支撑作用力，防止内模在浇筑模型时发生变形，保证了拆模后模型的成型效果。为了增加模具的闭水性，在模具底部与地面的接触部位和模具接缝处采用纯石膏黏合料进行封堵。所有工作准备好后，按照规定的模型材料配合比称取材料进行搅拌，将搅拌好的混合料从模具上端提前开好的注入口注入石膏混合料，如图 12-17 所示。为了增加试验对比性，除了浇筑钢纤维石膏模型衬砌外，还浇筑一个未掺入钢纤维的衬砌模型，用以模拟素混凝土衬砌结构。

图 12-15　衬砌模具　　　　图 12-16　制定好的衬砌模具　　　图 12-17　浇筑衬砌模型

　　衬砌模型浇筑完成后，将其放置于室内 24h 后进行脱模，脱模过程中操作要轻微谨慎，因石膏混合料属于脆性材料，所浇筑的衬砌模型在外力作用下容易碎裂，先拆除内模，再拆卸外模，如图 12-18 所示。将拆除模具后的衬砌模型放置

图 12-18　衬砌模型拆模过程

烘箱内进行烘干，烘箱的温度不宜设置过高，宜控制在 30~40℃，防止因温度过高导致模型内的水分散失过快，使衬砌模型产生内部及表面裂纹，影响试验数据的准确性和试验结论。因石膏是极易吸潮材料，衬砌模型在烘箱内烘干后，在模型内外侧表面均匀涂刷一层清漆用以隔绝空气中的水分，防止模型吸潮，影响试验效果。

12.4.2 模型试验过程及步骤

（1）粘贴应变片。为了探明钢纤维混凝土单层衬砌模型在围岩压力作用下的应力应变情况，待衬砌模型表面的清漆风干后，在衬砌模型预先设计的部位粘贴应变片，采用铅笔在模型上做好标记，用"AB 胶水"将应变片粘贴在铅笔标记处，如图 12-19 所示。注意应变片的方向不能贴歪，更不能贴反，要保证与模型表面贴合紧密。应变片粘贴好后根据试验场条件连接一定长度的导线，采用万能表测试每个应变片是否电路通畅（如图 12-20 所示），若有断路情况，应及时更换应变片并再次检测，确保每一个应变片在试验过程中均能监测到数据变化，保证采集数据的完整性。将连接应变片的导线进行梳理捆扎并编号（如图 12-21 所示），防止导线缠绕损毁应变片和对监测位置的混淆，保证能准确采集对应监测位置的数据。

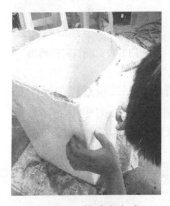

图 12-19　粘贴应变片　　　图 12-20　测试应变片电路　　　图 12-21　应变片贴好后效果

（2）准备试验模型箱及围岩相似材料。试验模型箱是由钢板焊接拼装而成，分为箱体、加压装置与上部横梁反力装置三部分，如图 12-22 所示。在试验箱体的前后侧面预留出衬砌模型大小的开口，并在模型箱开口内侧粘贴一块已预留开口与衬砌大小一致的亚克力板，光滑的板面减小了衬砌模型在试验过程中向洞径方向发生位移时的阻力，限制衬砌模型两端沿洞身轴线方向的位移，保证衬砌模型处于平面应变状态，透过透明的亚克力板能清晰地观察模型裂纹开展顺序及位移的变化情况。准备好试验模型箱后，根据 12.3.2 节围岩相似材料的配合比，对围岩模型材料进行称量拌和（如图 12-23 所示）。准备围岩模型材料时应根据模型箱的体积大小计算压实后模型材料的需求量，应考虑模型材料压实前后松散性的关系，合理准备模型材料，以防造成材料的浪费，合理控制试验的经济性。

图 12-22　模型试验箱　　　　图 12-23　拌和围岩模型混合料

（3）安设衬砌模型及监测元件。将配置好的围岩相似材料分层填注到模型箱内，每层填料高度不超过 20cm。通过控制夯实次数，使围岩相似材料物理力学性能达到设计的相似要求，围岩相似材料填至模型箱孔口底部时，将衬砌模型放置在填料上并安装好衬砌底板处的微型土压计，继续进行分层填筑，分层填筑过程中，在衬砌的墙脚、边墙、拱肩、拱顶左右对称位置处埋设微型土压计，并保证微型土压计与衬砌表面密贴接触，通过土压计可以实时监测衬砌变形及破坏过程中衬砌模型与围岩的接触压力；衬砌模型在试验过程中的位移变化采用 LVDT 位移计进行监测，由于空间的限制，应用结构及受力的对称性，在衬砌结构左半部分典型部位布设 4 个位移计进行位移监测；衬砌模型在试验过程中，衬砌破坏时裂缝的产生与开展的过程采用高清数值摄像机进行拍摄记录。将位移计、微型土压计、应变片的导线连接至静态应变测试箱，将静态应变测试箱与电脑连接，如图 12-24 所示，通过电脑实时记录各监测元件在试验过程中数据的变化情况。微型土压计的布置情况如图 12-25 所示，位移计与高清数值摄像机的布设位置如图 12-26 所示。

（4）确定加压荷载。通过液压千斤顶和模型箱上部横梁反力装置给围岩模型材料顶部的压力分配板施加反向压力，压力分配板将压力均匀地传至相似围岩。根据压力分配板的尺寸可计算出每级荷载下传至围岩的荷载大小，试验过程中采用逐级加载，加载速率控制为 0.98kN/min，每级施加的荷载增量为 9.8kN，压力分配板的尺寸为 $1.5m \times 0.5m = 0.75m^2$，故每级施加给围岩模型的荷载值为

0.013MPa。在加载过程中，每增加一级荷载持荷 5min，加载至 8t 时停止试验，根据表 12-2 中的相似关系可换算出每级加载下原岩中的荷载值大小，设计的加载过程如表 12-12 所示。

图 12-24　连接静态应变测试分析系统

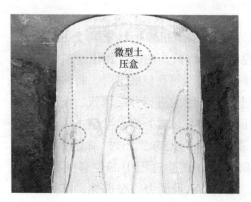

图 12-25　微型土压计布置图　　　　图 12-26　位移计与摄像机布置图

表 12-12　模型试验分级加载方案

荷载分级	模型荷载		原型荷载/MPa	荷载分级	模型荷载		原型荷载/MPa
	kN	MPa			kN	MPa	
第 1 级	1×9.8	0.013	0.467	第 5 级	5×9.8	0.067	2.333
第 2 级	2×9.8	0.027	0.933	第 6 级	6×9.8	0.080	2.800
第 3 级	3×9.8	0.040	1.400	第 7 级	7×9.8	0.093	3.267
第 4 级	4×9.8	0.053	1.867	第 8 级	8×9.8	0.107	3.733

12.5　模型试验结果与分析

本节对钢纤维混凝土单层衬砌结构及素混凝土单层结构衬砌开展了模型试验研究，在试验过程中对衬砌结构的位移、衬砌与围岩的接触压力、衬砌结构在试验过程中裂缝的产生、演化到结构最终破坏的过程进行了观测与记录，通过衬砌内力及位移分析，对衬砌结构的安全性进行评价。

12.5.1　单层衬砌裂缝分布及演化规律

在钢纤维混凝土单层衬砌模型试验中，采用数值摄像机对衬砌裂缝的产生、扩展和衬砌最终的破坏进行了监测，图 12-27 和图 12-28 是数值摄像机拍摄到的钢纤维混凝土单层衬砌模型和素混凝土单层衬砌模型在试验过程中初始裂缝出现的情况，可根据此裂缝出现时的加载时机评定衬砌结构的初裂强度。从图 12-27 中可看出，钢纤维混凝土单层衬砌模型与素混凝土单层衬砌模型的初始裂缝均发生在拱顶附近，随着荷载的增加，裂缝的深度及裂缝的长度逐渐增大，随着加压荷载的不断增大，衬砌中裂缝的数量也逐渐增多，当拱顶出现第一条裂缝后，衬砌底板及墙脚附近逐渐有新裂缝产生。

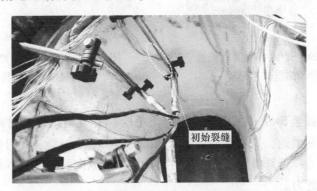

图 12-27　钢纤维混凝土单层衬砌模型初始裂缝位置图

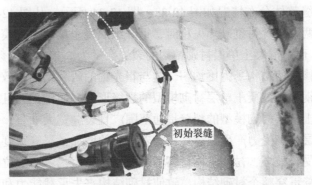

图 12-28　素混凝土单层衬砌模型初始裂缝位置图

随着荷载的增加，拱顶及衬砌底板的裂缝逐渐贯通，其他部位裂缝也逐渐产生和扩展。当荷载加载至 6×9.8kN 时，钢纤维混凝土单层衬砌拱顶纵向裂缝已达到衬砌长度的 40%，裂缝宽度达到 1.5mm 左右，如图 12-29 所示。素混凝土单层衬砌结构中，当荷载加载至 6×9.8kN 时，衬砌底板纵向裂缝已扩展至衬砌长度的 70%左右，拱顶裂缝达到 60%，裂缝宽度及深度明显大于钢纤维混凝土单层衬砌中的裂缝，裂缝分布及贯通程度如图 12-30 所示。试验过程中发现，两种衬砌结构在衬砌底板处的裂缝张开量均大于其他部位裂缝的张开量，裂缝张开宽度沿裂缝深度方向逐渐减小，裂缝的外观呈倒"V"形。

图 12-29 SFRC 单层衬砌模型 | 图 12-30 素砼单层衬砌模型
拱顶裂缝扩展路径 | 底板裂缝扩展路径

当荷载加载至 8×9.8kN 时，素混凝土单层衬砌模型拱顶及衬砌底板处的纵向裂缝几乎全部贯通，拱肩及墙脚处已经出现多条细小裂缝，此时则判定衬砌结构丧失承载能力；钢纤维混凝土单层衬砌模型拱顶纵向裂缝已基本贯通 80%，仍具有一定承载能力。

两种工况下衬砌结构破坏后的裂缝展布图如图 12-31 与图 12-32 所示，衬砌模型破坏后的裂缝整体分布情况如图 12-33、图 12-34 所示。从图 12-31 与图 12-32 可以看出，当两种工况衬砌破坏失稳时，钢纤维混凝土单层衬砌模型的裂缝数量已达到 14 条，而素混凝土单层衬砌结构的裂缝数量为 8 条，裂缝数量相差 6 条，表明钢纤维的掺入使结构受力更均匀，这与崔光耀的研究结论一致。就裂缝的贯通程度而言，钢纤维混凝土单层衬砌模型的裂缝形态多而细，并且裂缝走向蜿蜒曲折，素混凝土单层衬砌模型的裂缝贯通范围广且裂缝宽大顺直。出现这种现象是由于素砼单层衬砌受力产生裂缝后，随着荷载的增加，裂缝宽度及深度逐渐增大，衬砌结构受拉破坏，衬砌基体材料不再承担拉应力，主要部位的主裂缝快速扩展，直至裂缝贯穿整个衬砌结构，致使衬砌结构丧失承载能力和稳定性；在钢纤维混凝土单层衬砌模型中，由于裂缝之间钢纤维的桥接作用，拉应力传递至钢纤维承担，钢纤维混凝土单层衬砌结构的裂缝扩展受到阻碍，衬砌结构在开裂后还具有一定的承载能力，也不会快速变形和失稳，随着荷载的增加衬砌结构多处出现裂缝后，衬砌结构开始丧失承载力和失稳，破坏过程为延性破坏。

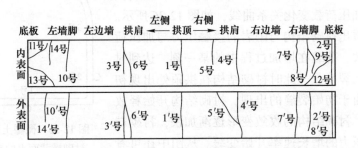

图 12-31 SFRC 单层衬砌模型裂缝展布图

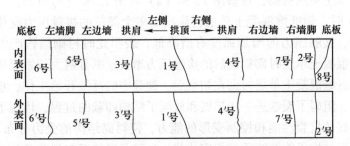

图 12-32 素砼单层衬砌模型裂缝展布图

图 12-33 SFRC 单层衬砌　　　　图 12-34 素砼单层衬砌
模型裂缝整体分布图　　　　模型裂缝整体分布图

12.5.2　围岩与单层衬砌模型间的接触压力

　　微型土压计在衬砌模型横截面上的布置位置如图 12-35 所示。

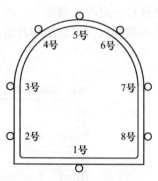

图 12-35　微型土压计在
衬砌横截面上的布置图

　　提取两种衬砌模型各部位的接触压力，绘制接触压力与加压荷载变化关系曲线，如图 12-36 所示。从图中可看出衬砌结构与围岩的接触压力与加压荷载呈正相关，荷载在增加过程中的某一刻，达到衬砌结构的初裂荷载，此时衬砌结构在拱顶处出现初始裂缝。由于初始裂缝的出现，衬砌结构开始释放结构内力，衬砌结构的收敛变形逐渐加快，衬砌与围岩接触压力的增长速率开始变缓。从图中还可看出钢纤维混凝土单层衬砌模型与围岩的接触压力普遍高于素混凝土单层衬砌，观察图 12-36（a）与图 12-36（e）可知，当荷载增加至 3×9.8kN 时，钢纤维混凝土单层衬砌模型多个部位的接触压力变化曲线发生了明显转折，接触压力的增加弧度有所降低，表明此时衬砌结构产生了初始裂缝。钢纤维混凝土单层衬砌初裂后的接触压力增长速率普遍大于素混凝土单层衬砌，由于钢纤维混凝土单层衬砌在初裂后，裂缝中的纤维开始工作，承担了结构内部的拉力，阻碍了裂缝进一步扩展和放缓了结构卸载的过程，体现了钢纤维混凝土具有良好的抗裂性能和控制变形的能力，使衬砌结构的受力分布更加均匀，当衬砌开裂后结构仍能继续承担相应荷载。当荷载增加至初裂荷载的两倍时，衬砌结构仍没有出现完全贯通的纵向裂缝。当加载至 8×9.8kN 时，钢纤维混凝土单层衬砌底板接触压力为 0.82MPa，拱顶接触压力为 0.78MPa，其他部位接触压力相对较小。

　　从图 12-36 还可看出，素混凝土单层衬砌的接触压力变化曲线在 2t 时增长速率有所减小，随着荷载的增加，接触压力不断增大，当荷载加载至 6.5×9.8kN 左右，拱顶及衬砌底板急剧向洞径内挤入，结构变形与受力不均匀，使得左拱肩（4 号点）的接触压力曲线出现陡增现象。在拱顶处，素混凝土单层衬砌破坏时的接触压力为 0.32MPa，钢纤维混凝土单层衬砌破坏时的接触压力为 0.73MPa，是素混凝土单层衬砌的 2.28 倍；在衬砌底板处，素混凝土单层衬砌破坏时的接触压力为 0.39MPa，是钢纤维混凝土单层衬砌破坏时接触压力的 1/2。从以上论述可以看出，素混凝土单层衬砌结构变形更为明显，衬砌出现裂缝后结构卸载作用较大，各个部位的接触压力较钢纤维混凝土单层衬砌小，且均在拱顶及衬砌底板处出现较大接触压力，与其他部位相比，该位置结构变形更为明显，拱顶与衬砌底板均发生向洞径内方向的变形。

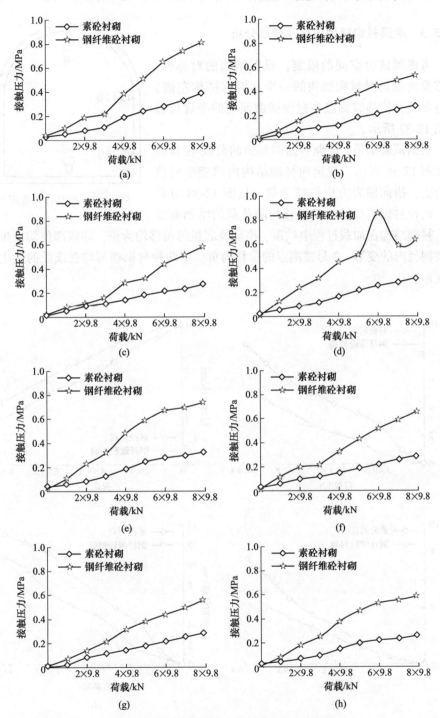

图 12-36 单层衬砌模型接触压力-荷载曲线

(a) 1 号点；(b) 2 号点；(c) 3 号点；(d) 4 号点；(e) 5 号点；(f) 6 号点；(g) 7 号点；(h) 8 号点

12.5.3　单层衬砌模型位移及变形分析

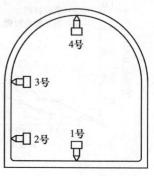

考虑到试验空间的限制，根据结构的对称性，位移监测点只对衬砌结构的一半（对称结构左侧）进行布置，位移监测点在衬砌横截面上的布置位置如图 12-37 所示。

根据试验结果，绘制各监测部位的荷载-位移曲线如图 12-38 所示，规定向衬砌结构内部变形时位移为正，指向围岩方向位移为负。从图 12-38 可看出，两种衬砌模型结构的位移均随荷载的增加而变

图 12-37　位移计布置图

大，衬砌结构在加载过程中拱顶、拱肩及底板的位移均为正，即该部位均发生向衬砌洞径内的变形。2 号监测点的位移为负，即两种衬砌模型均在该处的发生挤出变形。

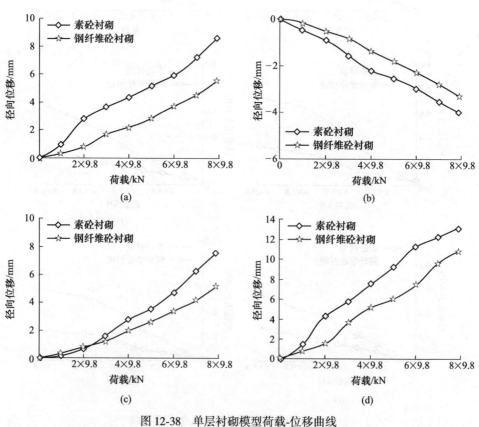

图 12-38　单层衬砌模型荷载-位移曲线

(a) 1 号点；(b) 2 号点；(c) 3 号点；(d) 4 号点

两种衬砌结构在加载过程中，均使衬砌底板下方的土体有被压密的趋势，衬砌模型整体会产生向下的位移，同时衬砌拱顶在围岩荷载的作用下会发生向洞径内部的收敛变形，故 4 号监测点所测的位移数值偏大。两种衬砌结构各个部位所测得的最大位移值在素混凝土单层衬砌的拱顶处，达到 13.2mm，而钢纤维混凝土单层衬砌模型在该位置处的位移为 10.8mm，相比减少了 18.2%。钢纤维混凝土单层衬砌各个位移监测点处的位移均小于素混凝土单层衬砌，结合 12.5.2 节中的结论也可看出，钢纤维混凝土单层衬砌的接触压力大于素混凝土单层衬砌，在围岩压力作用下，当变形位移小时，对接触压力的卸载作用小，接触压力则更大。

观察图 12-38（a）与图 12-38（d）可发现，在衬砌底板与拱顶处，素混凝土单层衬砌模型的荷载-位移曲线均在压力值为 2t 时发生了转折，曲线斜率在该处出现增大的现象，说明在此荷载作用下，素混凝土单层衬砌模型的位移发生了突变，表明素混凝土单层衬砌模型在荷载为 2t 时有裂缝的产生。反观钢纤维混凝土单层衬砌模型，荷载-位移曲线在荷载为 3t 左右发生了陡增现象，表明在该处钢纤维混凝土单层衬砌结构有裂缝的产生。开裂荷载值的大小表明钢纤维混凝土单层衬砌的力学性能与抗裂性能优于素混凝土单层衬砌。

12.5.4 单层衬砌结构内力分析

为在试验中监测衬砌结构内力的变化情况，在衬砌内外侧相对位置处粘贴应变片，在试验过程中读取衬砌结构各个部位的应变数据，根据衬砌模型材料的弹性模量将应变数据转化为衬砌结构的轴力与弯矩，应变片在衬砌横截面的布置位置如图 12-39 所示，每种衬砌结构共计布置了 20 对应变片。

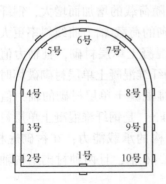

图 12-39　应变片在单层衬砌模型横截面上的布置情况

根据试验测得的衬砌结构内外侧应变 $\varepsilon_{外}$ 和 $\varepsilon_{内}$，通过计算可以求出衬砌结构的轴力和弯矩，计算中弹性模量的取值采用 12.3.3 节中相似比试验所获取的数据，单位长度下衬砌结构的内力计算公式如式（12-8）与式（12-9）所示。

$$N = \frac{1}{2}E(\varepsilon_{内} + \varepsilon_{外})bh \tag{12-8}$$

$$M = \frac{1}{12}E(\varepsilon_{内} - \varepsilon_{外})bh^2 \tag{12-9}$$

式中，h、E、b 分别为衬砌的厚度、衬砌的弹性模量与衬砌的单位长（取 1m）。

根据式（12-8）对衬砌模型的轴力进行计算，得出两种衬砌模型的轴力值，为方便与衬砌原型进行对比分析，将模型试验计算得出的结构内力根据相似关系换算为原型的结构内力，两种衬砌模型的轴力随荷载的变化曲线如图 12-40 所示。

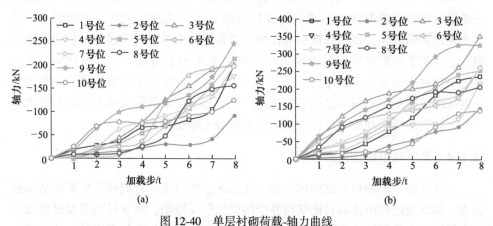

图 12-40 单层衬砌荷载-轴力曲线
（a）素混凝土单层衬砌模型；（b）钢纤维混凝土单层衬砌模型

从图 12-40 中可以看出两种衬砌结构轴力均随荷载的增加而增大，钢纤维混凝土单层衬砌荷载-轴力曲线比素混凝土单层衬砌的荷载-轴力曲线斜率更大，表明钢纤维混凝土单层衬砌轴力增长速率大于素混凝土单层衬砌，且轴力值均为负，即衬砌结构在试验过程中处于受压状态。钢纤维混凝土单层衬砌破坏时的轴力值大于素混凝土单层衬砌，在拱顶处，钢纤维混凝土单层衬砌的轴力值达到 −288.44kN，素混凝土单层衬砌轴力值为 −178.46kN，是钢纤维混凝土单层衬砌的 0.62 倍，表明钢纤维的掺入能明显提高衬砌结构的承载能力；在衬砌底板处，钢纤维混凝土单层衬砌轴力是素砼单层衬砌的 1.46 倍，且两种衬砌结构轴力的最小值均出现在墙脚处。

各部位轴力沿衬砌横截面的分布形态如图 12-41 所示，观察图 12-41 发现，两种衬砌结构具有相似的轴力分布图，由于衬砌结构与荷载的对称性，使得轴力沿衬砌截面的分布形式也出现一定的对称效果，两种衬砌结构的轴力分布图大致呈 "枫叶" 型。整个模型衬砌结构的轴力均为负，即在试验过程中，衬砌结构各个部位均为受压状态，且边墙轴力值较其他部位大，拱肩及墙脚处偏小。

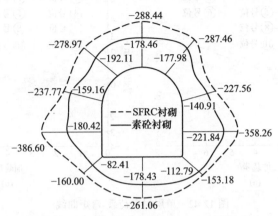

图 12-41 单层衬砌轴力分布图 （单位：kN）

两种衬砌结构的弯矩随加压荷载的变化曲线如图 12-42 所示。从图 12-42 中可看出，两种衬砌结构的荷载-弯矩曲线均与 弯矩 = 0 时呈对称性，表明衬砌结构在受到土压力时，衬砌不同位置会产生不同的正负弯矩值，对比规定当衬砌内侧受拉时弯矩为正，反之为负。观察图 12-42 还可发现，衬砌结构的弯矩与加压荷载成正相关，即荷载越来越大，衬砌发生的位移越大，相应的应变随之增大，衬砌结构内外侧弯曲应力也随之增大，当荷载加载至 8×9.8kN 时，衬砌结构各位置处的弯矩均达到最大值。从图 12-42 （a） 中可看出，当荷载加载至 3×9.8kN 时，钢纤维混凝土单层衬砌结构的弯矩增长速率发生了转折，此时衬砌出现了初始裂缝，当荷载继续增加，裂缝宽度及深度随之增大，裂缝的贯穿百分比也越来越高，衬砌弯曲状态越发明显。观察图 12-42 （b） 发现，当荷载加载到 2t 时，荷载-弯矩曲线的增长趋势发生了转折，即素混凝土单层衬砌出现了初始裂缝，这与衬砌接触压力的变化规律相吻合。钢纤维混凝土单层衬砌的初裂荷载比素混凝土单层衬砌大，是素混凝土单层衬砌初裂荷载的 1.5 倍，体现了钢纤维混凝土单层衬砌结构优越的初裂抗弯能力。

弯矩沿衬砌横截面的分布状态如图 12-43 所示，从图中可看出两种衬砌结构弯矩分布形式大致呈 "蝴蝶型"；在拱顶、底板及边墙中部均出现正弯矩，即在围岩压力作用下，这些部位向衬砌内收敛变形，使衬砌结构内侧受拉；在拱肩与墙脚处，弯矩均出现负值，在拱顶处，钢纤维混凝土单层衬砌的弯矩为 18.83kN·m，素混凝土单层衬砌的弯矩为 18.14kN·m，在该位置处钢纤维混凝土单层衬砌的抗弯性能较素砼单层衬砌提高了 3.8%。两种衬砌结构在墙脚、拱顶及底板处的弯矩均较大，表明针对这种衬砌断面形式，在设计与施工中，应严格控制该位置处的抗弯能力。在底板中部，钢纤维混凝土单层衬砌弯矩值为 19.60kN·m，是素混

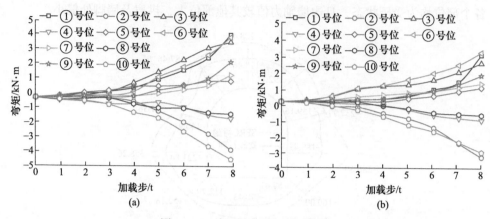

图 12-42　单层衬砌荷载-弯矩曲线

（a）钢纤维混凝土单层衬砌模型；（b）素混凝土单层衬砌模型

凝土单层衬砌的 1.14 倍。衬砌底板中部出现较大的弯矩值是底板基地压力的分布形式导致的，由于相似围岩是按相似比例配置出具有一定黏性的土质，在加载初期，衬砌底板边缘土能承受一定的压力，底板基地压力分布形式为中间小边缘大的马鞍形。当加压荷载越来越大时，底板基地压力超过颗粒间的黏结强度，底板基地压力出现重分布，向底板中部集中，底板基地压力出现抛物线的分布形式，使得底板中部基地压力增大，即底板受弯曲作用越明显，弯矩值越大。

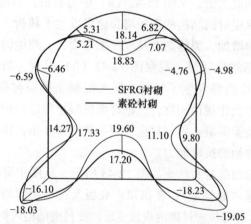

图 12-43　单层衬砌弯矩分布图（单位：kN・m）

12.5.5　单层衬砌结构安全性分析

根据上节所计算衬砌典型位置的轴力及弯矩值，按照《公路隧道设计细则》

（JTG/TD 70—2010）中的规定，当偏心距 $e_0 \leqslant 0.2h$ 时，系抗压强度控制承载力，反之则系抗拉强度控制承载力。系按抗压强度的安全系数计算公式如式（12-10）所示，系按抗拉强度的安全系数计算公式如式（12-11）所示。

$$kN \leqslant \varphi \alpha R_a bh \qquad (12\text{-}10)$$

$$kN \leqslant \frac{1.75R_1 bh}{\dfrac{6e_0}{h} - 1} \qquad (12\text{-}11)$$

式中，k 为安全系数；N 为轴力，kN；φ 为构建纵向弯曲系数；α 为轴向力的偏心影响系数；R_a、R_1 分别为混凝土的抗压、抗拉极限强度，MPa；b 为截面宽度（取 1m）；h 为截面厚度，m；e_0 为偏心距。

根据 12.5.3 节中衬砌结构的轴力及弯矩值，按式（12-10）、式（12-11）对两种衬砌结构典型部位的安全系数进行计算，将计算结果汇总于表 12-13、表 12-14 中，安全系数在衬砌横截面上的分布情况如图 12-44 所示。

表 12-13　素混凝土单层衬砌安全性验算表

部位	弯矩/kN·m	轴力/kN	K（受压控制）	K（受拉控制）
①号位	17.20	178.43	—	3.19
②号位	18.03	82.41	—	1.66
③号位	14.27	180.42	—	5.03
④号位	6.59	159.16	28.15	—
⑤号位	5.31	192.11	25.27	—
⑥号位	18.14	178.46	—	2.86
⑦号位	6.82	177.98	25.72	—
⑧号位	4.76	140.91	33.41	—
⑨号位	9.804	221.84	19.78	—
⑩号位	18.228	112.79	—	2.10

表 12-14　钢纤维混凝土单层衬砌安全性验算表

部位	弯矩/kN·m	轴力/kN	K（受压控制）	K（受拉控制）
①号位	19.60	261.06	—	4.71
②号位	16.10	160.00	—	3.80
③号位	17.33	386.60	14.30	—
④号位	6.46	237.77	25.92	—
⑤号位	5.21	278.97	22.74	—
⑥号位	18.83	288.44	—	6.99

续表 12-14

部位	弯矩/kN·m	轴力/kN	K（受压控制）	K（受拉控制）
⑦号位	7.07	287.46	21.66	—
⑧号位	4.98	227.56	27.62	—
⑨号位	11.10	358.26	16.90	—
⑩号位	19.05	153.18	—	2.70

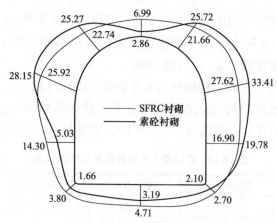

图 12-44 单层衬砌结构主要部位安全系数分布图

观察图 12-44 发现两种衬砌结构的安全系数均在墙脚、底板和拱顶处偏小，其次是边墙，素混凝土单层衬砌在左右墙脚处的安全系数较小，分别为 1.66 与 2.10（均为受拉控制）。按照《公路隧道设计规范》（第一册 土建工程 JTG 3370.1—2018）9.2.4 节中对安全系数的规定，素混凝土按受拉控制的安全系数最小界限值为 2.7，故在左右墙脚处均不能满足安全性的要求。当在衬砌中掺入钢纤维后，钢纤维混凝土单层衬砌各个部位的安全系数均满足规范规定的安全系数界限值，且安全系数在右墙脚处为最小值 2.7，其次是左墙脚 3.8，分别为素混凝土单层衬砌对应位置安全系数的 1.3 倍和 2.3 倍，安全系数分别提高了 28.6% 与 128.9%。在拱顶处，虽然素混凝土单层衬砌的安全系数满足规范要求，但已接近安全系数临界值，安全性的储备比较薄弱，钢纤维混凝土单层衬砌在拱顶具有较大的安全储量，安全系数值为 6.99 是素砼单层衬砌的 2.4 倍。

12.6 本章小结

本章通过相似准则的推导，在基准相似比的前提下，确定了模型试验所需控制物理量的相似比；通过配合比试验探明了围岩相似材料与衬砌模型相似材料的组成成分与比例关系，按此比例配置了相似围岩和制作了衬砌模型；在分级荷载作用下开展了单层衬砌的相似模型试验，分析了单层衬砌在围岩压力作用下裂缝的演化规律与分布情况，对单层衬砌与围岩间的接触压力进行了讨论，探究了模型试验过程中衬砌结构的位移变化情况，通过对衬砌结构不同位置应变数据的处理，计算出了钢纤维混凝土单层衬砌与素混凝土单层衬砌的结构内力，对衬砌结构的安全性进行了评价，得到以下几点结论：

（1）相似材料组成及配合比。得出了围岩相似材料及比例关系为重晶石粉∶河砂∶粗石英砂∶细石英砂∶机油∶粉煤灰＝1∶0.56∶0.39∶0.72∶0.33∶1.33 时能较好地满足对Ⅳ级围岩的相似模拟要求；采用掺量为 $45kg/m^3$ 的钢纤维与石膏∶水∶重晶石粉∶河砂∶胶＝1∶1.7∶1.5∶1∶0.01 的混合料作为 CF35 钢纤维混凝土的相似材料，能较好地模拟其物理力学性质，并满足推导的相似关系。

（2）裂缝演化规律及分布范围。两种衬砌结构的初始裂缝均出现在拱顶，接着在底板内侧与两墙脚外侧出现了新生裂缝。在试验加载过程中，素混凝土单层衬砌的初裂荷载为 2t，钢纤维混凝土单层衬砌的初裂荷载为 3t，是素混凝土单层衬砌的 1.5 倍；当荷载增加至 6t 时，钢纤维混凝土单层衬砌在拱顶的主裂缝已扩展至整个衬砌长度的 40%，素混凝土单层衬砌在拱顶的主裂缝已扩展至衬砌长度的 60%，衬砌底板处的主裂缝已贯穿 70%，且裂缝深度与宽度均大于钢纤维混凝土单层衬砌对应位置的裂缝；钢纤维混凝土单层衬砌的裂缝多而细，扩展路径崎岖蜿蜒，素混凝土单层衬砌的裂缝数量相对较少，裂缝宽度较大，扩展路径单一而顺值。

（3）围岩压力。两种衬砌结构的围岩压力均与加压荷载呈正相关，钢纤维混凝土单层衬砌在各部位的围岩压力均高于素混凝土单层衬砌；在拱顶及衬砌底板处，钢纤维混凝土单层衬砌在荷载加至 3t 时，围岩压力的增长速率明显减缓，素混凝土单层衬砌在荷载为 2t 时多个部位的围岩压力也有减缓的迹象；衬砌破坏时，钢纤维混凝土单层衬砌在拱顶处的接触压力为 0.73MPa，是素混凝土单层衬砌接触压力 0.32MPa 的 2.3 倍，在底板处钢纤维混凝土单层衬砌接触压力为 0.81MPa，素混凝土单层衬砌为 0.39MPa，相比钢纤维混凝土单层衬砌减小了 51.9%；素混凝土单层衬砌在围岩压力作用下变形更为明显，卸载作用大，相比钢纤维混凝土单层衬砌各部位接触压力偏小。

（4）衬砌位移变化。荷载加至 8t 时，在拱顶处，素混凝土单层衬砌达到最大位移 13.2mm，钢纤维混凝土单层衬砌位移为 10.8mm，相比减小了 18.23%；素混凝土单层衬砌各部位的荷载-位移曲线均在荷载为 2t 时发生了转折，在该压力作用下位移增长速率较大，及素混凝土单层衬砌的开裂荷载为 2t；钢纤维混凝土单层衬砌荷载-位移曲线在荷载为 3t 左右发生了陡增的现象，即钢纤维混凝土单层衬砌的初裂荷载为 3t，是素混凝土单层衬砌的 1.5 倍，表明钢纤维混凝土单层衬层衬砌的力学性能与抗裂性能优于素混凝土单层衬砌。

（5）衬砌内力。两种衬砌结构轴力均为负值，在拱顶处，钢纤维混凝土单层衬砌的轴力值达到−288.44kN，是素混凝土单层衬砌轴力值−178.46kN 的 1.62倍；在衬砌底板处，钢纤维混凝土单层衬砌的轴力是素混凝土单层衬砌的 1.46倍，两种衬砌结构中轴力的最小值均出现在墙脚处，轴力沿衬砌断面的分布图形式具有对称性且大致呈"枫叶型"；两衬砌结构在不同位置产生了不同的正负弯矩值，弯矩沿衬砌截面的分布形式大致呈"蝴蝶型"，在拱顶、底板及边墙中部均出现正弯矩，拱肩及墙脚处，弯矩出现负值；在拱顶处，钢纤维混凝土单层衬砌的弯矩为 18.83kN·m，是素混凝土单层衬砌弯矩值 18.14kN·m 的 103.8%；在底板中间部位，钢纤维混凝土单层衬砌表现出了最大的弯矩值 19.60kN·m，是素混凝土单层衬砌该部位的 1.14 倍。

（6）衬砌安全性。两种衬砌结构的安全系数均在墙脚、底板和拱顶处偏小，其次是边墙，素混凝土单层衬砌在左右墙脚处的安全系数较小，分别为 1.66 与2.10（均为受拉控制），且均不能满足规范规定的临界安全性的要求；钢纤维混凝土单层衬砌各部位的安全系数均满足规范规定的安全系数界限值，安全系数在右墙脚处为最小值 2.7，其次是左墙脚 3.8，分别为素混凝土单层衬砌对应位置安全系数的 1.3 倍和 2.3 倍，安全性分别提高了 28.6% 与 128.9%。

13 基于 XFEM 的钢纤维混凝土单层衬砌裂损规律研究

本章通过 ABAQUS 有限元分析软件对钢纤维混凝土梁的四点弯曲试验过程进行数值再现，提取荷载-挠度曲线模拟值，并与试验曲线进行对比分析，探究抗弯韧性指标试验值与模拟值的差异性，验证数值模拟方法的可行性；基于扩展有限元法（XFEM）运用 ABAQUS 对钢纤维混凝土单层衬砌与素混凝土单层衬砌在围岩压力作用下的裂损规律和安全性进行数值研究，通过与模型试验结果对比分析，对数值模拟过程及结果的科学性与合理性进行验证。

13.1 断裂力学基本理论及 XFEM 在断裂问题中的应用

13.1.1 裂纹类型及断裂力学简述

固体材料的断裂几乎均因材料内部形成了位移间断面，固体材料断裂形成的裂纹一般分为如图 13-1 所示的 3 种类型，其中图 13-1（a）为张开型裂纹（Ⅰ型裂纹），裂纹表面的位移均垂直于裂纹扩展的方向，且表面位移彼此相反，这也是工程中最常见的裂纹形式；图 13-1（b）为滑开型裂纹（Ⅱ型裂纹），裂纹表面的位移也相反，但一个沿着裂纹扩展的方向，另一个背离扩展方向；图 13-1（c）为撕开型裂纹（Ⅲ型裂纹），裂纹上下表面产生方向相反的离面位移。材料在断裂过程中，裂纹尖端处会释放出一定能量，裂纹尖端附近的应力-应变场必然与裂纹尖端处的能量释放率有关。如果裂纹尖端附近的应力-应变场的强度够大，断裂便可发生，反之不发生断裂。

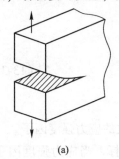 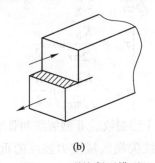 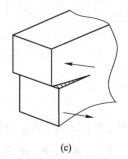

(a)　　　　　　　　(b)　　　　　　　　(c)

图 13-1　裂纹断开模型

(a) Ⅰ型裂纹；(b) Ⅱ型裂纹；(c) Ⅲ型裂纹

断裂力学的本质是对裂纹扩展的机理进行剖析，裂纹扩展的机理可从能量方法的角度进行分析，能量法认为裂纹扩展的条件是材料释放的应变能与形成裂纹所需要的表面能相平衡。另外，应力强度因子也是广泛运用来解释裂缝扩展的机理。如图 13-2 所示的二维 I 型裂纹，裂纹尖端在原点处，x 方向为裂纹的扩展方向，y 为裂纹面的法线方向，z 为离面方向。在已知应力强度因子的条件下，且考虑一个裂纹尖端附

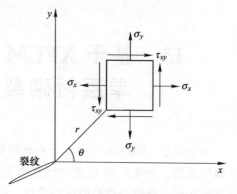

图 13-2   裂纹尖端单元应力模型

近、在极坐标 (r, θ) 下的面问题应力单元，I 型裂纹、II 型裂纹、III 型裂纹尖端区域附近的应力场解析解可分别表述为式（13-1）、式（13-2）与式（13-3）。

$$\begin{cases} \sigma_x = \dfrac{K_{\mathrm{I}}}{\sqrt{2\pi r}}\cos\dfrac{\theta}{2}\left(1 - \sin\dfrac{\theta}{2}\sin\dfrac{3\theta}{2}\right) \\[3mm] \sigma_y = \dfrac{K_{\mathrm{I}}}{\sqrt{2\pi r}}\cos\dfrac{\theta}{2}\left(1 + \sin\dfrac{\theta}{2}\sin\dfrac{3\theta}{2}\right) \\[3mm] \tau_{xy} = \dfrac{K_{\mathrm{I}}}{\sqrt{2\pi r}}\cos\dfrac{\theta}{2}\sin\dfrac{\theta}{2}\cos\dfrac{3\theta}{2} \end{cases} \tag{13-1}$$

$$\begin{cases} \sigma_x = \dfrac{K_{\mathrm{II}}}{\sqrt{2\pi r}}\sin\dfrac{\theta}{2}\left(2 + \cos\dfrac{\theta}{2}\cos\dfrac{3\theta}{2}\right) \\[3mm] \sigma_y = \dfrac{K_{\mathrm{II}}}{\sqrt{2\pi r}}\sin\dfrac{\theta}{2}\cos\dfrac{\theta}{2}\cos\dfrac{3\theta}{2} \\[3mm] \tau_{xy} = \dfrac{K_{\mathrm{II}}}{\sqrt{2\pi r}}\cos\dfrac{\theta}{2}\left(1 - \sin\dfrac{\theta}{2}\sin\dfrac{3\theta}{2}\right) \end{cases} \tag{13-2}$$

$$\begin{cases} \tau_{xz} = \dfrac{K_{\mathrm{III}}}{\sqrt{2\pi r}}\cos\dfrac{\theta}{2} \\[3mm] \tau_{yz} = \dfrac{K_{\mathrm{III}}}{\sqrt{2\pi r}}\sin\dfrac{\theta}{2} \end{cases} \tag{13-3}$$

式中，K_{I}、K_{II}、K_{III} 分别为 I 型裂纹、II 型裂纹和 III 型裂纹的应力强度因子。

K_{I}、K_{II}、K_{III} 是衡量裂纹尖端区域应力强度的重要指标。当应力强度因子已知时，可求得裂纹尖端附近任意点的应力状态，对于 I 型裂纹，尖端附近应力状态是关于裂纹及其延长线对称的，在延长线上只有正应力，而切应力为零；对

于Ⅱ型裂纹，裂纹尖端附近应力是关于 θ 的奇函数，切应力是关于 θ 的偶函数，裂纹尖端附近的应力状态关于裂纹及其延长线是反对称的，该延长线上只有切应力，正应力为零。

13.1.2 扩展有限元法（XFEM）基本理论与隧道衬砌断裂判据

13.1.2.1 扩展有限元法（XFEM）的基本原理

扩展有限元法（XFEM）在模拟裂缝扩展过程中的主要优点在于裂缝在开裂与扩展过程中不受网格的影响，且对于任意扩展路径的裂纹均可以进行求解，对于基于面的黏性行为方法和虚拟裂纹闭合法，可以同时使用扩展有限元进行求解，另外对求解对象允许几何非线性与材料非线性的存在。XFEM 是对传统有限元的扩展，它的基础是单位分解法，不连续的间断面和构造形函数采用水平集函数来进行描述，同时将阶跃函数和裂纹尖端渐进函数作为扩充函数来反映不连续面的尖端特性。扩展有限元法形函数所包含的三个部分如式（13-4）所示：

$$\left\{\begin{matrix} u^h(x) \\ v^h(x) \end{matrix}\right\} = \sum_{i \in I} \varphi_i(x) \left\{\begin{matrix} u_{0i} \\ v_{0i} \end{matrix}\right\} + \sum_{j \in J \cap I} \varphi_j(x) H(x) \left\{\begin{matrix} b_{1j} \\ b_{2j} \end{matrix}\right\} + \sum_{m \in M_K \cap I} \varphi_m(x) \left\{\begin{matrix} u_m^{\mathrm{tip}} \\ v_m^{\mathrm{tip}} \end{matrix}\right\}$$

$$(13-4)$$

式中，I 为单元内所有节点集合；(u_{0i}, v_{0i}) 为节点 i 的自由度；φ_i 为与节点 i 相关的形函数；J 为裂纹面（被裂纹贯穿但不包括裂纹尖端的单元面）单元的节点集合（如图 13-3 中空心圆所表示的节点）；$H(x)$ 为 Heaviside 函数；(b_{1j}, b_{2j}) 为相应的其他自由度；M_K 为裂纹尖端 K 区域附近需进行改进的节点集合，如图 13-3 中实心圆所表示的节点，在此处，一个节点不能既属于裂纹面 J 的单元集合又属于裂纹尖端区域 M_K 的单元集合，当二者存在争议时，节点优先隶属于裂纹尖端区域 M_K 的单元集合，如图 13-3 中 N_J 所表示的节点。

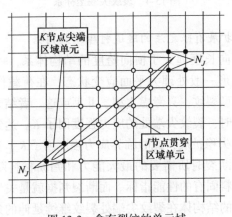

图 13-3 含有裂纹的单元域

沿裂纹面的间断跳跃函数 $H(x)$ 采用广义的 Heaviside 函数进行描述，当在裂纹面上方时取断跳跃函数 $H(x) = 1$，当在裂纹面下方时取 $H(x) = -1$，如式 (13-5) 所示。

$$H(x) = \begin{cases} 1, & (x - x^*)n \geq 0 \\ -1, & (x - x^*)n \leq 0 \end{cases} \tag{13-5}$$

式中，X^* 为相应单元上 x 点距离裂纹面最近的投影点，如图 13-4 所示；坐标系中 n 为裂纹在 X^* 处的单位外法向量，该法向量表示当点位于裂纹外法向锥面时，$H(x)$ 取 1，反之为 -1。对于式 (13-4) 中的 $\varphi_m(x)$，他表示在裂纹尖端处的附加改进函数，它是建立在以裂纹尖端为原点的极坐标系上的（如图 13-4 所示），当材料为各向同性弹性体时，裂纹尖端附近的附加改进函数由 4 部分组成：

$$\varphi_m(x) = \left[\sqrt{r}\sin\frac{\theta}{2}, \ \sqrt{r}\cos\frac{\theta}{2}, \ \sqrt{r}\sin\theta\sin\frac{\theta}{2}, \ \sqrt{r}\sin\theta\cos\frac{\theta}{2} \right]; \ m = 1 \sim 4 \tag{13-6}$$

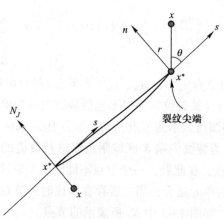

图 13-4 裂纹尖端坐标系

13.1.2.2 基于扩展有限元法的隧道衬砌断裂判据

隧道衬砌这种纵向长度远大于横向跨度的结构体系，一般忽略在纵向的变形，结构在横向的变形一般处理为平面应变状态，在荷载作用下衬砌发生开裂时，几乎不会产生Ⅲ型裂纹，只考虑Ⅰ型、Ⅱ型或这二者结合形式的裂纹。当产生的裂纹为Ⅰ型裂纹时，裂纹尖端处的应力强度因子 K_I 达到裂纹扩展时的界限值 K_{IC} 时，裂缝开始失稳扩展，此时临界应力强度因子 K_{IC} 被称为断裂韧度，它是用来判断不同材料断裂时所需要的最大能力和判断材料断裂时的重要参数之一，同时也是每种材料固有的性能指标。而断裂判据就是关于断裂韧度的判断关系，它是指产生裂纹的结构体在裂纹尖端处裂纹继续延伸的条件，对于已有裂纹的衬砌结构，判断裂纹是否继续扩展的条件可按式 (13-7) 所表示的裂纹尖端处应力强度因子关系式进行判断。

$$K_{\mathrm{I}}^2 + 4.2K_{\mathrm{II}}^2 \geqslant K_{\mathrm{IC}}^2 \tag{13-7}$$

式中，K_{I}、K_{II}分别为 I 型裂纹与 II 型裂纹的应力强度因子；K_{IC}为 I 型裂纹的断裂韧度。

K_{IC}是材料抵抗裂纹继续扩展的固有指标，也是裂纹扩展与不扩展时应力强度因子的临界值。对于一定尺寸和材料的结构，在外部约束与环境不变的条件下，K_{IC}是一个与裂纹几何形状无关恒定不变的值，在隧道中，对衬砌结构材料断裂韧度的确定可采用式（13-8）进行确定。

$$K_{\mathrm{IC}} = 0.028kf_{\mathrm{cu}} \tag{13-8}$$

式中，f_{cu}为混凝土的立方体抗压强度；k是影响系数（通常取 1.0）。

13.2 钢纤维混凝土开裂过程的应力-应变关系

钢纤维混凝土结构在未产生裂纹之前，认为是各向同性的弹性材料，在力学作用下的应力-应变关系可用广义胡可定理进行表示：

$$
\begin{aligned}
\{\sigma\} &= [C]\{\varepsilon\} \\
\{\sigma\} &= \{\sigma_x \quad \sigma_y \quad \sigma_z \quad \sigma_{xy} \quad \sigma_{yz} \quad \sigma_{zx}\}^{\mathrm{T}} \\
\{\sigma\} &= \{\varepsilon_x \quad \varepsilon_y \quad \varepsilon_z \quad \varepsilon_{xy} \quad \varepsilon_{yz} \quad \varepsilon_{zx}\}^{\mathrm{T}}
\end{aligned}
\tag{13-9}
$$

$[C]$是钢纤维混凝土的刚度矩阵，可用弹性模量 E 与泊松比 ν 导出：

$$
[C] = \frac{E}{(1+\nu)(1+2\nu)}
\begin{bmatrix}
1+\nu & \nu & \nu & 0 & 0 & 0 \\
\nu & 1+\nu & \nu & 0 & 0 & 0 \\
\nu & \nu & 1+\nu & 0 & 0 & 0 \\
0 & 0 & 0 & \dfrac{1-2\nu}{2} & 0 & 0 \\
0 & 0 & 0 & 0 & \dfrac{1-2\nu}{2} & 0 \\
0 & 0 & 0 & 0 & 0 & \dfrac{1-2\nu}{2}
\end{bmatrix}
\tag{13-10}
$$

当钢纤维混凝土处于特殊应力或应变情况时，例如平面应力与平面应变的情况下可分别由式（13-11）与式（13-12）表示其应力-应变关系。

$$
\begin{Bmatrix}
\sigma_x \\
\sigma_y \\
\tau_{xy}
\end{Bmatrix}
= \frac{E}{(1-2\nu)^2}
\begin{bmatrix}
1 & \nu & 0 \\
\nu & 1 & 0 \\
0 & 0 & \dfrac{1-2\nu}{2}
\end{bmatrix}
\begin{Bmatrix}
\varepsilon_x \\
\varepsilon_y \\
\gamma_{xy}
\end{Bmatrix}
\tag{13-11}
$$

$$\left\{\begin{matrix} \sigma_x \\ \sigma_y \\ \tau_{xy} \end{matrix}\right\} = \frac{E}{(1+\nu)(1-2\nu)} \begin{bmatrix} 1-\nu & \nu & 0 \\ \nu & 1-\nu & 0 \\ 0 & 0 & \frac{1-2\nu}{2} \end{bmatrix} \left\{\begin{matrix} \varepsilon_x \\ \varepsilon_y \\ \gamma_{xy} \end{matrix}\right\} \quad (13\text{-}12)$$

钢纤维混凝土开裂后，开裂面上的应力-应变由图 13-5 所示的两部分应力-应变关系组成。为了简化，将应力-应变曲线下降部分简化为线性，总应变 $\{\varepsilon\}$ 由混凝土应变 $\{\varepsilon^{co}\}$ 与开裂应变 $\{\varepsilon^{cr}\}$ 组成：

$$\{\varepsilon\} = \{\varepsilon^{co}\}\{\varepsilon^{cr}\} \quad (13\text{-}13)$$

同理，应变增量也可表示为：

$$\{\Delta\varepsilon\} = \{\Delta\varepsilon^{co}\}\{\Delta\varepsilon^{cr}\} \quad (13\text{-}14)$$

假设裂纹间混凝土为线弹性，则弹性模量与泊松比 ν 的关系变为：

$$\left\{\begin{matrix} \Delta\varepsilon_1^{co} \\ \Delta\varepsilon_2^{co} \\ \Delta\varepsilon_3^{co} \end{matrix}\right\} = \frac{1}{E} \begin{bmatrix} 1 & -\nu & -\nu \\ -\nu & 1 & -\nu \\ -\nu & -\nu & 1 \end{bmatrix} \left\{\begin{matrix} \Delta\sigma_1 \\ \Delta\sigma_2 \\ \Delta\sigma_3 \end{matrix}\right\} \quad (13\text{-}15)$$

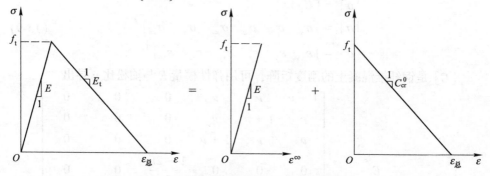

图 13-5   钢纤维混凝土应力-应变软化模型

式（13-15）建立在 x_1、x_2、x_3 的直角坐标系中，且裂纹方向垂直于 x_1，当混凝土开裂后，在 x_1 方向的模量 C_{cr}^0 会产生线性软化现象，在裂缝的其他方向不受影响，故可得到：

$$\left\{\begin{matrix} \Delta\varepsilon_1^{cr} \\ \Delta\varepsilon_2^{cr} \\ \Delta\varepsilon_3^{cr} \end{matrix}\right\} = \begin{bmatrix} 1/C_{cr}^0 & 0 & 0 \\ 0 & 0 & 0 \\ 0 & 0 & 0 \end{bmatrix} \left\{\begin{matrix} \Delta\sigma_1 \\ \Delta\sigma_2 \\ \Delta\sigma_3 \end{matrix}\right\} \quad (13\text{-}16)$$

由式（13-13）~式（13-16）可得到增量的应力-应变关系：

$$\left\{\begin{matrix} \Delta\varepsilon_1 \\ \Delta\varepsilon_1 \\ \Delta\varepsilon_1 \end{matrix}\right\} = \begin{bmatrix} (1/E + 1/C_{cr}^0) & -\nu/E & -\nu/E \\ -\nu/E & 1/E & -\nu/E \\ -\nu/E & -\nu/E & 1/E \end{bmatrix} \left\{\begin{matrix} \Delta\sigma_1 \\ \Delta\sigma_2 \\ \Delta\sigma_3 \end{matrix}\right\} \quad (13\text{-}17)$$

又根据图 13-5 可得：

$$\frac{\Delta\sigma_1}{E_t} = \frac{\Delta\sigma_1}{E} + \frac{\Delta\sigma_1}{C_{cr}^0}$$

$$\frac{1}{E_t} = \frac{1}{E} + \frac{1}{C_{cr}^0}$$

(13-18)

其中 E_t 为应变软化模量，将上式代入式（13-17）可得到应变软化模量与应力、应变增量的关系：

$$\begin{Bmatrix} \Delta\varepsilon_1 \\ \Delta\varepsilon_1 \\ \Delta\varepsilon_1 \end{Bmatrix} = \begin{bmatrix} 1/E_t & -\nu/E & -\nu/E \\ -\nu/E & 1/E & -\nu/E \\ -\nu/E & -\nu/E & 1/E \end{bmatrix} \begin{Bmatrix} \Delta\sigma_1 \\ \Delta\sigma_2 \\ \Delta\sigma_3 \end{Bmatrix}$$

(13-19)

式（13-19）中系数矩阵为切线柔度矩阵，如对该柔度矩阵取逆矩阵，可导出如式（13-20）所示的切线刚度矩阵。

$$\begin{Bmatrix} \Delta\sigma_1 \\ \Delta\sigma_2 \\ \Delta\sigma_3 \end{Bmatrix} = \frac{1}{\left[\dfrac{1}{E_t}(1-\nu^2) - \dfrac{2}{E}\nu^2(1+\nu)\right]} \begin{bmatrix} 1-\nu^2 & \nu(1+\nu) & \nu(1+\nu) \\ \nu(1+\nu) & E/(E_t-\nu^2) & \nu(E/E_t+\nu) \\ \nu(1+\nu) & \nu(E/E_t+\nu) & (E/E_t-\nu^2) \end{bmatrix} \begin{Bmatrix} \Delta\varepsilon_1 \\ \Delta\varepsilon_1 \\ \Delta\varepsilon_1 \end{Bmatrix}$$

(13-20)

令 $\left[\dfrac{1}{E_t}(1-\nu^2) - \dfrac{2}{E}\nu^2(1+\nu)\right] = \Delta$，当考虑剪切滞后时，式（13-20）切线刚度矩阵可表示为：

$$\begin{Bmatrix} \Delta\sigma_{11} \\ \Delta\sigma_{22} \\ \Delta\sigma_{33} \\ \Delta\sigma_{23} \\ \Delta\sigma_{13} \\ \Delta\sigma_{12} \end{Bmatrix} = \begin{bmatrix} \dfrac{1-\nu^2}{\Delta} & \dfrac{\nu(1+\nu)}{\Delta} & \dfrac{\nu(1+\nu)}{\Delta} & 0 & 0 & 0 \\ \dfrac{\nu(1+\nu)}{\Delta} & \dfrac{E/(E_t-\nu^2)}{\Delta} & \dfrac{\nu(E/E_t+\nu)}{\Delta} & 0 & 0 & 0 \\ \dfrac{\nu(1+\nu)}{\Delta} & \dfrac{\nu(E/E_t+\nu)}{\Delta} & \dfrac{E/(E_t-\nu^2)}{\Delta} & 0 & 0 & 0 \\ 0 & 0 & 0 & \dfrac{E}{2(1+\nu)} & 0 & 0 \\ 0 & 0 & 0 & 0 & \dfrac{\varphi E}{2(1+\nu)} & 0 \\ 0 & 0 & 0 & 0 & 0 & \dfrac{\varphi E}{2(1+\nu)} \end{bmatrix} \begin{Bmatrix} \Delta\varepsilon_{11} \\ \Delta\varepsilon_{22} \\ \Delta\varepsilon_{33} \\ \Delta\varepsilon_{23} \\ \Delta\varepsilon_{13} \\ \Delta\varepsilon_{12} \end{Bmatrix}$$

(13-21)

式中，φ 为剪切滞后因子，x_1 与裂纹面垂直，当 $E_t = E$ 时，该式就变为各向同性的弹性应力-应变关系，当 $E \to 0$ 时，该式中的刚度矩阵则变成残余刚度矩阵，如式

（13-22）所示。该刚度残余矩阵表示无裂纹状态至裂纹扩展状态的过渡，故对平面应力问题，切线刚度矩阵可用式（13-23）进行表示。

$$
\left[\overline{C}_{\mathrm{r}}\right] = \frac{E}{1-\nu^2}
\begin{bmatrix}
0 & 0 & 0 & 0 & 0 & 0 \\
0 & 1 & \nu & 0 & 0 & 0 \\
0 & \nu & 1 & 0 & 0 & 0 \\
0 & 0 & 0 & \dfrac{1-\nu}{2} & 0 & 0 \\
0 & 0 & 0 & 0 & \dfrac{\varphi(1-\nu)}{2} & 0 \\
0 & 0 & 0 & 0 & 0 & \dfrac{\varphi(1-\nu)}{2}
\end{bmatrix}
\tag{13-22}
$$

$$
\begin{Bmatrix}
\Delta\sigma_{11} \\
\Delta\sigma_{22} \\
\Delta\sigma_{12}
\end{Bmatrix}
=
\begin{bmatrix}
\dfrac{EE_{\mathrm{t}}}{E-\nu^2 E_{\mathrm{t}}} & \dfrac{\nu EE_{\mathrm{t}}}{E-\nu^2 E_{\mathrm{t}}} & 0 \\
\dfrac{\nu EE_{\mathrm{t}}}{E-\nu^2 E_{\mathrm{t}}} & \dfrac{E^2}{E-\nu^2 E_{\mathrm{t}}} & 0 \\
0 & 0 & \dfrac{\varphi E}{2(1+\nu)}
\end{bmatrix}
\begin{Bmatrix}
\Delta\varepsilon_{11} \\
\Delta\varepsilon_{22} \\
\Delta\gamma_{12}
\end{Bmatrix}
\tag{13-23}
$$

13.3　钢纤维混凝土梁弯曲韧性有限元分析

13.3.1　钢纤维混凝土数值计算假定

钢纤维混凝土大体上可看作两相复合材料，即混凝土基体与钢纤维。钢纤维在混凝土中乱向分布可作为混凝土的增强材料，在数值模拟钢纤维混凝土力学效应时，需对钢纤维和混凝土作出一些简化和假设：

（1）假定模型中的钢纤维与混凝土基体的黏结作用良好，忽略钢纤维与混凝土基体之间的相对滑移。

（2）在实际工程中，钢纤维的形状往往做成端构型或异型横截面来增加与基体混凝土的黏结作用。在本章数值计算中，将钢纤维简化为与实际钢纤维等效直径相等的直线段圆杆。

（3）钢纤维在混凝土基体中三维乱向分布时不能存在交叉的情况。

13.3.2　钢纤维混凝土梁建模与网格划分

基于 13.3.1 节中的假定与简化，对钢纤维混凝土梁进行分离式建模，分别建立混凝土梁和钢纤维三维实体模型。

（1）混凝土梁三维模型。根据第 11 章钢纤维混凝土梁力学性能试验所用试件的相关物理指标，采用 ABAQUS 部件模块直接建立 100mm × 100mm × 400mm 的长方体混凝土梁模型，并对混凝土梁进行单元划分，单元大小为 10mm（如图 13-6所示），单元类型采用三维八节点减缩积分实体单元（C3D8R）。混凝土的开裂准则采用损伤力学演化的失效准则，失效机理包括损伤的初始准则与损伤演化准则。其中，损伤初始准则采用最大主应力失效准则作为起始裂纹损伤的判据，裂纹损伤扩展的方向与最大主应力垂直，混凝土断裂过程区的软化特性采用基于能量的损伤演化规律进行表示，即不同试件断裂能的大小与不同试件的物理力学性能指标均按第 11 章中试验所得结果进行取用。

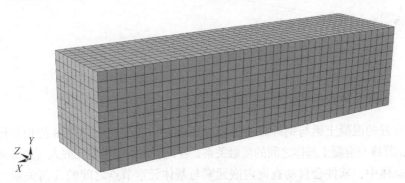

图 13-6 混凝土梁数值模型及网格单元

（2）钢纤维数值模型。钢纤维的不同体积掺量与长径比对混凝土的力学性能有不同的影响效果，在本节中，对钢纤维三维数值建模时，完全按照第 11 章所涉及钢纤维的体积掺量与长径比进行建模，即涉及钢纤维的掺量有30kg/m³、40kg/m³、45kg/m³，涉及两种钢纤维长度，即 25mm 与 35mm。在三维试件上，随机投放相同规格的钢纤维，钢纤维的根数可按下式进行计算：

$$N = \text{round}\left[\frac{W \times H \times L \times \rho_f}{\left(\frac{1}{2}d\right)^2 \times \pi \times l}\right] = \text{round}\left(\frac{4 \times W \times H \times L \times \rho_f}{d^2 \times \pi \times l}\right) \quad (13\text{-}24)$$

式中，$\text{round}(x)$ 为取整函数；L、W、H 分别为三维模型试件的长、宽、高；ρ_f 为钢纤维的体积率；d、l 分别为钢纤维的直径与长度。

在建立钢纤维随机分布模型时，可利用蒙特卡罗法生成随机数进行钢纤维的数值建模，并编写 rand 函数 ABAQUS 脚本语言，在 ABAQUS 中运行此脚本，在规定的空间范围内随机投放三维乱向分布的钢纤维，并对钢纤维进行网格划分，指派网格单元类型为两结点线性三维桁架单元（T3D2）。在钢纤维随机生成的过程中规定纤维之间不能交叉，且每根钢纤维均嵌入混凝土基体中，并与混凝土基体完好黏结。钢纤维的三维数值模型如图 13-7 所示。

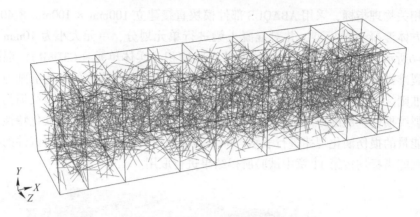

图 13-7　钢纤维三维数值模型

13.3.3　约束及加载条件

将建好的混凝土梁与钢纤维三维模型装配在一起，在 ABAQUS 的相互作用模块设置钢纤维与混凝土基体之间的接触关系，在此，将钢纤维单元嵌入（Embedded）混凝土基体中，软件会自动查询内嵌元素与基体元素节点之间的几何关系。内嵌于基体中钢纤维的节点自由度被约束为与基体相应的自由度，保证了基体混凝土与钢纤维的同变形能力。

在钢纤维混凝土梁弯曲韧性的数值模拟中，对数值试验的加载方式采用位移加载，在加载板上施加 5mm 的竖向位移荷载。与室内试验原理相同，将位移荷载首先施加在加载板上，通过加载板将位移荷载传递至梁模型，这样可将位移荷载均匀地施作在梁模型上，防止应力集中对计算结果产生影响或使得计算过程不收敛。同时对梁的支座施加相应的边界条件以模拟实际试验过程，限制两支座在 Y 方向的位移（$U2 = 0$）、Z 方向位移（$U3 = 0$）与绕 X 轴、绕 Y 轴的旋转自由度（$UR1 = 0$），并限制左边支座 X 轴的方向来模拟简支梁的约束情况。

13.3.4　数值计算结果与分析

13.3.4.1　钢纤维混凝土梁的破坏形态分析

通过对不同钢纤维掺量及长径比混凝土梁的扩展有限元数值模拟，模拟钢纤维混凝土梁与素混凝土梁在位移荷载作用下随机裂纹的产生和扩展的情况，得到如图 13-8 所示各试件模型的断裂形态与钢纤维应力云图，每个图中上排为钢纤维混凝土梁在荷载作用下随机裂纹的扩展状况图，采用 STATUSXFEM 云图进行表示，在 ABAQUS 中，STATUSXFEM 表示结构单元的损伤状况，当该参数值达到 1 时，则表明单元已经完全开裂，当 STATUSXFEM = 0 时，表明单元还未产生

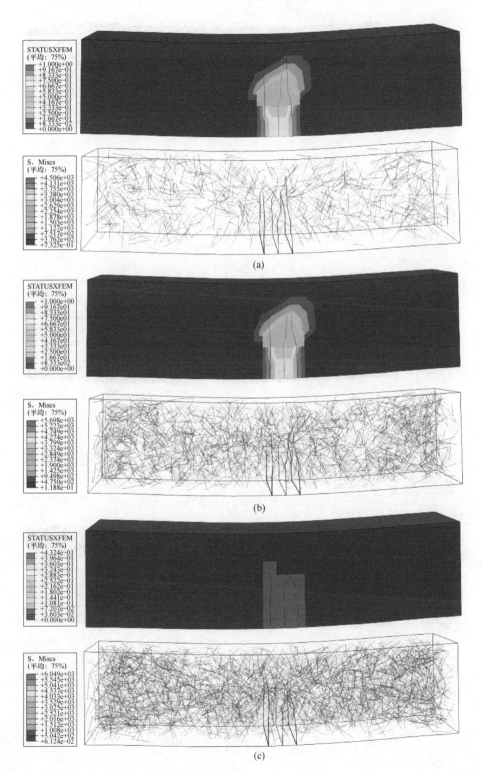

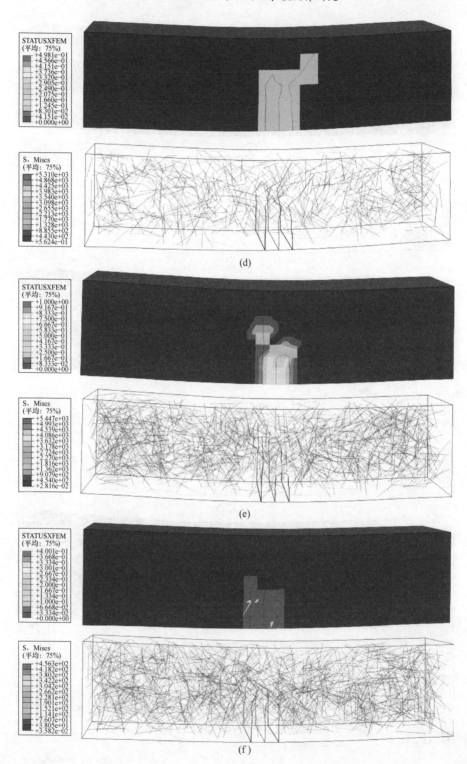

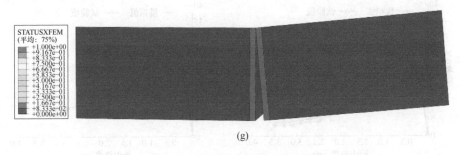

(g)

图 13-8　钢纤维混凝土梁破坏模式与钢纤维应力云图

(a) N_{I-30}；(b) N_{I-40}；(c) N_{I-45}；(d) N_{II-30}；(e) N_{II-40}；(f) N_{II-45}；(g) 素混凝土梁

损伤，当 0<STATUSXFEM<1 时，此时单元已产生裂纹但未完全失效。每个图中的下排图形为对应钢纤维混凝土梁的钢纤维应力云图。

由图 13-8 可知，钢纤维混凝土梁与素混凝土梁在位移荷载作用下所产生的随机裂纹均在跨中部位。钢纤维混凝土梁在跨中位置出现 2~3 条裂缝，而素混凝土只出现一条裂缝且垂直贯穿至梁的顶部，钢纤维混凝土梁表现出了受力更加均匀的优势。在钢纤维混凝土梁中，第一条裂缝一旦产生，裂缝之间的钢纤维便开始工作，由于钢纤维能够承受混凝土裂开后截面的拉应力，阻碍了裂缝的扩展和应力集中。从钢纤维的应力云图可看出钢纤维在裂缝处起到明显的受力作用，在裂缝扩展位置处，钢纤维应力云图的颜色相比其他区域更加鲜艳，体现了钢纤维明显的阻裂作用。不同钢纤维类型及掺量对阻碍裂缝扩展的效果有所差异，在图 13-8 (g) 所示的素混凝土梁中，裂缝贯穿了混凝土梁的整个横截面，在钢纤维混凝土中，图 13-8 (d) 所示的 N_{II-30} 试件跨中裂纹的扩展高度相对其他几种类型试件的裂纹扩展高度表现为最高，几乎达到横截面高度的 4/5；图 13-8 (f) 所示的 N_{II-45} 试件跨中裂缝的扩展高度相较于其他几种试件的裂缝扩展高度表现为最低，裂缝高度达到横截面高度的 1/2，几乎是 N_{II-30} 所示的试件跨中裂纹扩展高度的一半。

13.3.4.2　钢纤维对弯曲韧性的影响

根据钢纤维混凝土梁数值模拟计算的结果，提取混凝土梁跨中位置的位移与产生此位移所需的反力数据，绘制跨中位置的荷载-挠度曲线，将数值模拟得到的荷载-挠度曲线与试验所获取的荷载-挠度曲线进行对比分析，得到如图 13-9 所示的荷载-挠度对比曲线图。

观察图 13-9 (a)~(g) 可以发现，数值模拟曲线能够与试验曲线吻合度较好，验证了数值模拟对钢纤维混凝土裂纹扩展与力学性能计算的可行性。观察图 13-9 (a)~(f)，钢纤维混凝土试件断裂的发展趋势大致可分为以下三个阶段：(1) 弹性阶段，在该阶段范围内，由于初始荷载较小，还未达到试件的开裂荷

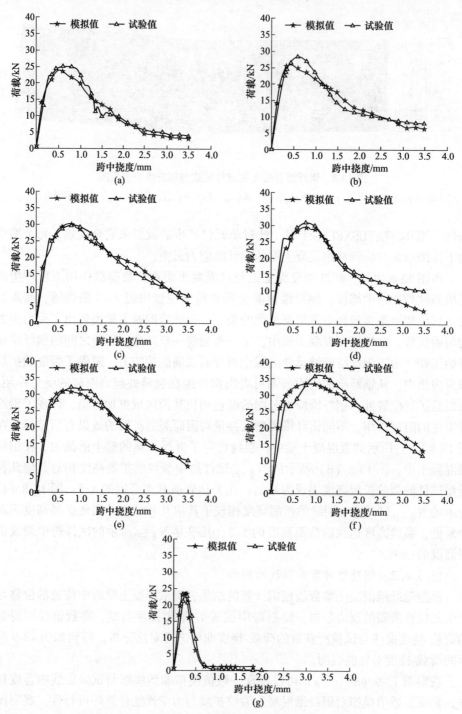

图 13-9 荷载-挠度曲线对比图

(a) N_{I-30}; (b) N_{I-40}; (c) N_{I-45}; (d) N_{II-30}; (e) N_{II-40}; (f) N_{II-45}; (g) N_0

载，试件处于弹性变形状态，荷载与跨中挠度呈线性关系；（2）曲线上升阶段，在该阶段范围内，施加的荷载值已超过试件的初裂强度，混凝土梁跨中有裂纹的产生，但由于钢纤维的阻裂作用，裂纹的扩展受到限制，发展比较缓慢，试件还能继续承受较大荷载，荷载值还在缓慢增加；（3）曲线下降阶段，当荷载值达到一定程度时，桥接于裂缝之间的钢纤维达到屈服点，钢纤维的强度逐渐开始退化，或钢纤维部分被拔出，裂缝偏离原来的扩展方向并加快扩展速度，使跨中挠度快速增大，钢纤维混凝土梁的承载能力随之急速下降，最终试件丧失承载能力，达到破坏状态。

根据图 13-9，可提取每个试件模拟值的开裂荷载 F_{cr} 与峰值荷载 F_{max}，并将各试件数值模拟的开裂荷载与峰值荷载汇总于表 13-1 中，与试验值进行对比，计算出模拟值与试验值的偏差。由表 13-1 可知，通过数值计算得到的开裂荷载、峰值荷载、弯曲韧性比与试验值的偏差均不超过 10%，其中，对弯曲韧性最重要的评价参数弯曲韧性比的偏差均未超过 5%。在各类偏差值中，N_{II-30} 的初裂荷载偏差达到最大值 8.6%，产生该误差的原因可能是由于在数值计算时，软件中随机生成的三维乱向钢纤维比室内试验时试件中的钢纤维分布更加均匀，且混凝土基体在软件中被认定为匀质的连续体，实际试件的混凝土可能因基材的搅拌和振捣不均而出现混凝土基体的不连续和气泡缺陷，从而导致了试验值与模拟值的偏差。

表 13-1 试验值与模拟值断裂参数对比

参数	对照组	N_0	N_{I-30}	N_{I-40}	N_{I-45}	N_{II-30}	N_{II-40}	N_{II-45}
初裂荷载	试验值/kN	23.53	22.33	23.77	25.63	25.70	27.20	27.47
	模拟值/kN	21.73	21.28	24.68	24.14	23.47	28.35	28.14
	偏差/%	7.6	4.7	3.8	5.8	8.6	4.2	2.4
峰值荷载	试验值/kN	26.87	25.70	28.57	30.73	31.50	32.77	37.03
	模拟值/kN	25.11	24.13	26.32	31.22	30.16	30.86	35.61
	偏差/%	7	6.5	8.5	1.6	4.4	6.2	4.0
弯曲韧性比	试验值/kN	—	0.77	0.81	0.93	0.88	0.96	1.05
	模拟值/kN	—	0.74	0.83	0.92	0.89	0.97	1.09
	偏差/%		3.8	2.5	1.1	1.1	1.0	3.8

13.4 钢纤维混凝土单层衬砌结构裂缝演化规律及安全性数值分析

第 12 章通过相似模型试验对钢纤维混凝土单层衬砌裂缝演化规律与安全性进行了研究。本节采用数值模拟方法，对钢纤维混凝土单层衬砌进行实际工程状况的模拟，对钢纤维混凝土单层衬砌在围岩压力作用下的裂损规律进一步研究，并设置一组素混凝土单层衬砌作为对照，探讨单层衬砌结构在围岩压力作用下裂缝产生与演化的规律，结合相似模型试验，对数值模拟的合理性与可行性进行验证。

13.4.1 钢纤维混凝土单层衬砌模型的建立及参数确定

因考虑到对三维钢纤维混凝土单层衬砌结构数值计算时的时间成本与获取计算结果的难度，根据第 12 章衬砌原型概况资料，通过分离式建模，建立二维的钢纤维混凝土单层衬砌数值模型，衬砌的整体尺寸为 6.54m 宽，7.07m 高，衬砌厚度为 0.3m，单层衬砌的二维模型如图 13-10 所示。钢纤维混凝土单层衬砌分离式建模中，钢纤维数值模型的建立同采用 13.3.2 节中随机函数的方法，在 ABAQUS 中运行随机函数脚本，在规定的平面范围内随机投放二维分布的钢纤维，对钢纤维进行网格划分，指派网格单元类型为两结点线性二维桁架单元（T2D2）。根据第 11 章钢纤维混凝土力学性能试验的结论，取 CF35 钢纤维混凝土力学性能达到最优状态时钢纤维的掺量和长径比，即钢纤维掺量取 45kg/m^3，钢纤维的长度为 35mm，分布于衬砌结构中的钢纤维二维数值模型如图 13-11 所示。

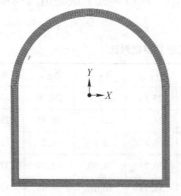
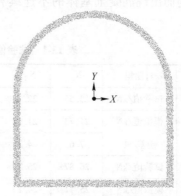

图 13-10　单层衬砌数值模型　　　　图 13-11　钢纤维在单层衬砌中分布形态

在材料属性设置时，混凝土的物理力学参数采用第 11 章力学性能试验所获取的数据，钢纤维的力学物理参数根据 11.1.1 节的规定值进行取用，将钢纤维嵌入（Embedded）于混凝土中模拟钢纤维与基体混凝土的接触关系。采用损伤力学演化的失效准则模拟衬砌结构的断裂破坏，其中包括了损伤初始准则和损伤演化定律，初始损伤准则采用最大主应力失效准则来作为断裂判据，裂纹的扩展方向为最大主应力的垂直方向，裂纹的演化规律采用基于断裂能的损伤演化机制来定义裂纹扩展区的软化特性，断裂能的取值大小参照 11.4.2 节中的试验结果。

本节对钢纤维混凝土单层衬砌的数值模拟是基于"荷载-结构"法进行开展的，衬砌结构作为承受外力荷载的主要结构。在数值模拟时，对衬砌混凝土采用实体单元进行模拟，将围岩压力换算为作用在衬砌上的面荷载，同时围岩作为支护结构的弹性体系简化为与衬砌径向连接的弹簧单元，弹簧单元的设置依据与衬砌上面荷载的计算方法从以下两点分别进行说明：

（1）弹簧的设置。本书所研究的钢纤维混凝土单层衬砌所处的围岩级别是Ⅳ级围岩，故在采用"荷载-结构"法计算隧道衬砌内力及变形时，应考虑围岩作为支护结构弹性体系的弹性抗力大小与分布的因素。根据《公路隧道设计规范》（第一册 土建工程 JTG 3370.1—2018）中 A.0.7 节中的规定，当围岩为Ⅳ级围岩时，弹性抗力系数 $k = 200 \sim 500 \text{MPa/m}$，本节模拟计算中取围岩抗力系数 $k = 300 \text{MPa/m}$。根据衬砌结构各部分的尺寸大小，并结合衬砌所划分单元的尺寸，可以计算出衬砌单元各节点处弹簧的刚度系数，具体计算的刚度系数如表 13-2 所示，衬砌布置的弹簧形式如图 13-12 所示。

表 13-2 弹簧刚度系数计算值

部位	对应长度/m	单元数/个	单元长度/m	弹性抗力系数 /MPa·m⁻¹	弹簧刚度系数
衬砌顶部圆弧	10.268	100	0.10268	300	30.864
左边墙	3.8	50	0.076	300	22.8
右边墙	3.8	50	0.076	300	22.8
衬砌底板	6.54	100	0.0654	300	19.62

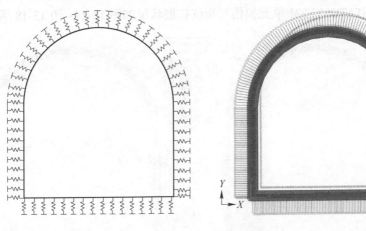

图 13-12 弹簧布置图

（2）衬砌荷载的施加方案。为了与室内相似模型试验相联系，钢纤维混凝土单层衬砌数值模拟时采用的加载方案按照模型试验加载方案所对应的衬砌原型荷载值进行选取。按照文献的规定，当隧道衬砌所处深埋围岩为Ⅳ级围岩时，围岩的侧压力系数取值范围为 0.15~0.3，取侧压力系数 $k = 0.3$，作用在单层衬砌边墙上的水平压力为 $e = 0.3q$。根据以上围岩压力的计算方法和衬砌尺寸可计算出作用在衬砌上的围岩压力，在 ABAQUS 中对衬砌结构设置面荷载，面荷载的分布形式如图 13-13 所示。

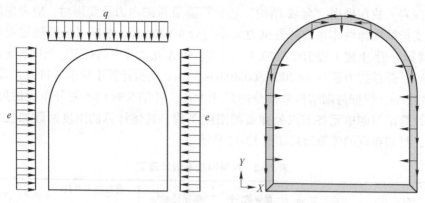

图 13-13 围岩压力加载方式图

13.4.2 钢纤维混凝土单层衬砌裂缝演化规律结果分析

采用扩展有限元按照模型试验加载方案所对应的原型荷载值模拟单层衬砌结构断裂破坏及裂纹扩展过程，在各级荷载作用下钢纤维混凝土单层衬砌与素混凝土单层衬砌的 STATUSXFEM 单元损伤与裂纹扩展状况如图 13-14~图 13-18 所示。

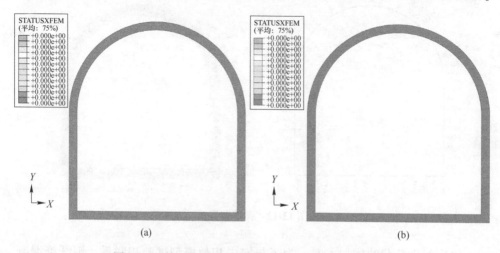

(a)　　　　　　　　　　　　　　　　(b)

图 13-14 第 1 级加载时单层衬砌的 STATUSXFEM 云图

（a）钢纤维混凝土单层衬砌；（b）素混凝土单层衬砌

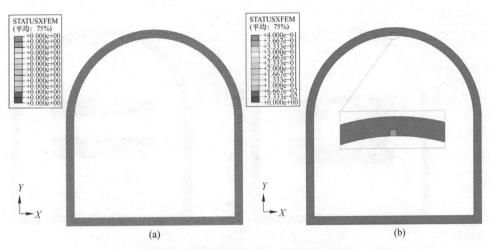

图 13-15 第 2 级加载时单层衬砌的 STATUSXFEM 云图

（a）钢纤维混凝土单层衬砌；（b）素混凝土单层衬砌

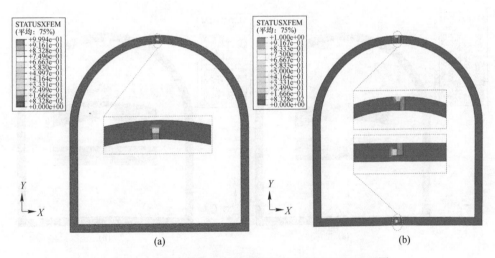

图 13-16 第 3 级加载时单层衬砌的 STATUSXFEM 云图

（a）钢纤维混凝土单层衬砌；（b）素混凝土单层衬砌

观察图 13-14~图 13-18 不难发现，在加载初期，两种衬砌结构均未发生损伤和产生裂纹。当加载至第二级荷载时，素混凝土单层衬砌拱顶开始出现单元损伤，出现了初始裂纹，钢纤维混凝土单层衬砌在该级荷载下并未发生损伤。当增加至第三级荷载时，两种衬砌结构均有单元损伤的情况，钢纤维混凝土单层衬砌结构仅在拱顶处出现了一条细小裂纹，素混凝土单层衬砌在底板处已出现第二条裂缝，该现象与模型试验过程中裂缝的产生规律相吻合。当加载至第六级荷载

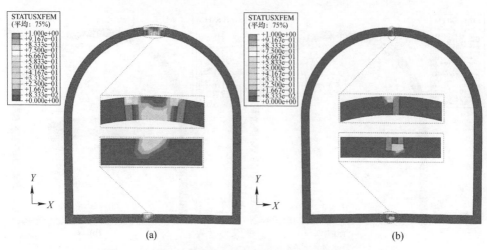

图 13-17　第 6 级加载时单层衬砌的 STATUSXFEM 云图

（a）钢纤维混凝土单层衬砌；（b）素混凝土单层衬砌

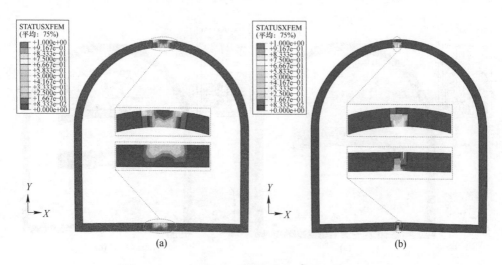

图 13-18　第 8 级加载时单层衬砌的 STATUSXFEM 云图

（a）钢纤维混凝土单层衬砌；（b）素混凝土单层衬砌

时，两种衬砌中单元损伤情况进一步发展，其中钢纤维混凝土单层衬砌拱顶与底板处均有新裂缝的产生，主裂缝的扩展深度也进一步加大。拱顶处裂缝深度已达到衬砌厚度的 50%，底板主裂缝的深度接近衬砌厚度 40%，素混凝土单层衬砌拱顶与底板衬砌裂缝深度已接近衬砌厚度的 70%。当加载至最后一级荷载时，这两种衬砌结构的 STATUSXFEM 损伤云图存在明显差异，钢纤维混凝土单层衬砌的损伤云图分布更均匀，范围更广；素混凝土单层衬砌的损伤云图沿着主裂缝小范围内分布，出现应力集中现象，表明了钢纤维掺入后衬砌结构受力更加均匀。

13.4.3 钢纤维混凝土单层衬砌内力及安全性结果分析

在模型试验中，当荷载加载至 8t 时，即对应原型荷载的 3.733MPa，两种衬砌结构在拱顶及底板处均出现多条裂缝，此时素混凝土单层衬砌的位移变形量快速增长，即判定在该级荷载下素混凝土单层衬砌已达到失稳状态，故选取数值模拟加载至第 8 级荷载时衬砌内力进行对比分析，弯矩对比情况如图 13-19 所示，轴力对比情况如图 13-20 所示。观察图 13-19 发现，模拟值与试验值的弯矩在个别位置存在较大偏差，在钢纤维混凝土单层衬砌中，1 号位即底板中部的试验弯矩值比数值模拟值大 22.4%；在素混凝土单层衬砌中，6 号位及拱顶处的试验值与模拟值弯矩相差 3.09kN·m，试验值比模拟值提高了 16.4%，出现此现象的原因可能由于在数值模拟过程中，模型的假设条件太过理想化，特别是对于钢纤维混凝土单层衬砌中钢纤维与基体混凝土的接触属性与实际情况存在一定差异，但从对比曲线的整体趋势看，数值模拟弯矩值与试验弯矩值及分布规律整体吻合度较好。从图 13-20 可以看出，数值模拟轴力值与试验轴力值在各部位也存在一定偏差，其中钢纤维混凝土单层衬砌在 6 号位即拱顶处，试验与模拟轴力值相差 10.181kN，模拟值相比减少了 3.5%；在素混凝土单层衬砌 10 号位即右墙脚处，数值模拟轴力值比试验值大 11.234kN，相比增大了 7.3%，但整体轴力分布与试验值具有相同规律。

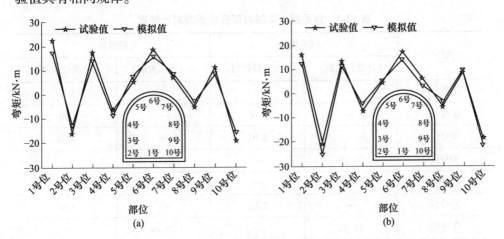

图 13-19 弯矩对比图

(a) 钢纤维混凝土单层衬砌；(b) 素混凝土单层衬砌

通过数值模拟得到的轴力及弯矩值可计算出衬砌各部位的安全系数，将数值

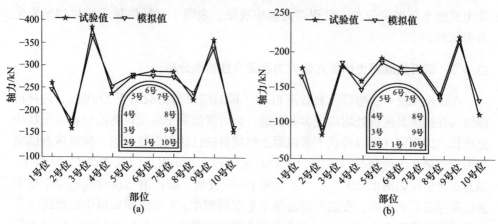

图 13-20 轴力对比图

（a）钢纤维混凝土单层衬砌；（b）素混凝土单层衬砌

模拟计算出的安全系数与模型试验的安全系数汇总于表 13-3、表 13-4 中。表 13-3中的数据表明，素混凝土单层衬砌安全性最薄弱的部位出现在左右墙脚，其次是拱顶，且安全系数值在左右墙脚处均超出规范最小界限值；观察表 13-4 发现，钢纤维混凝土单层衬砌在左右墙脚处的安全系数，虽相比其他部位安全系数值偏小，但已满足安全性的最低要求。就衬砌各部位的安全系数而言，数值模拟计算得到的衬砌各部位安全系数与试验值的分布规律大致相同，衬砌弯矩、轴力及安全系数的分布规律验证了数值模拟方法的可行性与模拟结果的合理性。

表 13-3 素混凝土单层衬砌安全系数对比情况

部位	试验值		模拟值	
	K（受压控制）	K（受拉控制）	K（受压控制）	K（受拉控制）
①号位	—	3.19	—	3.59
②号位	—	1.66	—	1.46
③号位	—	5.03	—	4.48
④号位	28.15	—	30.04	—
⑤号位	25.27	—	26.1	—
⑥号位	—	2.86	—	3.07
⑦号位	25.72	—	25.69	—
⑧号位	33.41	—	33.66	—
⑨号位	19.78	—	20.27	—
⑩号位	—	2.10	—	1.82

表 13-4　钢纤维混凝土单层衬砌安全系数对比情况

部位	试验值		模拟值	
	K（受压控制）	K（受拉控制）	K（受压控制）	K（受拉控制）
①号位	—	4.71	—	5.44
②号位	—	3.80	—	4.29
③号位	14.30	—	14.69	—
④号位	25.92	—	24.89	—
⑤号位	22.74	—	23.34	—
⑥号位	—	6.99	—	8.04
⑦号位	21.66	—	21.55	—
⑧号位	27.62	—	27.21	—
⑨号位	16.90	—	17.22	—
⑩号位	—	2.70	—	3.02

13.5　本章小结

本章基于扩展有限元法（XFEM），运用 ABAQUS 有限元分析软件，模拟了钢纤维混凝土梁在位移荷载作用下的弯曲开裂过程，对随机裂纹的产生与扩展进行了数值再现，结合室内试验对开裂荷载与抗弯韧性进行了对比分析；基于钢纤维混凝土梁室内试验与数值模拟所得出的最优钢纤维掺量及长径比，对钢纤维混凝土单层衬砌进行数值建模，对其在围岩压力作用下的裂损规律与安全性进行了模拟研究，结合室内相似模型试验对比分析，得到以下几点结论：

（1）钢纤维混凝土梁数值模拟的随机裂纹均在跨中产生，且出现 2~3 条裂缝，素混凝土梁在跨中只出现一条主裂缝并垂直贯穿至梁顶。在裂缝扩展位置处，钢纤维具有明显的受力效果，起到阻止裂纹扩展的作用；不同钢纤维类型及掺量对阻止裂缝扩展的效果有所差异，素混凝土梁跨中裂缝贯穿了混凝土梁的整个横截面，在钢纤维混凝土试件中，N_{II-30} 试件在跨中位置裂纹的扩展高度最高，达到横截面高度的 4/5，N_{II-45} 试件跨中裂缝的扩展高度最低，达到横截面高度的 1/2，是 N_{II-30} 试件跨中裂纹扩展高度的一半。

（2）数值模拟得到的开裂荷载、峰值荷载、弯曲韧性比与试验值的偏差百分比均不超过 10%，且弯曲韧性比的偏差均未超过 5%。N_{II-30} 试件的初裂荷载偏差百分比达到 8.6% 为全部偏差中的最大值，整体数值模拟结果与试验值较匹配，验证了对钢纤维混凝土弯曲韧性数值仿真的可行性与合理性。

（3）衬砌结构数值模拟的初裂荷载与模型试验结果相吻合，即在荷载加载至 2t 时，素混凝土单层衬砌在拱顶内侧出现了第一条裂缝，荷载增至 3t 时，钢纤维混凝土单层衬砌在拱顶内侧出现初始裂缝，此时素混凝土单层衬砌底板内侧已有新裂缝的产生；当荷载增至 8t 时，素混凝土单层衬砌拱顶与底板处的主裂缝已完全贯通，丧失承载能力。

（4）在钢纤维混凝土单层衬砌中，底板中部试验弯矩值比数值模拟值大22.4%，在素混凝土单层衬砌拱顶处，试验值与模拟值弯矩相差 3.09kN·m，试验值比模拟值提高了 16.4%。从对比曲线的整体趋势看，衬砌各部位数值模拟弯矩值与试验值吻合度较好；钢纤维混凝土单层衬砌在拱顶处，试验与模拟轴力值相差 10.181kN，模拟值相比减小了 3.5%，在素混凝土单层衬砌右墙脚处，数值模拟的轴力值比试验值大 11.234kN，相比增大了 7.3%，但整体轴力分布规律与试验值具有相同规律。

（5）数值模拟结果显示，素混凝土单层衬砌安全性最薄弱的部位出现在左右墙脚，其次是拱顶，在左右墙脚处的安全系数值均未满足安全性的要求，钢纤维混凝土单层衬砌在左右墙脚处的安全系数，虽相比其他部位安全系数值偏小，但已满足安全性的最低要求，模拟值安全系数与试验值安全系数在衬砌各部位的分布规律大致相同。采用扩展有限元法（XFEM）对钢纤维混凝土单层衬砌裂损规律及安全性的研究具有可行性，数值结果与试验结果吻合度较好，具有合理性。

14 结　　论

14.1　干湿循环作用下石膏质岩隧道衬砌结构受力特征及安全性研究

以干湿循环作用下石膏质岩衬砌结构受力特征及安全性为研究对象，采用室内试验和数值模拟相结合的手段，对石膏质岩的力学特征、隧道结构受力行为以及结构耐腐蚀性能开展了相关研究。主要结论如下：

（1）通过 XPS、XRF 分析可知，依托工程的石膏质岩中硬石膏（$CaSO_4$）含量远大于石膏（$CaSO_4 \cdot 2H_2O$）含量。依托工程五指山隧道的石膏质岩样天然含水率平均值在 0.182% ~ 0.188% 之间，干密度平均值在 2.613 ~ 2.673g/cm³ 之间。结晶水率和水化率皆随干湿循环次数的增加而增大，且两者与干湿循环次数均呈幂函数关系；吸水率与干湿循环次数呈正比，并具有以 e 为底的指数函数关系。

（2）在三轴压缩试验中，峰值偏应力、弹性模量与干湿循环次数呈负相关性，且二者均与干湿循环次数具有对数函数关系。泊松比随着干湿循环次数的增加而增大，二者具有以 e 为底的指数函数关系。根据对峰值偏应力、弹性模量、泊松比的循环损伤系数进行对比，得出干湿循环作用对本次试验中三个力学参数的损伤影响次序为：弹性模量（E）>峰值偏应力（$\sigma_{峰}$）>泊松比（ν）。

（3）在膨胀特性试验中，自由膨胀率、膨胀率和膨胀力均随石膏质岩样水化程度的增加而降低，其最大值分别为 11.00%、43.65%、387.57kPa。BET 比表面积与石膏质岩内硬石膏的含量呈正相关，最大为 8.21m²/g。建立了以膨胀力、膨胀率和 BET 比表面积指标综合判定石膏质岩膨胀潜势的标准。

（4）在膨胀作用下，墙脚和拱腰位置出现应力集中；墙脚的水平向位移最大，为 0.37cm；仰拱位置的竖直向位移最大，为 2.38cm；初期支护结构处于安全状态。在 16 次干湿循环作用下，边墙位置的水平位移最大，为 0.84cm；拱顶位置的竖向位移最大，为 2.77cm；通过内力及安全系数分析，拱顶和仰拱为薄弱点。在膨胀及干湿循环耦合作用下，拱顶和仰拱位置的安全系数小于临界值 1.7，需要进行加固补强，以保证隧道后期的安全运营。

（5）通过室内玄武岩纤维混凝土耐侵蚀试验，发现 SO_4^{2-} 离子侵蚀前后抗压强度、轴心抗压强度和弹性模量均随着玄武岩纤维的增加而呈现先增后减的规律。确定了玄武岩纤维的最优掺量为 6kg/m³，在此掺量下混凝土受到 SO_4^{2-} 离子侵蚀前后的抗压强度分别为47.8MPa、43.9MPa，劣化8.9%；轴心抗压强度分别为33.6MPa、29.9MPa，下降12.4%；弹性模量分别为38.7GPa、36.8GPa，减幅5.2%。通过数值模拟分析，揭示普通混凝土衬砌结构的应力增长量约为玄武岩纤维混凝土衬砌结构的3~4倍；因此，玄武岩纤维混凝土可有效提高隧道衬砌结构防SO_4^{2-}离子侵蚀性能。

14.2 隧道衬砌结构自防水混凝土的研发及其抗渗阻裂特性研究

为了改善隧道结构的渗漏水问题，本书采用正交试验、响应面试验、微观测试和室内模型试验等手段，研究了粉煤灰、聚丙烯纤维和渗透结晶型防水剂三种材料对隧道二次衬砌混凝土强度、抗裂性能、抗渗性能及自修复性能的影响规律和作用机理，并确定最优配比，以期制备出一种具备高抗渗和高抗裂性能的混凝土，通过整理和分析试验数据，主要得到了以下结论。

14.2.1 三种外加材料的不同掺入比例对混凝土力学及抗渗性能的显著性影响

（1）针对混凝土抗压强度这一指标而言，粉煤灰起到了主导作用，三种材料作用效应的主次顺序为：粉煤灰>聚丙烯纤维>渗透结晶型防水剂；当粉煤灰和渗透结晶型防水剂的掺量分别为胶凝材料的20%和2%，聚丙烯掺量为$1kg/m^3$时，混凝土抗压强度相较于普通混凝土可提高29.3%，即最优水平组合为$A_2B_1C_2$。

（2）针对混凝土抗拉强度这一指标而言，聚丙烯纤维起到了主导作用，三种材料对混凝土抗裂性能的影响显著性大小顺序为：聚丙烯纤维>渗透结晶型防水剂>粉煤灰；当粉煤灰和渗透结晶型防水剂的掺量分别为胶凝材料的25%和2%，聚丙烯纤维的掺量为$1.5kg/m^3$时，混凝土的抗裂性能达到最佳，相较于普通混凝土，其抗拉强度可提高56%，此时的最优水平组合为$A_3B_2C_2$。

（3）针对混凝土平均渗透高度这一指标而言，渗透结晶型防水剂和聚丙烯纤维都起到了主导性的作用，三种材料的影响大小顺序为：渗透结晶型防水剂>聚丙烯纤维>粉煤灰；当粉煤灰和渗透结晶型防水剂的掺量分别为胶凝材料的15%和2%，聚丙烯纤维的掺量为$1.5kg/m^3$时，混凝土的抗渗性能达到最佳，相较于普通混凝土，抗渗标准试件的平均渗透高度可降低63.6%，此时的最优水平组合为$A_1B_2C_2$。

（4）采用综合评分方法，赋予抗压强度、抗拉强度和抗渗高度的权重比例为1:5:5，最终确定三种外加材料的因素水平组合为$A_1B_2C_2$。在这一掺入比例下，混凝土抗压强度可提高12.5%，抗拉强度可提高48.4%，平均渗透高度可降低63.6%，满足了隧道二次衬砌混凝土高抗渗和高抗裂性能的要求。

14.2.2 外加材料的不同掺入比例对混凝土自修复性能的影响及相互作用效应

(1) 普通混凝土试件在受压破坏后，本身就具备一定的自修复性能，这源于其在泡水养护过程中所进行的二次水化反应。但这种自修复效果相当有限，其抗压强度回复率仅为 76.3%；三种改性材料的复合掺入能够有效提高混凝土的抗压强度自修复性能。在进行试验的 15 组混凝土中，抗压强度回复率相较于普通混凝土最大可提高 13.2 个百分点。

(2) 通过分析试验数据，利用软件建立关于混凝土抗压强度回复率的回归模型能够合理解释 88.09% 的响应值变化；回归模型的方差分析表明，在抗压强度自修复过程中，水泥基渗透结晶型防水材料起到了主导作用，且其与聚丙烯纤维和粉煤灰之间不存在明显的交互作用效应。

(3) 根据试验数据建立的关于混凝土抗拉强度回复率的回归模型可以合理解释 91.03% 的响应值变化；在混凝土抗拉强度自修复过程中，三种材料均发挥出了显著作用，且聚丙烯纤维和渗透结晶型防水剂之间存在明显的相互作用效应，两者起到了良好的正协同作用。

(4) 为使混凝土抗压强度和抗拉强度自修复性能均处于较高水平，三种改性材料的建议掺量为：粉煤灰掺量为 19.6%；聚丙烯纤维掺量为 $1.5 kg/m^3$；CCCW 掺量为 2.4%。在此复合掺量下，混凝土抗压和抗拉强度回复率分别为 88.2% 和 88.5%，且第一次抗渗压力为 1.5MPa，第二次抗渗压力为 1.4MPa，说明所制备出的混凝土在遇水后，可有效封堵已经产生的渗水通道，提高混凝土的二次抗渗压力。

14.2.3 复掺改性材料对混凝土微观形貌特征和水化反应的影响

(1) 普通混凝土 28d 龄期时，结构内部存在较多孔洞和裂隙缺陷，且聚丙烯纤维与混凝土基体之间的黏结特性不良，易出现纤维被拔出的破坏现象；粉煤灰和渗透结晶型防水剂的掺入能够显著改善混凝土的微观结构，使水化产物分布更加密实，纤维与基体之间的黏结特性得到改善，有助于发挥出纤维的增韧阻裂作用；复掺粉煤灰和 CCCW 的对微观形貌特征的改善效果比单掺更好。

(2) 将各试验组混凝土在富水环境下养护 28d 后，基准混凝土和单掺粉煤灰混凝土内部均未生成新的晶体结构，内部依然存在一定的裂隙缺陷，而掺有渗透结晶型防水剂的混凝土内部出现了大量的针状和枝蔓状的结晶体，证实了晶体结构封堵裂缝现象的存在，当粉煤灰和 CCCW 复掺时，枝蔓状晶体发育最好。

(3) 通过对各试验组混凝土 28d 和 56d 龄期的 XRD 衍射图谱进行分析可以发现，粉煤灰和 CCCW 的掺入可有效促进水泥的水化反应，提高水化产物的结晶度；粉煤灰的二次水化反应和 CCCW 的络合沉淀反应可消耗部分 $Ca(OH)_2$，从而改善骨料界面过渡层结构，提高混凝土的强度及耐久性。

14.2.4 基准混凝土与FPPRC混凝土二次衬砌结构模型试验研究

（1）由前文确定的配合比所制备出的 FPPRC 混凝土衬砌模型在加载过程中表现出了良好的抵抗变形的能力，相较于普通混凝土衬砌结构，其应变增速较小；在初裂荷载方面，两组衬砌模型的初始裂缝均发生在仰拱，FPPRC 混凝土的初裂荷载明显高于普通混凝土，其开裂荷载等级提高了三级，这将在很大限度上减少隧道实际工程中的裂缝数量，提高结构的防水能力。

（2）在位移变形方面，普通混凝土衬砌结构各测点位移增速高于 FPPRC 混凝土，两组衬砌模型的位移最大值均出现在仰拱，其中普通混凝土衬砌模型为9.85mm，FPPRC 混凝土为 8.5mm，相比减少了 13.7%；在承载力方面，FPPRC混凝土衬砌结构表现出了更高的极限承载能力，破坏时的较大弯矩均发生在墙脚和仰拱，相比普通混凝土提高了 11.7% 和 14.3%，最大轴力出现在仰拱，相比普通混凝土提高了 14.1%。

（3）在破坏模式方面，普通混凝土的破坏模式表现为脆性破坏，结构裂缝发展速度快且裂缝深度几乎贯穿整个截面；FPPRC 混凝土衬砌模型在破坏时表现出较好的延性特征，裂缝发展速度缓慢且裂缝宽度较小。破坏特征表明，将FPPRC 混凝土应用于隧道工程中，可抑制裂缝的发展速度并改善结构的裂缝形式。

综上所述，由水泥基渗透结晶型防水剂、粉煤灰和聚丙烯纤维以一定比例掺入所制备出的 FPPRC 混凝土在抗压强度、抗裂性能、抗渗性能和自修复性能等方面均优于普通混凝土，将其应用于隧道工程中可为衬砌开裂和渗漏水问题提供解决方案。

14.3 钢纤维混凝土单层衬砌结构裂缝演化规律及安全性研究

本书以钢纤维混凝土单层衬砌在围岩压力作用下的裂损规律及安全性为主要研究对象，采用理论分析、室内试验与数值模拟相结合的方法，分别对钢纤维混凝土力学性能、抗弯韧性、模型材料的配合比进行了较为系统的研究，基于最优钢纤维掺量及长径比，对钢纤维混凝土单层衬砌裂损规律及安全性进行了研究，得到以下几点结论。

14.3.1 不同钢纤维掺量及长径比时混凝土的力学性能

（1）长径比为 50 的钢纤维对混凝土立方体抗压强度的提高程度普遍大于长径比为 70 的钢纤维。掺入 I 型钢纤维的混凝土中，掺量为 45kg/m³ 时取得最大立方体抗压强度值。

（2）钢纤维对混凝土轴心抗压强度有一定提高，Ⅱ型钢纤维在掺量为 $45kg/m^3$ 时对轴心抗压强度的提高程度达到 30.6%，是素混凝土的 1.3 倍。

（3）钢纤维对混凝土弹性模量的提高作用普遍不大，但 $B_{Ⅱ-45}$ 试件弹性模量在各个工况中达到了最大值，是素混凝土的 1.14 倍，长径比为 70 的钢纤维对混凝土弹性模量的影响程度大于长径比为 50 的钢纤维。

14.3.2　不同钢纤维掺量及长径比时混凝土的抗弯韧性

（1）钢纤维对提高混凝土弯曲韧性具有极大的促进作用，长径比为 70 的钢纤维对混凝土弯曲韧性的提高作用大于长径比为 50 的钢纤维，钢纤维混凝土的初裂强度与弯曲韧性比均与钢纤维的掺量成正相关，两种类型钢纤维的混凝土，均在掺量为 $45kg/m^3$ 时使得等效抗弯强度最大。

（2）钢纤维能显著提高混凝土的断裂能，钢纤维掺量与断裂能呈正相关。各工况下，断裂能在Ⅱ型钢纤维掺量为 $45kg/m^3$ 时取得最大值，是素混凝土的 33.5 倍，$N_{Ⅰ-45}$ 的 2.5 倍。

（3）钢纤维混凝土梁数值模拟的随机裂纹均在跨中产生，且出现 2~3 条裂缝，素混凝土梁在跨中只出现一条主裂缝并垂直贯穿至梁顶；数值模拟结果显示，$N_{Ⅱ-30}$ 试件在跨中的裂纹扩展高度最大，达到横截面高度的 4/5，$N_{Ⅱ-45}$ 试件在跨中的裂缝扩展高度最低，达到横截面高度的 1/2，是 $N_{Ⅱ-30}$ 试件跨中裂纹扩展高度的一半。

（4）数值模拟得到的开裂荷载、峰值荷载、弯曲韧性比与试验值的偏差百分比均不超过 10%，且弯曲韧性比偏差均未超过 5%，数值模拟的结果与试验结果分布规律大致相同。

（5）确定了Ⅱ型钢纤维在掺量为 $45kg/m^3$ 时作为 CF35 混凝土的最优钢纤维掺量及类型，为相似模型试验中衬砌模型相似材料的力学性能指标提供了依据。

14.3.3　模型试验模型材料的配合比

（1）得到在几何相似比为 1:20、弹性模量相似比为 1:35 比尺下围岩所采用的相似材料及配合比例，即：重晶石粉：河砂：粗石英砂：细石英砂：机油：粉煤灰 = 1:0.56:0.39:0.72:0.33:1.33 时能较好地满足Ⅳ级围岩的相似模拟要求。

（2）得到衬砌模型相似材料及配合比，即石膏：水：重晶石粉：河砂：胶 = 1:1.7:1.5:1:0.01，另外采用掺量为 $45kg/m^3$ 的试验用特细钢纤维作为剪切波浪形钢纤维的相似材料，相似材料的力学指标能满足推导的相似关系。

14.3.4　单层衬砌的裂损规律、内力分布规律及安全性

（1）模型试验中两种衬砌结构的初始裂缝均在拱顶出现，其次在两墙脚外

侧出现新生裂缝，模型试验中素混凝土单层衬砌的初裂荷载为 2t，钢纤维混凝土单层衬砌的初裂荷载为 3t，与数值模拟结果的初裂荷载相吻合；当荷载增加至 6t 时，钢纤维混凝土单层衬砌在拱顶的主裂缝沿衬砌纵向已扩展至衬砌长度的 40%，素混凝土单层衬砌在拱顶的主裂缝已达到了衬砌长度的 60%，在底板的主裂缝已达到 70%，且裂缝深度与宽度均大于钢纤维混凝土单层衬砌对应位置裂缝的深度和宽度；钢纤维混凝土单层衬砌的裂缝多而细，扩展路径崎岖蜿蜒，素混凝土单层衬砌裂缝数量相对较少，裂缝宽度较大，扩展路径单一顺值。

（2）衬砌结构各部位轴力均为负值，在拱顶处，钢纤维混凝土单层衬砌的轴力值达到 -288.44kN，是素混凝土单层衬砌轴力值 -178.46kN 的 1.62 倍；在衬砌底板处，钢纤维混凝土单层衬砌的轴力是素混凝土单层衬砌的 1.46 倍，两种衬砌结构中轴力的最小值均出现在墙脚处，数值模拟结果与此规律一致；衬砌在不同位置产生了不同的正负弯矩值，在拱顶、底板及边墙中部均出现正弯矩，拱肩与墙脚处，弯矩出现负值；在钢纤维混凝土单层衬砌中，底板中部试验得到的弯矩值比数值模拟值大 22.4%，在素混凝土单层衬砌拱顶处，试验值与模拟值弯矩相差 3.09kN·m，试验值比模拟值提高了 16.4%。数值模拟弯矩值与试验值沿衬砌截面的分布规律吻合度较好。

（3）试验值与模拟值的安全系数均在墙脚、底板和拱顶处偏小，其次是边墙。素混凝土单层衬砌在左右墙脚处的安全系数较小，试验值分别为 1.66 与 2.10，数值模拟值分别为 1.46 与 1.82，均为受拉控制且不能满足规范规定的最低安全性要求；钢纤维混凝土单层衬砌各个部位的安全系数均满足规范规定的安全系数界限值，安全系数试验值与模拟值分布规律一致，均在右墙脚处最小，分别为 2.7 和 3.02。

参 考 文 献

［1］ 张俊儒，燕波，龚彦峰，等．隧道工程智能监测及信息管理系统的研究现状与展望［J］. 地下空间与工程学报，2021，17（2）：567-579.

［2］《中国公路学报》编辑部．中国交通隧道工程学术研究综述·2022［J］. 中国公路学报，2022，35（4）：1-40.

［3］ Elie Boidin, Françoise Homand, Fabien Thomas, et al. Anhydrite-gypsum transition in the argillites of flooded salt workings in eastern France［J］. Environmental Geology, 2009, 58（3）：531-542.

［4］ 王培荔，万飞，郝晓燕．杜公岭隧道衬砌结构加固方案优化研究［J］. 公路交通科技，2021，38（6）：32-38.

［5］ Erich Pimentel. Existing methods for swelling tests - A critical review［J］. Energy Procedia, 2015, 76：96-105.

［6］ 陈钒，韩伟，丛子杰，等．重庆礼让石膏岩隧道衬砌结构设计与施工稳定性分析［J］. 公路，2018，63（2）：274-277.

［7］ 杨荣．十字垭隧道病害原因分析及治理［J］. 铁道标准设计，2008（10）：91-95.

［8］ 陈志明．石膏质岩特殊性质对隧道结构稳定性影响及处治技术［J］. 公路，2020，65（7）：336-342.

［9］ 张文达，雷林，周鹏鹏，等．既有铁路隧道渗漏水分析及整治技术［J］. 中国铁路，2022（5）：125-129.

［10］ 祝云华．钢纤维喷射混凝土力学特性及其在隧道单层衬砌中的应用研究［D］. 重庆：重庆大学，2009.

［11］ 赵国藩，彭少民，黄承逵．钢纤维混凝土结构［M］. 北京：中国建筑工业出版社，2000.

［12］ 程庆国，高路彬，徐蕴贤，等．钢纤维混凝土理论及应用［M］. 北京：中国铁道出版社，1999.

［13］ 袁敬．钢纤维混凝土界面黏结机理及细观力学有限元分析［D］. 天津：河北工业大学，2007.

［14］ Najigivi A, Nazerigivi A, Nejati H R. Contribution of steel fiber as reinforcem ent to the properties of cement-based concrete：A review［J］. Computers & Concrete, 2017, 20（2）：155-164.

［15］ 第四纪地质研究组．我国某地含盐岩石的现代地质作用［J］. 地球化学，1972（3）：241-254，336-337.

［16］ 王得林．塔里木盆地古新世海进特征与石膏成因模式［J］. 新疆地质，1989（4）：52-59.

［17］ 魏柳斌，陈洪德，郭玮，等．鄂尔多斯盆地乌审旗-靖边古隆起对奥陶系盐下沉积与储层的控制作用［J］. 石油与天然气地质，2021，42（2）：391-400，521.

［18］ 潘忠华．金顶铅锌矿区硬石膏岩的特征［J］. 地球科学，1989（5）：544-552.

[19] 杨新亚, 杨淑珍, 陈文怡. 煅烧硬石膏的溶解活性与结构研究 [J]. 武汉工业大学学报, 2000 (2): 21-24.

[20] 刘艳敏, 余宏明, 汪灿, 等. 白云岩层中硬石膏岩对隧道结构危害机制研究 [J]. 岩土力学, 2011, 32 (9): 2704-2708, 2752.

[21] 马宏发. 石膏岩力学性质物性机制及水化特征试验研究 [D]. 青岛: 山东科技大学, 2019.

[22] 刘新荣, 姜德义, 余海龙. 水对岩石力学特性影响的研究 [J]. 化工矿物与加工, 2000 (5): 17-20.

[23] 梁卫国, 张传达, 高红波, 等. 盐水浸泡作用下石膏岩力学特性试验研究 [J]. 岩石力学与工程学报, 2010, 29 (6): 1156-1163.

[24] 刘秀敏, 蒋玄苇, 陈从新, 等. 天然与饱水状态下石膏岩蠕变试验研究 [J]. 岩土力学, 2017, 38 (S1): 277-283.

[25] 李亚, 余宏明, 李科, 等. 干湿循环作用下石膏岩劣化效应的试验研究 [J]. 长江科学院院报, 2017, 34 (3): 63-66.

[26] 周意超, 陈从新, 刘秀敏, 等. 石膏矿岩水致老化效应试验 [J]. 岩土力学, 2018, 39 (6): 2124-2130, 2138.

[27] 安阳, 晏鄂川, 李兴明, 等. 石膏岩干湿循环细观模拟及损伤本构模型 [J]. 地质科技情报, 2019, 38 (4): 240-246.

[28] 许崇帮, 郝晓燕, 韦四江. 硬石膏岩浸水后单轴抗压强度变化规律试验研究 [J]. 公路交通科技, 2019, 36 (8): 86-92.

[29] Hongfa Ma, Yanqi Song, Shaojie Chen, et al. Experimental investigation on the mechanical behavior and damage evolution mechanism of water-immersed gypsum rock [J]. Rock Mechanics and Rock Engineering, 2021, 54 (9): 4929-4981.

[30] G. Anagnostou. A model for swelling rock in tunnelling [J]. Rock Mechanics and Rock Engineering, 1993, 26 (4): 307-331.

[31] M. Gysel. A contribution to the design of a tunnel lining in swelling rock [J]. Rock Mechanics Felsmechanik Mécanique des Roches, 1978, 11 (2): 55-71.

[32] 罗健. 硬石膏岩膨胀性质的现场观测 [J]. 水文地质工程地质, 1980 (4): 29-32.

[33] 徐晗, 黄斌, 何晓民. 膨胀岩工程特性试验研究 [J]. 水利学报, 2007 (S1): 716-722.

[34] 陈钒, 吴建勋, 任松, 等. 基于湿度应力场理论的硬石膏岩膨胀试验研究 [J]. 岩土力学, 2018, 39 (8): 2723-2731.

[35] 吴建勋, 任松, 欧阳汛, 等. 石膏质岩膨胀性及其对隧道仰拱影响研究 [J]. 湖南大学学报 (自然科学版), 2018, 45 (1): 142-149.

[36] 李强, 陈扬勇, 李信臻, 等. 硬石膏岩膨胀特性试验及隧道抗膨胀衬砌设计 [J]. 地下空间与工程学报, 2019, 15 (3): 850-855.

[37] 周坤. 膨胀土隧道衬砌膨胀力数值模拟研究 [D]. 成都: 西南交通大学, 2007.

[38] 许崇帮, 王华牢. 含石膏泥灰岩地质特点及隧道工程影响分析 [J]. 地下空间与工程学报, 2020, 16 (1): 227-233.

[39] 杨洪鸿. 膨胀岩隧道支护结构受力特性和围岩稳定性研究 [D]. 福州：福州大学，2011.

[40] 曾仲毅. 降雨入渗下膨胀性黄土隧道围岩力学特性及稳定性分析 [D]. 济南：山东大学，2014.

[41] 马庆涛. 石膏岩地层膨胀作用对隧道衬砌结构的影响研究 [D]. 重庆：重庆交通大学，2018.

[42] 吴飞亚. 基底膨胀作用下泥岩隧道受力特性及仰拱底鼓机制研究 [D]. 兰州：兰州交通大学，2020.

[43] 李厚祥. 自密实防水混凝土的改性机理研究及其在隧道防水工程中的应用 [D]. 沈阳：东北大学，2005.

[44] 吴耀鹏，姜磊，张旭，等. 大掺量粉煤灰再生混凝土高温后的抗冲击性能与抗渗性研究 [J]. 建筑结构学报，2022，43（4）：124-133.

[45] 詹世佐. 粉煤灰与矿渣双掺对混凝土抗渗性能的影响研究 [C]//中国公路学会养护与管理分会第九届学术年会论文集. [出版者不详]，2019：354-361.

[46] 杨朋，杨飞，韩宁旭，等. 粉煤灰和外加剂对二次衬砌混凝土抗裂性能影响研究 [J]. 混凝土，2018（9）：119-122，151.

[47] 郝成伟，邓敏，莫立武，等. 粉煤灰对水泥浆体自收缩和抗压强度的影响 [J]. 建筑材料学报，2011，14（6）：746-751.

[48] Shen D, Yang J, Yan G, et al. Influence of ground granulated blast furnace slag on cracking potential of high performance concrete at early age [J]. Construction and Building Materials, 2020, 241.

[49] 乔艳静，费治华，田倩，等. 矿渣、粉煤灰掺量对混凝土收缩、开裂性能的研究 [J]. 长江科学院院报，2008（4）：90-92，96.

[50] Mazloom M, Ramezanianpour A A, Brooks J J. Effect of silica fume on mechanical properties of high-strength concrete [J]. Cement & Concrete Composites, 2004, 26 (4)：347-357.

[51] Desmettre C, Charron J P. Water permeability of reinforced concrete with and without fiber subjected to static and constant tensile loading [J]. Cement & Concrete Research, 2012, 42 (7)：945-952.

[52] 王志钊. 聚丙烯纤维混凝土综合性能试验研究 [D]. 杭州：浙江大学，2004.

[53] 赵兵兵，贺晶晶，王学志，等. 玄武岩-聚丙烯混杂纤维混凝土抗水渗透试验 [J]. 兰州理工大学学报，2016，42（1）：139-143.

[54] Wang H L, Yuan L. Experimental Study on Impermeability Performance of Chopped Basalt Fiber Reinforced Concrete [J]. Advanced Materials Research, 2014, 834-836：726-729.

[55] 郭哲奇. 多尺寸聚丙烯纤维混凝土抗渗性试验研究 [D]. 重庆：重庆大学，2018.

[56] 胡杨. 多尺度聚丙烯纤维混凝土梁受力性能研究 [D]. 重庆：重庆大学，2019.

[57] 梁宁慧，钟杨，刘新荣. 多尺寸聚丙烯纤维混凝土抗弯韧性试验研究 [J]. 长沙：中南大学学报（自然科学版），2017，48（10）：2783-2789.

[58] Bagherzadeh R, Sadeghi A H, Latifi M. Utilizing polypropylene fibers to improve physical and

mechanical properties of concrete [J]. Textile Research Journal, 2012, 82 (1): 88-96.

[59] Zhang P, Li Q, Zhang H. Combined effect of polypropylene fiber and silica fume on mechanical properties of concrete composite containing fly ash [J]. Journal of Reinforced Plastics & Composites, 2011, 30 (16): 1349-1358.

[60] 吴海林, 裴子强, 杨雪枫. 钢-聚丙烯混杂纤维配筋混凝土抗裂性能试验 [J]. 华中科技大学学报 (自然科学版), 2020, 48 (4): 43-47.

[61] 梁宁慧, 严如, 田硕, 等. 预加荷载下聚丙烯纤维混凝土抗渗机理研究 [J]. 湖南大学学报 (自然科学版), 2021, 48 (9): 155-162.

[62] 何亚伯, 陈保勋, 刘素梅, 等. 预加荷载作用下粉煤灰/硅灰纤维混凝土氯离子渗透性能研究 [J]. 湖南大学学报 (自然科学版), 2017, 44 (3): 97-104.

[63] 薛绍祖. 国外水泥基渗透结晶型防水材料的发展现状与市场 [C]//全国第十次防水材料技术交流大会论文集. 中国硅酸盐学会房建材料分会防水材料专业委员会: 中国硅酸盐学会, 2008: 139-145.

[64] 陈晓雨, 曾俊杰, 范志宏, 等. 渗透结晶材料改善混凝土抗蚀增强的效果及机理 [J]. 硅酸盐通报, 2017, 36 (S1): 229-234.

[65] Zheng K, Yang X, Chen R, et al. Application of a capillary crystalline material to enhance cement grout for sealing tunnel leakage [J]. Construction and Building Materials, 2019, 214: 497-505.

[66] 余剑英, 李旺林, 郭殿祥, 等. 渗透结晶型防水材料赋予混凝土裂缝自愈合性能的研究 [J]. 中国建筑防水, 2009 (8): 14-16.

[67] 张民庆, 吕刚, 岳岭, 等. 铁路隧道衬砌内掺渗透结晶防水剂试验研究 [J]. 铁道工程学报, 2019, 36 (9): 60-65.

[68] Roig-Flores M, Moscato S, Serna P, et al. Self-healing capability of concrete with crystalline admixtures in different environments [J]. Construction & Building Materials, 2015, 86 (Jul. 1): 1-11.

[69] Cuenca E, Antonio T, Liberato F. A methodology to assess crack-sealing effectiveness of crystalline admixtures under repeated cracking-healing cycles [J]. Construction and Building Materials, 2018, 179: 619-632.

[70] 孙毅, 赵勇, 张顶立. 隧道工程中水性渗透结晶型防水材料的应用研究 [J]. 铁道学报, 2018, 40 (3): 137-145.

[71] 高丹盈, 刘建秀. 钢纤维混凝土基本理论 [M]. 北京: 科学技术文献出版社, 1994.

[72] 崔光耀, 孙凌云, 左奎现, 等. 纤维混凝土隧道衬砌力学性能研究综述 [J]. 现代隧道技术, 2019, 56 (3): 1-7.

[73] 张俊儒, 仇文革. 隧道单层衬砌研究现状及评述 [J]. 地下空间与工程学报, 2006 (4): 693-699.

[74] 潘会滨. 隧道单层衬砌研究现状综述 [J]. 山西建筑, 2011, 37 (20): 185-186.

[75] 中国工程建设标准化协会. CECS 38: 92 钢纤维混凝土结构设计与施工规程 [S]. 北京: 中国计划出版社, 1996.

［76］ 中国工程建设标准化协会. CECS 13：89 钢纤维混凝土试验方法［S］. 北京：中国计划出版社，1996.

［77］ 住房和城乡建设部. JG/T 3064—1999 钢纤维混凝土［S］. 北京：中国标准出版社，1999.

［78］ 中国工程建设标准化协会. CECS 38—2004 纤维混凝土结构技术规程［S］. 北京：中国标准出版社，2004.

［79］ 中国工程建设标准化协会. CECS 13：2009 纤维混凝土试验方法标准［S］. 北京：中国标准出版社，2010.

［80］ 住房和城乡建设部. JGJ/T 221—2010 纤维混凝土应用技术规程［S］. 北京：中国建筑工业出版社，2010.

［81］ 住房和城乡建设部. JTG/T 465—2019 钢纤维混凝土结构设计标准［S］. 北京：中国建筑工业出版社，2020.

［82］ 住房和城乡建设部. JG/T 472—2015 钢纤维混凝土［S］. 北京：中国标准出版社，2015.

［83］ Ding Y N. Compressive stress-strain relationship of steel fibre reinforced concrete at early age［J］. Cement and Concrete Research，2000（30）：1573-1579.

［84］ Jeng F S，Ming L，Lin S C. Performance of toughness indices for steel fiber reinforced shotcrete［J］. Tunnelling and Underground Space Technology，2002（17）：69-82.

［85］ Choi O C，Lee C. Flexural performance of ring-type steel fiber reinforced concrete［J］. Cement and Concrete Research，2003（33）：841-849.

［86］ Banthia，Nemkurnar，Yoon，et al. Flexural response of steel-fiber-reinforced concrete beams：Effects of strength，fiber content，and strain-rate［J］. Cement & concrete composites，2015.

［87］ Tan K H，Mithun K S. Ten-year study on steel fiber reinforced concrete beams under sustained loads［J］. ACI Structural Journal，2005（3）：472-480.

［88］ Haktanir T，Kamuran A. A comparative experimental investigation of reinforced concrete and steel fibre concrete pipes under three-edge-bearing test［J］. Construction and Building Materials，2007（21）：1702-1708.

［89］ 章文纲，程铁生，张儒汴. 钢纤维混凝土的主要力学性能及工艺特性［J］. 混凝土及加筋混凝土，1984（4）：1-9.

［90］ 姚庭舟，李作圣，叶柏年，等. 钢纤维混凝土复合材料力学性能的研究［J］. 太原工学院学报，1984（2）：75-85.

［91］ 赵国藩，黄承逵. 钢纤维混凝土的性能和应用［J］. 工业建筑，1989（10）：2-9.

［92］ 宋玉普，赵国藩，彭放，等. 三向应力状态下钢纤维混凝土的强度特性及破坏准则［J］. 土木工程学报，1994（3）：14-23.

［93］ 丁琳. 隧洞衬砌中湿喷钢纤维混凝土的应用［J］. 岩土力学，1996（1）：36-40.

［94］ 宋玉普，赵国藩，彭放，等. 钢纤维混凝土内时损伤本构模型［J］. 水利学报，1995（6）：1-7.

［95］ 李志业，王志杰，关宝树，等. 钢纤维混凝土强度、变形和韧性的试验研究［J］. 铁道学报，1998（2）：3-5.

[96] 严少华，钱七虎，孙伟，等. 钢纤维高强混凝土单轴压缩下应力-应变关系 [J]. 东南大学学报（自然科学版），2001（2）：77-80.

[97] 高尔新，李元生，薛玉，等. 喷射混凝土钢纤维分布特性分析 [J]. 岩土工程学报，2002（2）：202-203.

[98] 李方元，赵人达. 高强混凝土和钢纤维高强混凝土断裂性能试验研究 [J]. 混凝土，2002（8）：29-32.

[99] 范新，章克凌，王明洋，等. 钢纤维喷射混凝土支护抗常规爆炸震塌能力研究 [J]. 岩石力学与工程学报，2006（7）：1437-1442.

[100] 杨萌，黄承逵. 钢纤维高强混凝土轴拉性能试验研究 [J]. 土木工程学报，2006（3）：55-61.

[101] 王志杰，徐海岩，李志业，等. 钢纤维混凝土裂缝宽度影响系数试验探究 [J]. 铁道工程学报，2019，36（7）：81-86.

[102] 韩菊红，李明轩，杨孝青，等. 混杂钢纤维二级配混凝土断裂性能试验研究 [J]. 土木工程学报，2020，53（9）：31-40.

[103] Kernchel H. Fibre Reinforced [M]. Akademisk Forlag, Copenhagen, 1964.

[104] Romualdi J P, Batson G B. Mechanics of crackarrest in concrete [J]. Proc. ASCE, 1963, 89（6）：147-168.

[105] Romualdi J P, Mandel J A. Tensile strength of concrete affected by uniformly distributed and closely spaced short length of wire reinforcement [J]. ACI Journal, Proceeding, 1964（6）：567-673.

[106] 关丽秋，赵国藩. 钢纤维混凝土在单向拉伸时的增强机理与破坏形态的分析 [J]. 水利学报，1986（9）：34-43.

[107] 罗章，李夕兵，凌同华. 钢纤维混凝土的增强机理与断裂力学模型研究 [J]. 矿业研究与开发，2003（4）：18-22.

[108] 刘新荣，祝云华，周丽，等. 纤维混凝土界面应力增强机理分析 [J]. 混凝土与水泥制品，2009（1）：48-50.

[109] 关宝树. 隧道工程设计要点集 [M]. 北京：人民交通出版社. 2003：394-397，419-420.

[110] 王彬. 对采用单层喷混凝土衬砌的隧道施工方法的几点看法 [J]. 世界隧道，1995（2）：85-86.

[111] 薛永宏，曾鲁平. 隧道单层衬砌技术及应用研究现状 [J]. 建材发展导向，2019，17（24）：8-10.

[112] 张俊儒. 隧道单层衬砌作用机理及设计方法研究 [D]. 成都：西南交通大学，2007.

[113] 巴顿，N，颜纯文. 挪威隧道施工法（NMT）[J]. 岩土钻凿工程，1997（1）：12-28.

[114] 吴成三. 尽快消灭喷单层混凝土衬砌中的困难问题 [J]. 铁道建筑技术，1998（4）：5.

[115] 王彬. 在瑞士地下工程中使用钢纤维混凝土 [J]. 隧道译丛，1994（4）：13-15.

[116] 何晓春. 一种隧道新型衬砌的施工及体会 [J]. 铁道建筑，2003（4）：23-25.

[117] 付卫新. 模筑钢纤维混凝土在磨沟岭隧道中的应用 [J]. 隧道建设，2003（2）：39-

41, 51.

[118] 田兴柏, 黄德志. 普通钢纤维混凝土在乐善村二号隧道中的应用 [J]. 铁道建筑技术, 1999 (3): 21-24.

[119] 吴建福, 代丰. 隧道喷射钢纤维混凝土永久支护技术 [J]. 路基工程, 2008 (5): 185-187.

[120] 张芳, 王淑鹏, 张国锋, 等. 基于 FDEM 的隧道衬砌裂缝开裂过程数值分析 [J]. 岩土工程学报, 2016, 38 (1): 83-90.

[121] 付志亮. 岩石力学试验教程 [M]. 北京: 化学工业出版社, 2011.

[122] 易伟. 再生建筑石膏水化硬化及影响因素研究 [D]. 重庆: 重庆大学, 2018.

[123] 吴银亮. 石膏质岩工程地质特性及其对隧道混凝土结构危害机制研究 [D]. 武汉: 中国地质大学, 2013.

[124] 侯旭涛. 某铁路隧道含膏岩类水化特性研究 [D]. 成都: 西南交通大学, 2020.

[125] 中华人民共和国国土资源部. DZ/T 0276.20—2015 岩石物理力学性质试验规程 第 20 部分: 岩石三轴压缩强度试验 [S]. 北京: 中国标准出版社, 2015.

[126] 蔡美峰. 岩石力学与工程 [M]. 北京: 科学出版社, 2013.

[127] Pyle D. Data preparation for data mining [M]. Morgan Kaufmann, 1999.

[128] 蒲文明, 陈钒, 任松, 等. 膨胀岩研究现状及其隧道施工技术综述 [J]. 地下空间与工程学报, 2016, 12 (S1): 232-239.

[129] 中华人民共和国水利部. GB/T 50123—2019 土工试验方法标准 [S]. 北京: 中国计划出版社, 2019.

[130] 杨庆, 焦建奎. 膨胀岩侧限膨胀试验新方法 [C]//第六届全国工程地质大会论文集, 2000: 530-533.

[131] Aravind P, Anand J P, Laureano R H, et al. Evaluation of Swell Behavior of Expansive Clays from Internal Specific Surface and Pore Size Distribution [J]. Journal of Geotechnical and Geoenvironmental Engineering, 2015, 142 (2): 1-10.

[132] Ursu A V, Jinescu G, Gros F, et al. Thermal and chemical stability of Romanian bentonite [J]. Journal of Thermal Analysis and Calorimetry, 2011, 106 (3): 965-971.

[133] Garzón E, Sánchez-Soto P J. An improved method for determining the external specific surface area and the plasticity index of clayey samples based on a simplified method for non-swelling fine-grained soils [J]. Applied Clay Science, 2015, 115: 97-107.

[134] Ghanbarian B, Hunt A G., Bittelli M, et al. Estimating specific surface area: Incorporating the effect of surface roughness and probing molecule size [J]. Soil Science Society of America Journal, 2021, 85 (3).

[135] 吕海波, 钱立义, 常红帅, 等. 黏性土几种比表面积测试方法的比较 [J]. 岩土工程学报, 2016, 38 (1): 124-130.

[136] 田英姿, 陈克复. 用压汞法和氮吸附法测定孔径分布及比表面积 [J]. 中国造纸, 2004 (4): 23-25.

[137] 中华人民共和国国家质量监督检验检疫总局, 中国国家标准化管理委员会. GB/T

19587—2017 气体吸附 BET 法测定固态物质比表面积 [S]. 北京：中国标准出版社，2017.

[138] 赵勇. 隧道设计理论与方法 [M]. 北京：人民交通出版社，2019.

[139] 何山，朱珍德，王思敬. 膨胀岩的判别与分类方法探讨 [J]. 水利水电科技进展，2006 (4)：62-64，86.

[140] 朱训国，杨庆. 膨胀岩的判别与分类标准 [J]. 岩土力学，2009，30 (S2)：174-177.

[141] 姜光成，胡乃联，洪根意，等. 基于 GSI 值量化和修正方法的岩体力学参数确定 [J]. 岩土力学，2018，39 (6)：2211-2218.

[142] 曾仲毅，徐帮树，胡世权，等. 增湿条件下膨胀土隧道衬砌破坏数值分析 [J]. 岩土力学，2014，35 (3)：871-880.

[143] Fredlund D G, Rahardjo H. Soil mechanics for unsaturated soils [M]. New York：Wiley-Interscience, 1993.

[144] 秦威. 公路隧道围岩松动圈分布规律研究 [D]. 西安：西安工业大学，2014.

[145] 吴中如. 隧洞围岩的塑性区和松动区范围的推算 [J]. 华东水利学院学报，1985 (1)：74-86.

[146] 黄锋，朱合华，李秋实，等. 隧道围岩松动圈的现场测试与理论分析 [J]. 岩土力学，2016，37 (S1)：145-150.

[147] 中华人民共和国交通运输部. JTG 3370. 1—2018 公路隧道设计规范 [S]. 北京：人民交通出版社，2018.

[148] 中华人民共和国住房和城乡建设部. GB/T 50080—2016 普通混凝土拌合物性能试验方法标准 [S]. 北京：中国建筑工业出版社，2009.

[149] 中华人民共和国住房和城乡建设部. GB/T 50081—2019 混凝土物理力学性能试验方法标准 [S]. 北京：中国建筑工业出版社，2019.

[150] 中华人民共和国住房和城乡建设部. GB/T 50082—2009 普通混凝土长期性能和耐久性能试验方法标准 [S]. 北京：中国建筑工业出版社，2009.

[151] Lam L, et al. Degree of hydration and gel/space ratio of high-volume fly ash/cement systems [J]. Cement and Concrete Research, 2000.

[152] 赵木子，王玉银，耿悦. 基于复合材料理论的再生混凝土峰值应变模型 [J]. 建筑材料学报，2022，25 (11)：1168-1176.

[153] 中华人民共和国住房和城乡建设部. GB/T 50108—2008 地下工程防水技术规范 [S]. 北京：中国建筑工业出版社，2008.

[154] 张刘方. 带有缺失数据的稳健 Box-Behnken 设计 [D]. 桂林：广西师范大学，2022.

[155] 姚武，钟文慧. 混凝土损伤自愈的机理 [J]. 材料研究学报，2006 (1)：24-28.

[156] Muhammad N Z, Shafaghat A, Keyvanfar A, et al. Tests and methods of evaluating self-healing efficiency of concrete：A review [J]. Construction and Building Materials, 2016, 112：1123-1132.

[157] 中国建筑材料联合会. GB 18445—2012 水泥基渗透结晶型防水材料 [S]. 2012.

[158] Tittelboom V, Kim, Belie D, et al. Self-healing in cementitious materials-A：review [J].

Materials, 2013, 6: 2182-2217.

［159］张景富，丁虹，代奎，等．矿渣-粉煤灰混合材料水化产物、微观结构和性能［J］．硅酸盐学报，2007（5）：633-637.

［160］贾峰．赛柏斯（XYPEX）掺和剂对混凝土性能的影响试验及微观机理分析［D］.哈尔滨：黑龙江大学，2021.

［161］Li W, Yi Y. Use of carbide slag from acetylene industry for activation of ground granulated blast-furnace slag［J］. Construction and Building Materials, 2020, 238.

［162］Phoongernkham T, Phiangphimai C, Intarabut D, et al. Low cost and sustainable repair material made from alkali-activated high-calcium fly ash with calcium carbide residue［J］. Cons- truction and Building Materials, 2020, 247.

［163］王双．掺合料对混凝土的界面过渡区性能及孔结构的影响研究［D］.哈尔滨：哈尔滨工业大学，2018.

［164］杨俊杰．相似理论与结构模型试验［M］.武汉：武汉理工大学出版社，2005.

［165］赵启超．高压富水区大断面公路隧道衬砌结构受力特征及防排水技术研究［D］.成都：西南交通大学，2018.

［166］芮瑞，吴端正，胡港，等．模型试验中膜式土压力盒标定及其应用［J］.岩土工程学报，2016，38（5）：837-845.

［167］王鸿儒，赵密，钟紫蓝，等．跨断层隧洞拟静力缩尺试验相似材料研究［J］.工程力学，2022，39（6）：21-30，145.

［168］刘晶波，赵冬冬，王文晖．土—结构动力离心试验模型材料研究与相似关系设计［J］.岩石力学与工程学报，2012，31（S1）：3181-3187.

［169］蔡爽．公路隧道开裂衬砌的力学模型与承载机理研究［D］.重庆：重庆交通大学，2016.

［170］阚呈．油气管道隧道喷锚永久支护结构及其设计方法研究［D］.成都：西南交通大学，2016.

［171］吕明，Grøv E，Nilsen B，等．挪威海底隧道经验［J］.岩石力学与工程学报，2005（23）：4219-4225.

［172］Kuitenbrouwer L. The use of steel fibre shotcrete on major european under ground projects ［R］. Third Intenrational Symposium on Sprayed Concrete-Modern Use of Wet Mix Sprayed Concretef or Underground Support, Gol, Norway September, 1999：503-506.

［173］何复生．万军回隧道钢纤维喷射混凝土质量监控［J］.工程科技，2001（1）：36-40.

［174］胡政才．西合线西南段上几座有特点的隧道［J］.世界隧道，2000（5）：48.

［175］梁国臣．西康铁路高碥沟隧道湿喷钢纤维混凝土施工［J］.施工技术，2001（5）：23-39.

［176］王飞阳，黄宏伟．盾构隧道衬砌结构裂缝演化规律及其简化模拟方法［J］.岩石力学与工程学报，2020，39（S1）：2902-2910.

［177］刘璇．地铁隧道衬砌结构裂缝演化及其对结构安全性影响研究［D］.北京：北京交通大学，2018.

[178] 刘学增, 张鹏, 周敏. 纵向裂缝对隧道衬砌承载力的影响分析 [J]. 岩石力学与工程学报, 2012, 31 (10): 2096-2102.

[179] 刘学增, 刘文艺, 桑运龙, 等. 偏压荷载下裂损特征对隧道衬砌受力影响试验 [J]. 土木工程学报, 2015, 48 (10): 119-128.

[180] 崔光耀, 王道远, 倪嵩陟, 等. 软弱围岩隧道钢纤维混凝土衬砌承载特性模型试验研究 [J]. 岩土工程学报, 2017, 39 (10): 1807-1813.

[181] 崔光耀, 王道远, 倪嵩陟, 等. 玄武岩纤维混凝土隧道衬砌承载特性模型试验研究 [J]. 岩土工程学报, 2017, 39 (2): 311-318.

[182] 贺志勇, 钟宏武, 陈振华. 带裂缝隧道衬砌的安全评价及有限元分析 [J]. 隧道建设 (中英文), 2019, 39 (S2): 69-77.

[183] 李治国, 张玉军. 衬砌开裂隧道的稳定性分析及治理技术 [J]. 现代隧道技术, 2004 (1): 26-31, 40.

[184] 蔡俊华. 基于扩展有限元法的带裂缝隧道衬砌的安全评价 [J]. 筑路机械与施工机械化, 2019, 36 (12): 91-95, 101.

[185] 黄宏伟, 刘德军, 薛亚东, 等. 基于扩展有限元的隧道衬砌裂缝开裂数值分析 [J]. 岩土工程学报, 2013, 35 (2): 266-275.

[186] 甘立松. 隧道钢纤维混凝土单层衬砌动力响应研究 [D]. 成都: 西南交通大学, 2011.

[187] 国家标准化管理委员会. GB 175—2007 通用硅酸盐水泥 [S]. 北京: 中国标准出版社, 2007.

[188] 国家标准化管理委员会. GB/T 14684—2011 建设用砂 [S]. 北京: 中国标准出版社, 2012.

[189] 国家标准化管理委员会. GB/T 1596—2017 用于水泥和混凝土中的粉煤灰 [S]. 北京: 中国标准出版社, 2017.

[190] 住房和城乡建设部. JGJ 55—2011 普通混凝土配合比设计规程 [S]. 北京: 中国建筑工业出版社, 2011.

[191] ASTM C 1018—89 Standard test method for flexural toughness and first2crack strength of fiber reinforced concrete [S].

[192] JSCE-SF4b Method of test for flexural strength and flexural toughness of steel fiber reinforced concrete [S].

[193] 马银华, 马海啸, 官馨, 等. 纤维混凝土断裂性能试验研究与数值模拟 [J]. 公路交通科技, 2019, 36 (12): 37-46.

[194] 周平, 王志杰, 雷飞亚, 等. 考虑层间效应的钢纤维混凝土隧道单层衬砌受力特征模型试验研究 [J]. 土木工程学报, 2019, 52 (5): 116-128.

[195] 胡磊, 王志杰, 何明磊, 等. 隧道钢纤维混凝土单层衬砌模型试验及数值模拟 [J]. 铁道建筑, 2014 (6): 72-74.

[196] 刘新荣, 祝云华, 李晓红, 等. 隧道钢纤维喷射混凝土单层衬砌试验研究 [J]. 岩土力学, 2009, 30 (8): 2319-2323.

[197] 杜国平, 刘新荣, 祝云华, 等. 隧道钢纤维喷射混凝土性能试验及其工程应用 [J]. 岩

石力学与工程学报, 2008 (7)：1448-1454.

[198] 何川, 刘川昆, 王士民, 等. 裂缝数量对盾构隧道管片结构力学性能的影响 [J]. 中国公路学报, 2018, 31 (10)：210-219.

[199] 曹淞宇, 王士民, 刘川昆, 等. 裂缝位置对盾构隧道管片结构破坏形态的影响 [J]. 东南大学学报 (自然科学版), 2020, 50 (1)：120-128.

[200] 武伯弢, 朱合华, 徐前卫, 等. IV级软弱围岩相似材料的试验研究 [J]. 岩土力学, 2013, 34 (S1)：109-116.

[201] 陈政律, 吴洁, 张俊儒. 地下工程模型试验中围岩相似材料的配制研究 [J]. 现代隧道技术, 2018, 55 (S2)：102-107.

[202] 王戌平. 破碎围岩隧道的模拟试验研究 [D]. 杭州：浙江大学, 2004.

[203] 王鸿儒, 钟紫蓝, 赵密, 等. 走滑断层黏滑错动下隧道破坏的模型试验研究 [J]. 北京工业大学学报, 2021, 47 (7)：691-701.

[204] 程选生, 周欣海, 王平, 等. 黄土隧道结构的振动台模型试验研究 [J]. 中国公路学报, 2021, 34 (6)：136-146.

[205] 崔光耀, 王李斌, 王明年, 等. 隧道纤维混凝土衬砌抗错断性能模型试验研究 [J]. 振动与冲击, 2019, 38 (13)：50-56, 80.

[206] 梁宁慧, 胡杨, 钟杨, 等. 多尺度聚丙烯纤维混凝土孔结构及抗冻性 [J]. 重庆大学学报, 2019, 42 (11)：38-46.

[207] 徐磊, 庞建勇, 张金松, 等. 聚丙烯纤维混凝土喷层支护技术研究与应用 [J]. 地下空间与工程学报, 2014, 10 (1)：150-155.

[208] 庞建勇, 间沛. 软岩巷道聚丙烯混凝土钢筋网壳复合衬砌试验及工程应用研究 [J]. 岩土力学, 2010, 31 (12)：3829-3834.

[209] 交通运输部. JTG/T D70—2010 公路隧道设计细则 [S]. 北京：人民交通出版社, 2010.

[210] 王洪建, 刘大安, 黎立云, 等. 扩展有限元法在岩石断裂力学中的应用 [J]. 工程地质学报, 2015, 23 (3)：477-484.

[211] 刘勇, 韩宇. 基于断裂力学理论的隧道衬砌开裂病害分级 [J]. 中国铁道科学, 2019, 40 (3)：72-79.

冶金工业出版社部分图书推荐

书　名	作　者	定价（元）
应用岩石力学	朱万成	58.00
地下工程围岩稳定性分析与维护	谭文辉	42.00
现代岩土测试技术	王春来	35.00
岩矿鉴定技术	张惠芬	39.00
岩土工程测试技术（第2版）	沈　扬	68.50
复杂岩体边坡变形与失稳预测研究	苗胜军	54.00
深部软岩巷道围岩稳定性分析与控制技术	孔德森	25.00
岩土材料的环境效应	陈四利	26.00
隧道现场超前地质预报及工程应用	张成良	39.00
结构面及深部高应力影响下隧道破裂过程及机理	贾　蓬	68.00
基于地质雷达的灰岩隧道及边坡施工稳定性分析	温世儒	66.00
高速公路深厚软基桩网复合地基加固理论与实践	张　鸿	35.00
高速公路软基智能信息化监测技术	周院芳	35.00
砂卵石地层地铁近接施工围岩稳定性分析	郝宪杰	29.00
地铁结构的内爆炸效应与防护技术	孔德森	20.00
混凝土及砌体结构	赵歆冬	45.00
混凝土结构裂缝安全性分析与修复加固	孟　海	82.00
钢骨混凝土异形柱	李　哲	25.00
钢筋混凝土结构抗连续倒塌与构件加固研究	杨惠会	54.00
应力、侵蚀作用下风积沙混凝土服役寿命预测模型	李根峰	48.00
沿空动压巷道控制理论与工程应用	高玉兵	89.00
岩体细观结构力学工业CT技术与应用	王　宇	108.00
节理岩体煤巷开挖卸荷失稳机理及控制	王二雨	62.00
岩石广义流变理论	张海龙	50.00
黔北地区页岩气储层物性特征研究	张　杰	65.00
岩土工程爆破技术	徐建军	55.00
高等硬岩采矿学（第2版）	杨　鹏	32.00
岩土爆破振动	李萍丰	168.00
水岩物理作用下岩石力学特性研究	李克钢	38.00
土木工程岩石开挖理论和技术	邹定祥	109.00